ゲームドット絵の匠

ピクセルアートのプロフェッショナルたち

とみさわ昭仁＋
ファミ熱!! プロジェクト・著

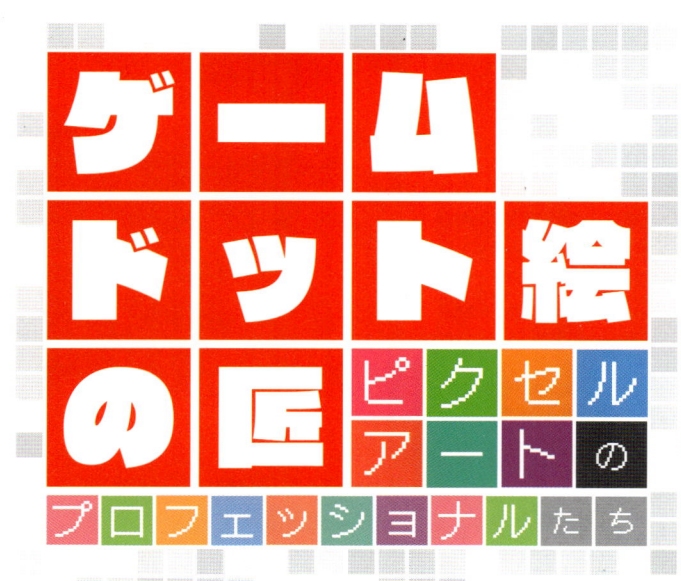

16×16ドットの匠芸

小野　『ゼビウス』のソルバルウだったら、翼がヒョイっと垂直に立った部分があって、その影がどこまで落ちてるのか、どの辺まで色を濃くすればいいのか。考えながらやってますよね。

小野　普通の回転というのは、物体を時計回りか反時計回りに回転させるじゃないですか。それは平面上であれば､角度として「0度」「15度」「30度」「45度」くらいを作っておけば、あとはその切り替えで回って見えるようになるから、それほど問題ないんですね。『ギャラクシアン』のときからそのやり方で描いてました。

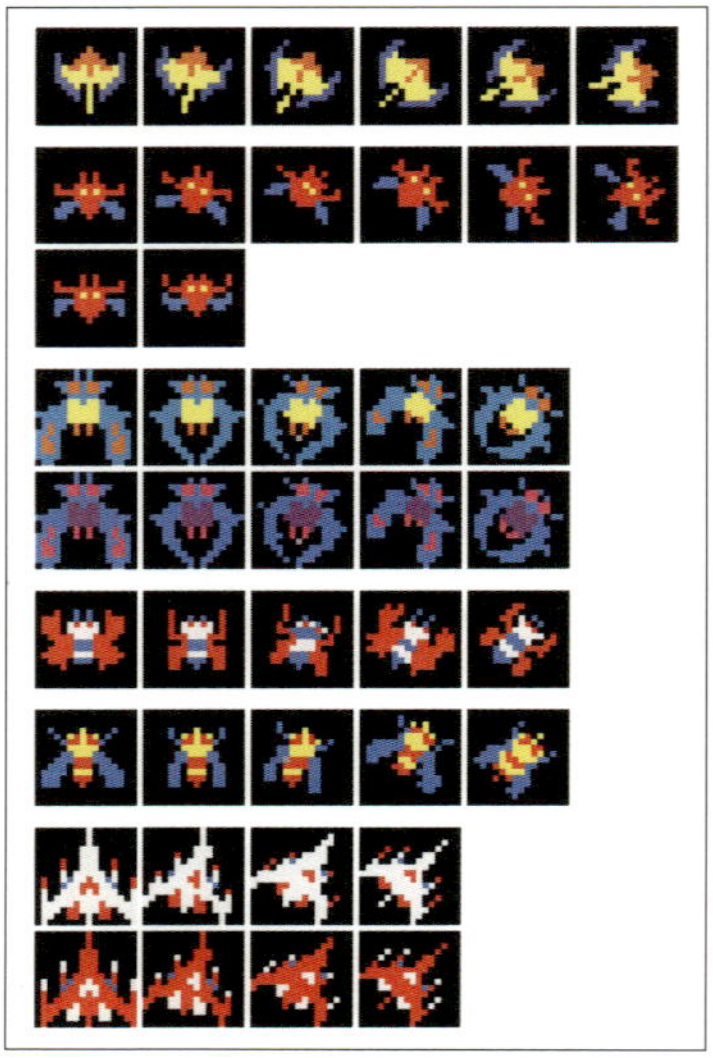

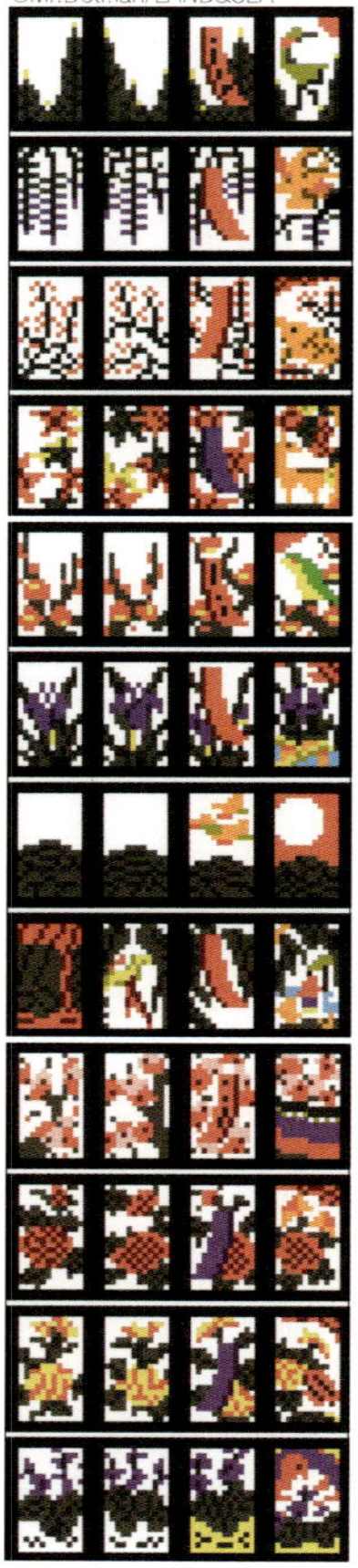

小野　『マッピー』って色数は16色って決まっていた。「モナリザ」もその16色の中から色を抽出して再現しているんですね。で、会社を辞めたあとに、これをいまの自分の感性で作ったらどうなるだろうか……と。

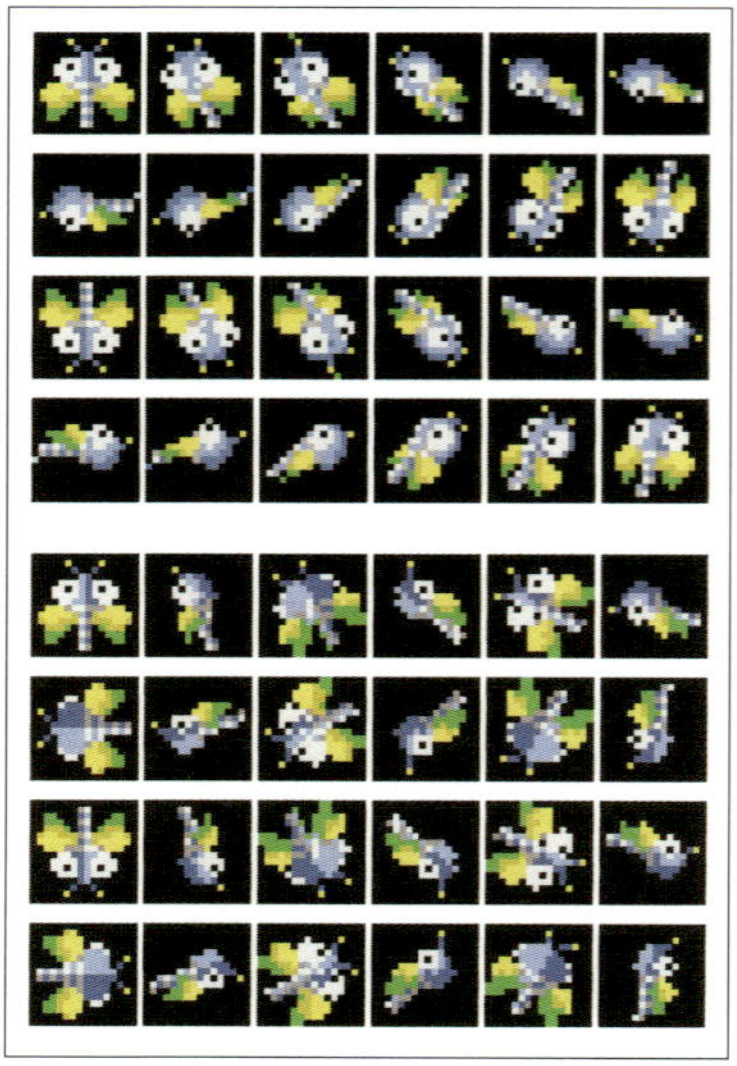

小野　『ギャプラス』の敵の動きにはヒネリが入るんですよ。左右のターンじゃなくて、ロールする。それで、これは立体だー、と。カラー粘土を買ってきて、敵の模型を作って、それに竹の串を刺して焼き鳥みたいに回転させながら観察する。そうすると、回転させたときに蜂みたいな姿をした敵の羽根が、どういう形に変化していくかがよくわかるんですね。それをまたドットに起こしていく。

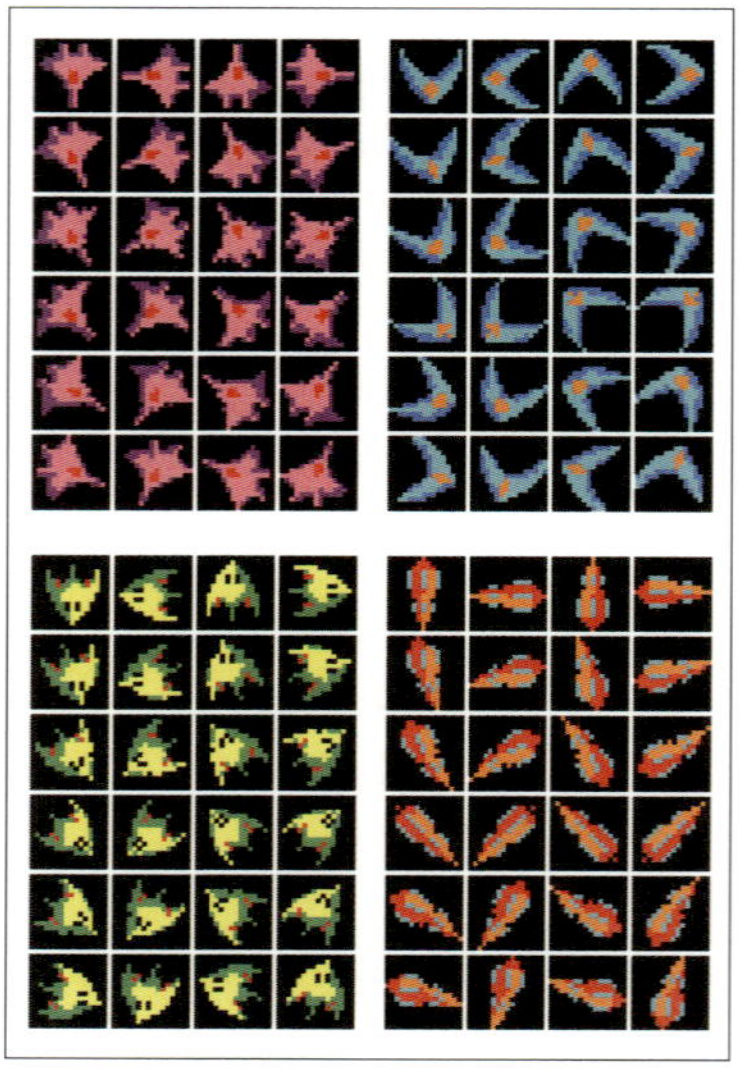

小野　『ボスコニアン』はキャラに影がついてたんですよ。そのせいで、アニメのパターンも多くなっていった覚えがある。

――『ボスコニアン』は、敵機だけがやけに滑らかに旋回して追いかけてきますね。

小野　そう、自機は８方向だけなんだけど、敵機は動きのパターンが細かいんだよね。

小野“Mr.ドットマン”浩 編…P.017

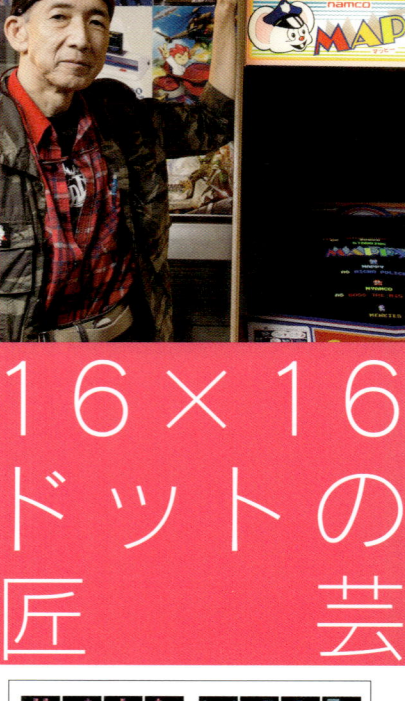

01 HIROSHI ONO

小野　その次に来た仕事が『テイルズ オブ』の新作。それの限定版にラバーストラップを付けたいというので、『アイドルマスター』のときと同じタッチで『テイルズ オブ』のキャラを描いてくださいという依頼。さらに「テイルズチャンネル」っていうサイトで毎月キャラを３体ずつ配信するというので、それをまたドット絵で描いていった。

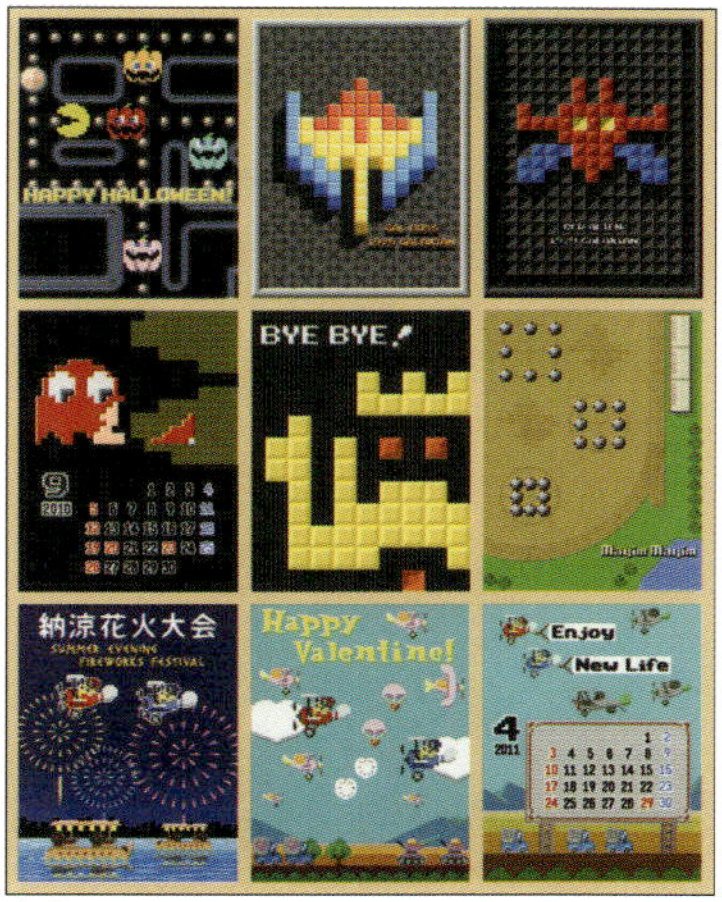

小野　もう限界かなあ、と思っていたところで携帯部門に行くことができて。そこでは携帯電話用の「メロキャラ」っていうコンテンツを作っていました。ようするに、ナムコ製品のキャラクターを用いた待受画像や着信メロディですね。

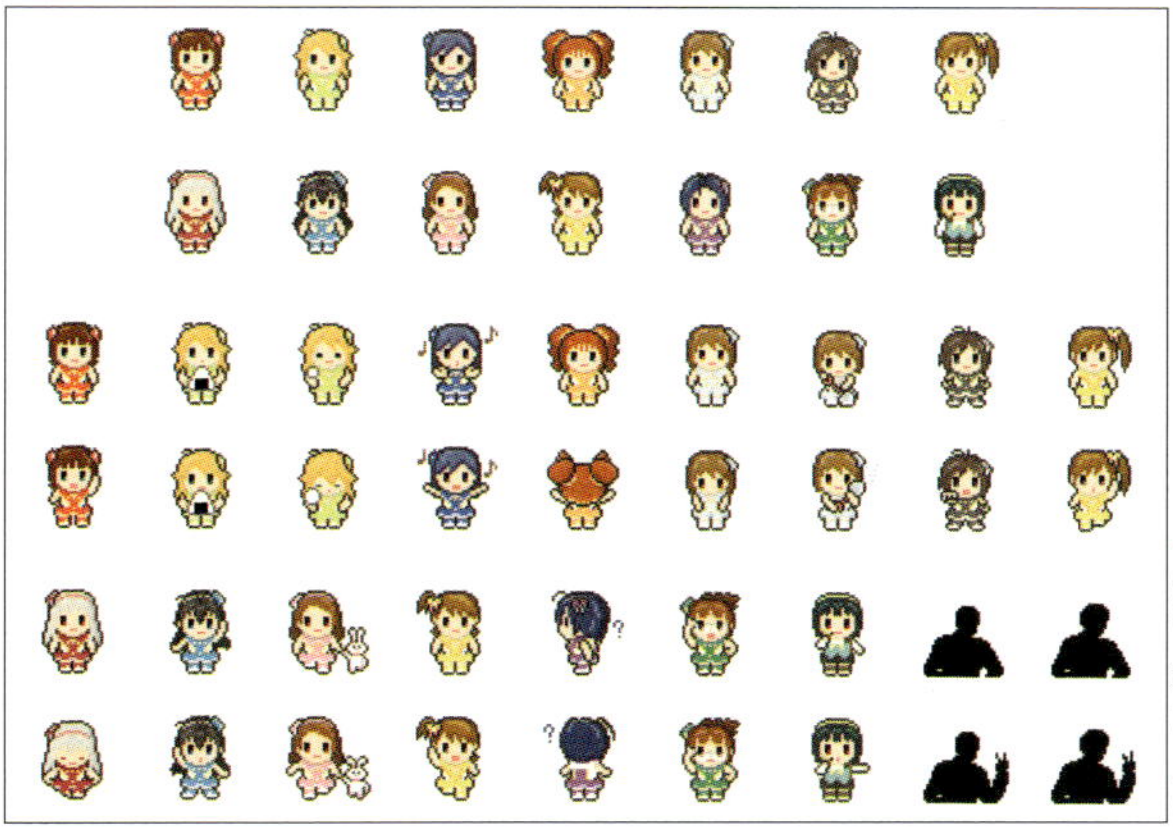

小野　会社を辞めて、さてどうしようかと困っていたところに、バンダイナムコエンターテインメントさんから連絡が来て。
『アイドルマスター』のドット絵を描けないか、という依頼があって。
――あえて小野さんに外注してくれたというのが素敵ですね。
小野　社内にもドット絵の必要性を認めてくれてた人はいた、ってことでしょうね。

名画も花札も隈取りもアイマスもテイルズ オブもドット

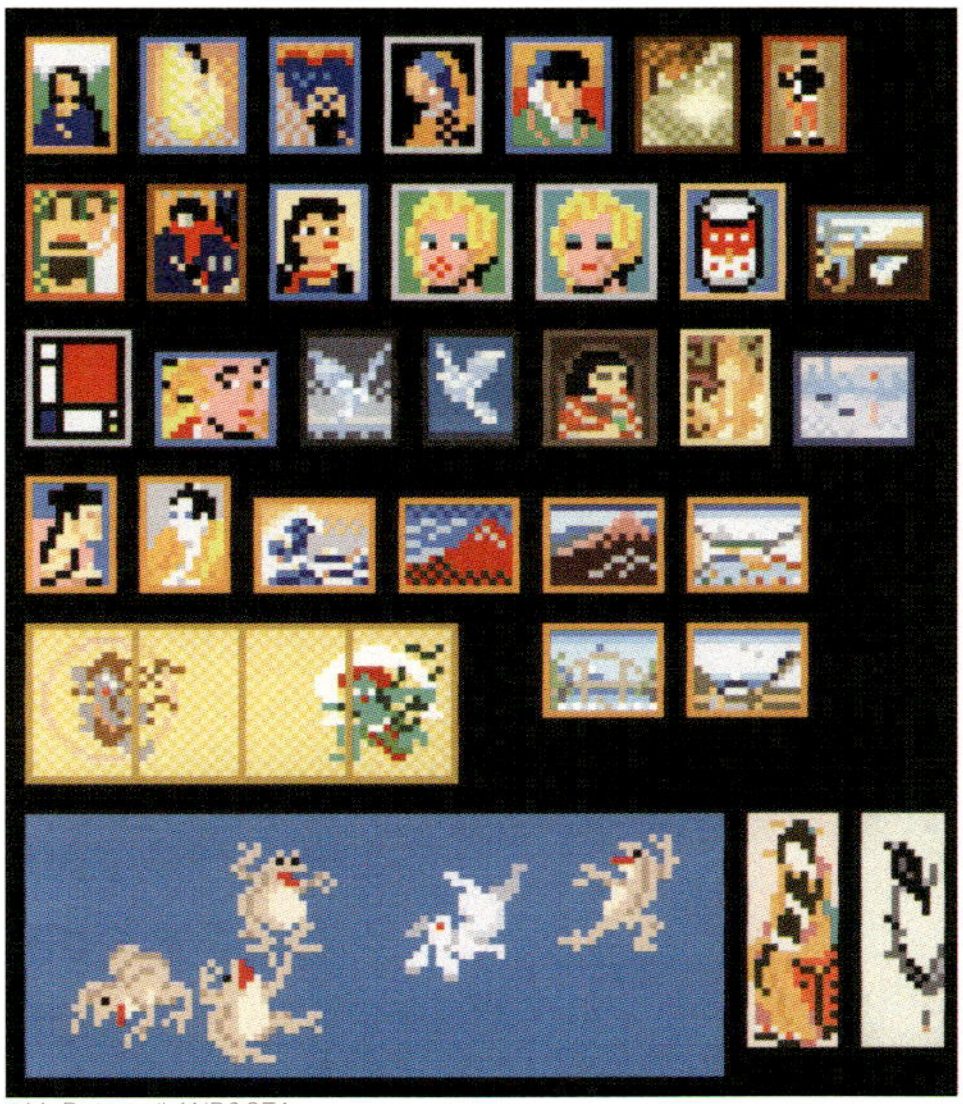

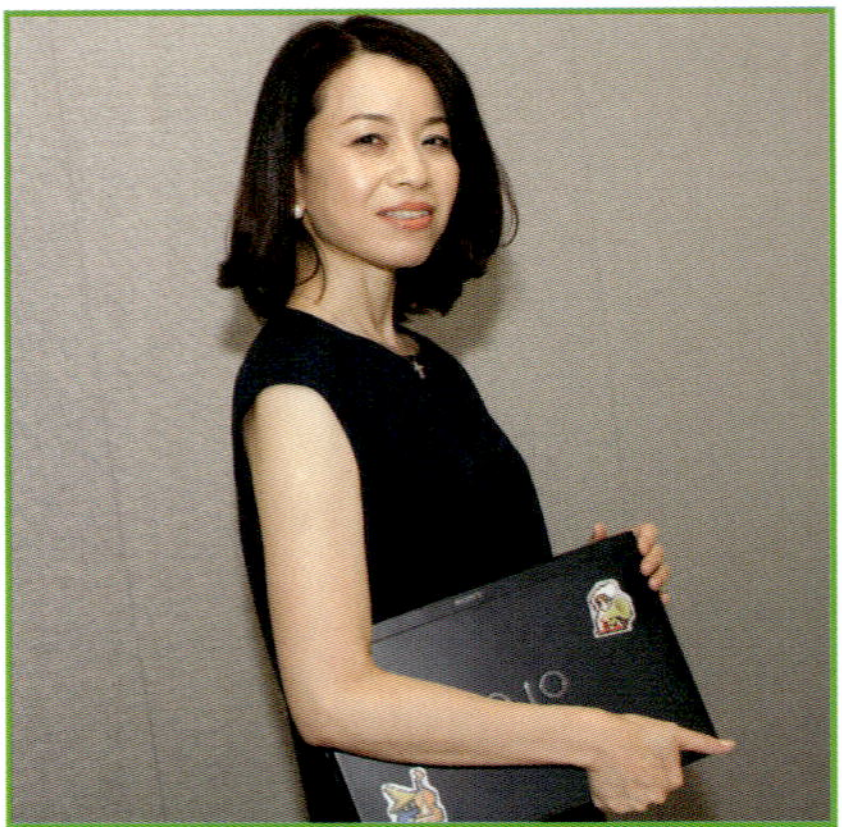

FFという世界観をドットで作る

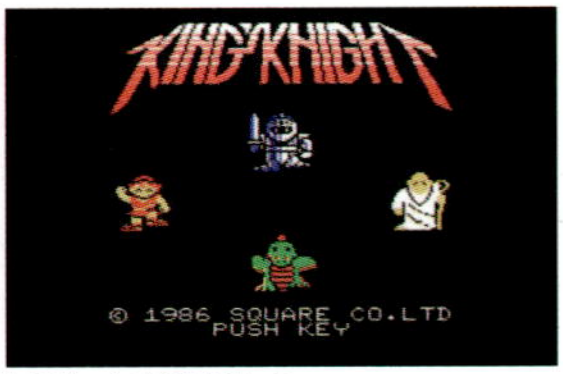

渋谷　MSX版の『キングスナイト』で、初めてドットを描きました。
――キャラクターというか、絵のパーツですよね。
渋谷　パーツです。マップの断片だったりとか。
――16×16で描かなきゃならない意味が、最初はわからないでしょう。
渋谷　あと、色数も少ない。MSXは何色で描けばよかったかもう忘れましたが、とりあえず使える色数が少ないので、ちょっとカルチャーショックがありますよね。

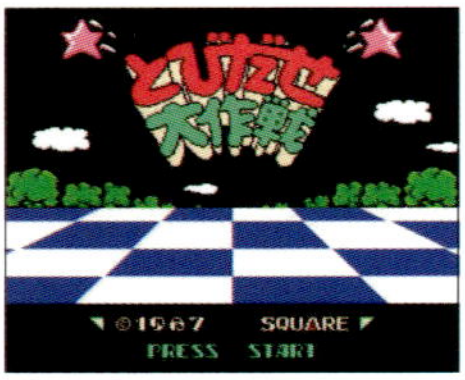

1987年3月発売の『とびだせ大作戦』。渋谷さんの手による開発資料と実際のタイトル画面（右下）。

――モンスターのドット絵も天野さんの原画をベースにしていますが、初めてあれを見たとき、「これをドットにするの!?」って驚きませんでしたか？
渋谷　そこはよく皆さんに聞かれるんですけど、とくに驚きはなかったんですよ。「ま、何とかなるだろう」って。モンスターの絵は、ちょっと大きいじゃないですか。プレイヤーキャラは16×32なんですけど、モンスターはそれより大きく描けるので、「まあ、やりようはあるだろう」って。色数が少ないから、シルエットで見せるっていう方向に考えていくと、やっぱり形にこだわらざるをえないので、その方向で天野さんらしさを表現できないだろうか、とか。

渋谷　最初に作ったのは、オレンジ色の屋根のお家。見た目を「もう少し自分のやりたいようにしたいな」って思って。『ドラクエ』は町とか店の中とかが合理的なんですよ。キャラ数も極力減らして容量を圧迫しないように描かれていて。でも、私が描いた町とか店は、すごく容量を食うんですよ（笑）。そこを押し通して。無理を通してもらったりしたんです。

『FF』のドット絵師　渋谷員子 編…P.038

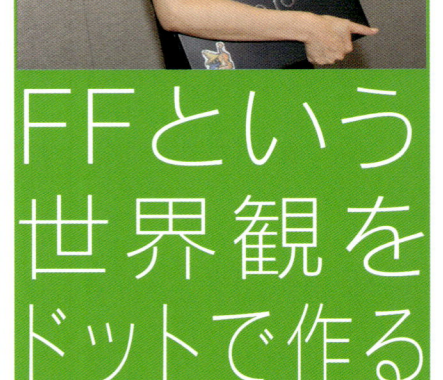

02 KAZUKO SHIBUYA

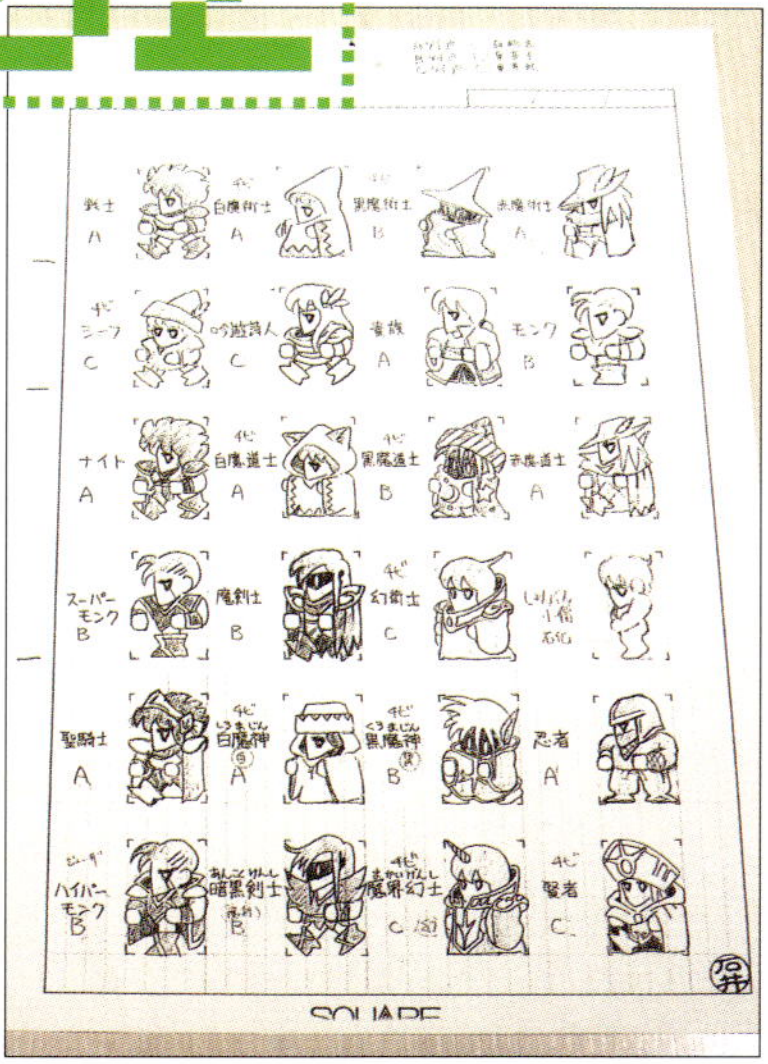

渋谷　『FF Ⅲ』までは私一人でなんでも描いていたので、なかなか仕事の終わりが見えないのが大変でした。それでも仕事が終わらなかったことはないので、結局、やればいつかは終わる、っていう感じでした。

渋谷　坂口か、田中のどちらか忘れましたが、「橋を渡ったところで一枚絵を出そう」って言われて、少ない容量の中でやりくりして描きました。ただ、あんまり苦労した記憶はないですよ。そのときは辛いですけどね（笑）。膨大なノルマがあって、締め切りがあって。

渋谷　『FF』はそうでもないんですが、『ロマンシングサ・ガ』はキャラの数が多くて……。あのシリーズは『1』と『3』と、あと『サガフロンティア』もやっているんですけど、シリーズを追うごとに容量が増えていって、キャラも増えて、作業の負担が多くなっていくんですよ。そうなったときに「終わらない!」って思うこともありました。

渋谷　『FF』シリーズは『FF Ⅴ』がつらかったですねえ。当時、坂口にも文句を言ったんですよ。ジョブが多いって！私一人じゃとても手に負えないので、あのときは二人で描きました。

——それでも、たった二人ですか（笑）。

渋谷　プレイヤーキャラに関しては二人ですね。ただ、『FF Ⅴ』のときはグラフィックデザイナー自体はもう少し増えていて、モンスター担当とか背景担当とか分担していたから、その点では楽なんです。

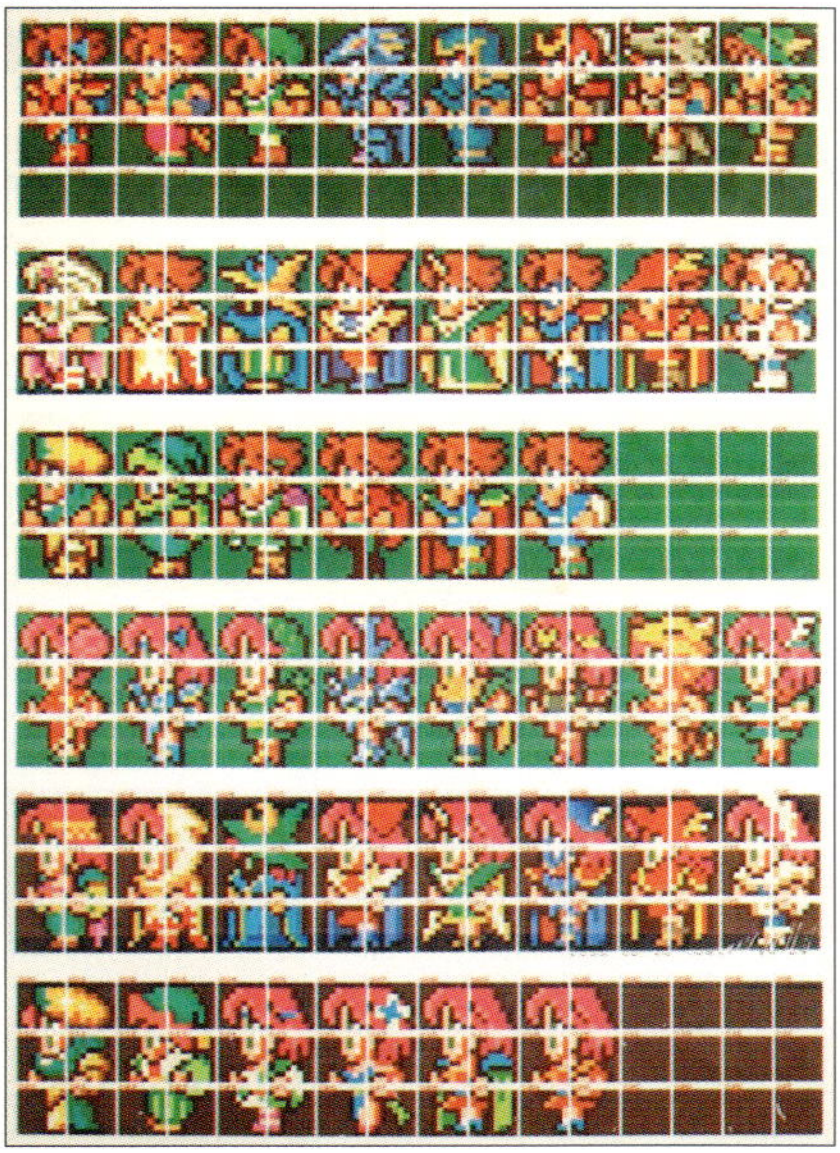

渋谷　しばらくキャラのドット絵を描く現場から離れていた期間があるんですよ。その間、3Dをやったり、そのあとはUI（ユーザーインターフェース）や文字フォントのデザインとか、そういうことをしばらくやっていて。14年くらいドットを打っていなかったんですけど、『FF Ⅳ　ジ・アフターイヤーズ -月の帰還-』に誘われて、すごい久しぶりにドット絵を描いたら「私、上手くなってる!」って。

3Dの経験がドット絵の匠の技に繋がる

緻密かつ物語性を持たせて

☆よしみる　プレゼンテーションと言ってもいまほどちゃんとしたプレゼンではなくて、企画書の真似事のようなものと、「こんな画面になりますよ」という見本のグラフィックをいくつか用意していきました。順番を待っているときにモニターで確認していたら、ちょうどそこに岩田さんが通りかかって、そのグラフィックをご覧になったんですね。そうしたら、それでもうほとんどプレゼンなしでGOが出たんです。

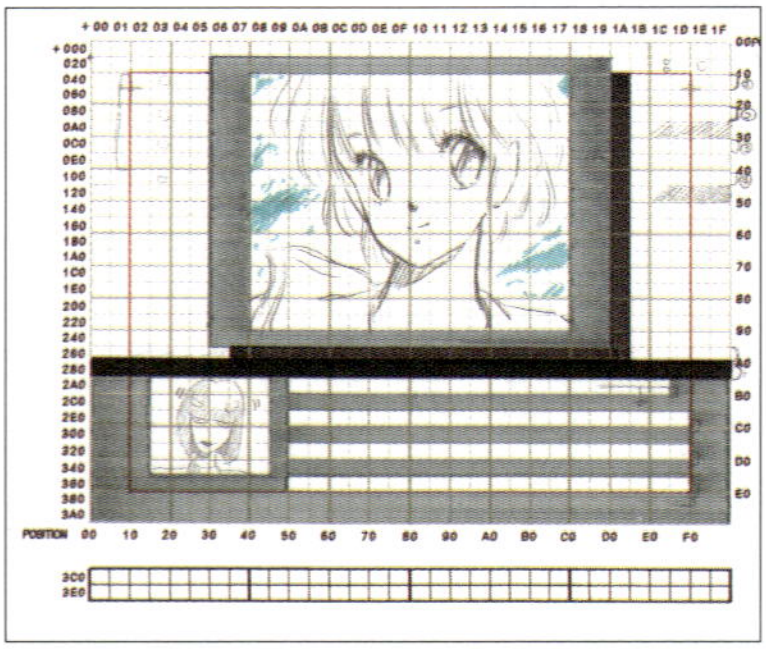

☆よしみる　本物はサイズがもっとデカいので、これはデータをプリントアウトしたものなんですけど、こういうレイアウト用紙で、この線から内側がテレビの画面で実際に表示されるエリアだよとか、そういうグラフィックの指定をしていくわけです。

☆よしみる　たとえば、フィールドを歩いていたときに「これいじょうはすすめません」って出ちゃう。「それはちょっとないな」と思って。キャラクターであり、舞台背景であり、そうした物語を構成する要素だけで世界を描きたい。それをシナリオの中に織り込んで説明することができれば、プレイヤーが興冷めすることもないだろうし。それを目指すために言っていたのが、「どの画面も必ずどこかが動いている」ということです。

☆よしみる　苦労したのはやっぱりファミコンの仕様。『メタルスレイダーグローリー』はグラフィック表現に重きを置いたゲームですけど、ファミコンはこういうグラフィックを描くのに適してないハードなんですよ。

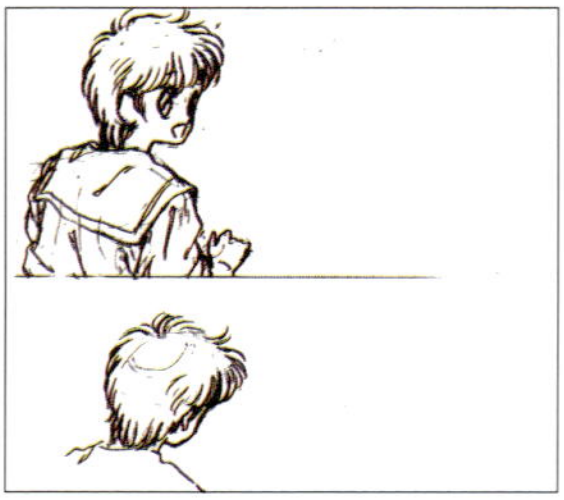

03 ☆ YOSHIMIRU

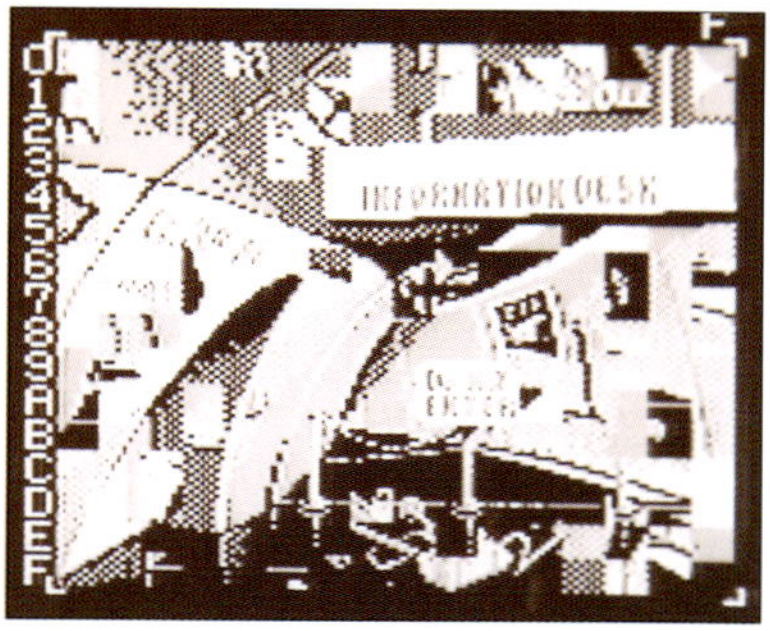

☆よしみる　バンクに収めるときはさらに細かく、8×8ドットに分割します。最初はまずベタで128×128の大きなドット絵を描くんですけど、それを最終的には8×8ドット単位に分割して、バンクに収納します。保持できるパーツ数には制限がありますから、流用できるパーツが多いほど作業はラクになります。斜めのラインとかは流用が利かないんで、工夫が必要になります。

自分の手で全てデザインするからこそ出来た緻密さ

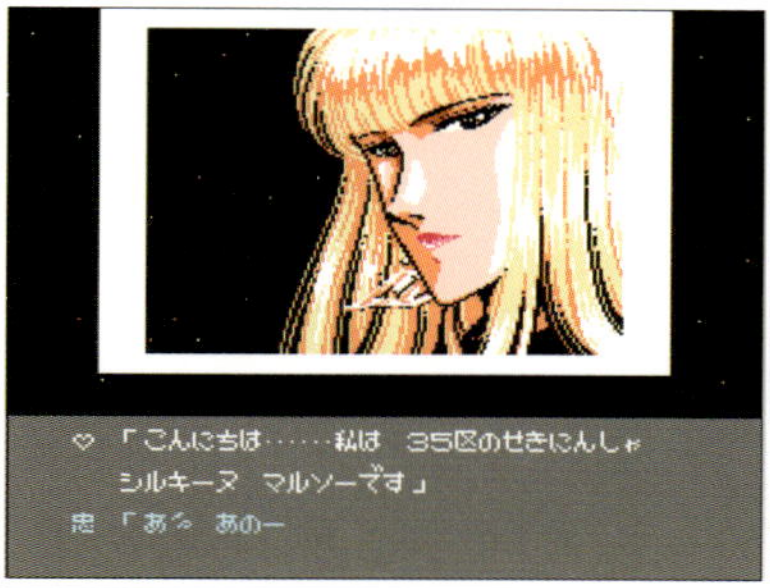

♡「こんにちは……私は　35区のせきにんしゃ
シルキーヌ　マルソーです」
忠「あ〃　あの一

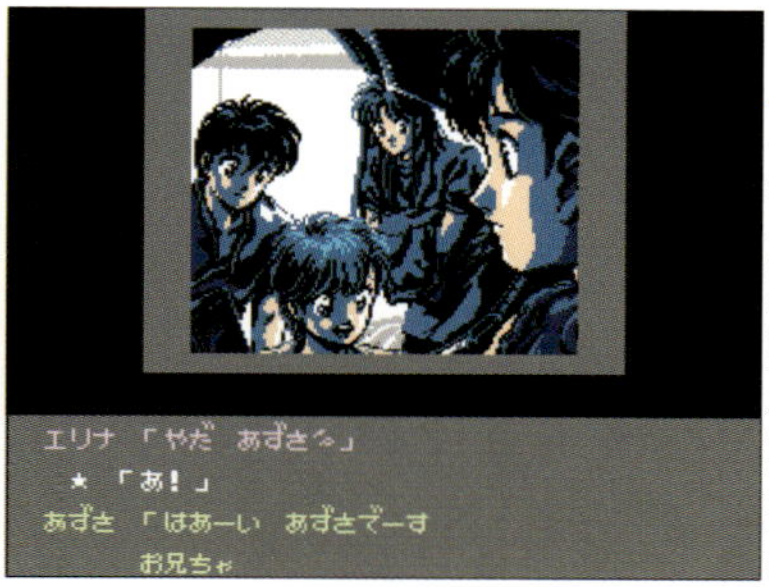

エリナ「やだ　あずさ〃」
★「あ！」
あずさ「はあーい　あずさでーす
お兄ちゃ

☆よしみる　突き詰めると、芝居を描くのが好きなんですね。キャラクターだったら顔の表情だけじゃなく、身振り手振りであったり、動きみたいなことでそのシーンを表現するのが好きなんです。メインとサブのキャラクターがいたときに、メインのキャラクターが何か言っていることのリアクションとして、サブのキャラクターも何かの行動を起こす。そういう部分がいちばん描きたいところなんですよ。

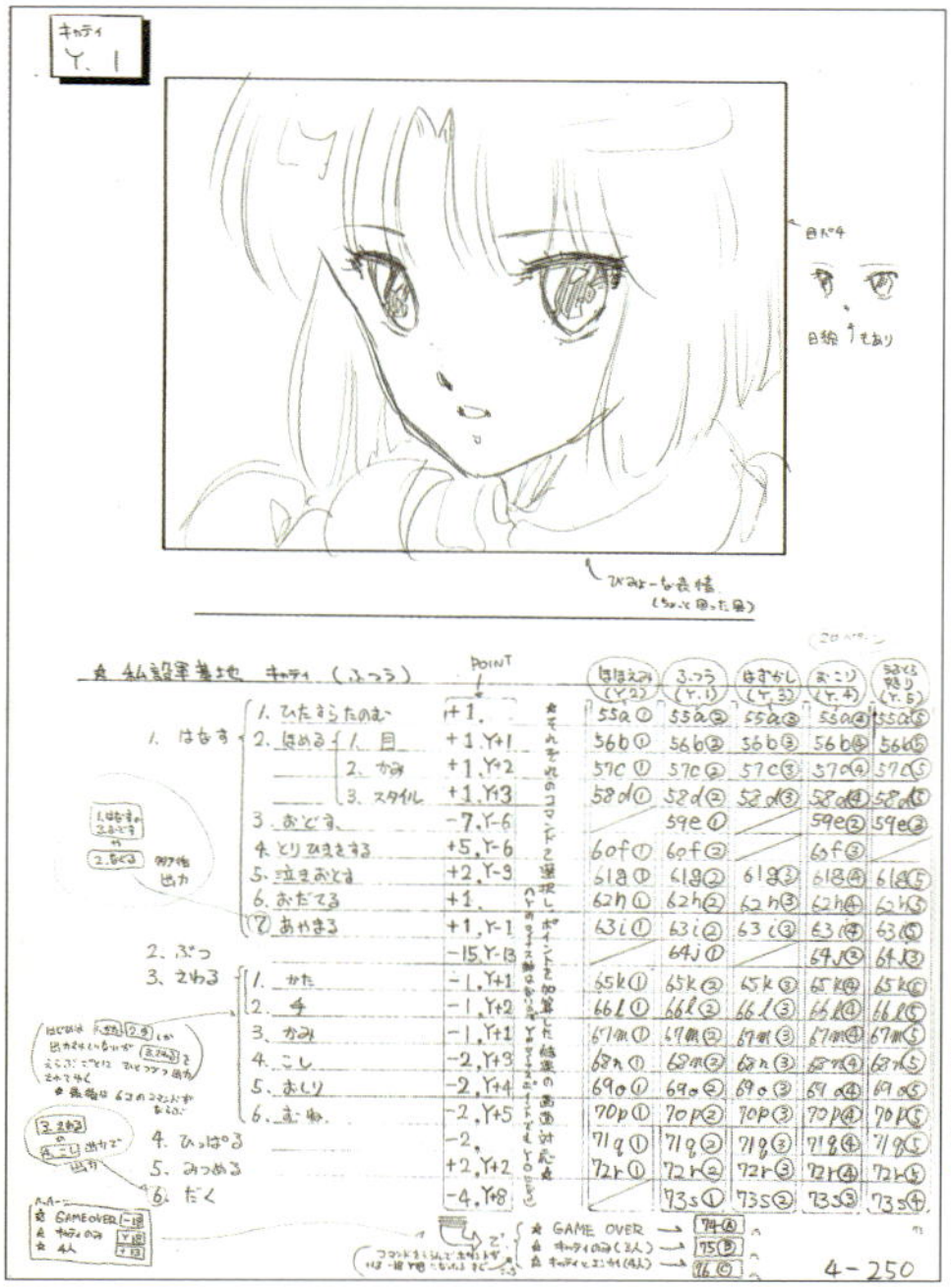

キャティ
Y.1
GAME OVER
4-250

店員
ぬ.1
はい？

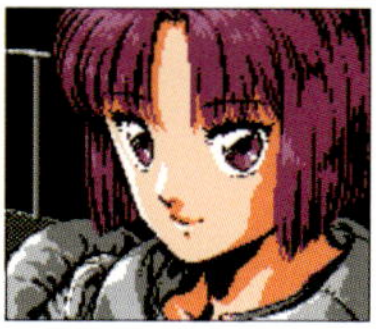

☆よしみる　輪郭線であるとか、髪の毛とか、黒で描かれるべき線をどこまで活かすのかってことを、自分なりに追求していく。ファミコンのドットは大きいですから、黒い線で描くと強すぎるんですよね。その強すぎる線をどこまで残しながら、絵の印象は変えずに調整していくか。

ユウラボ　『フェアルーン』は『ハイドライド・スペシャル』が「ファミコンというプラットフォームのままシリーズ化されていたらどうなるか？」というコンセプトがぼくの中にありまして。ファミコンのポップなカラーで、『ハイドライド・スペシャル2』とか『スペシャル3』が存在してたら、きっとこうなっていたのではないかと。

独学で身につけたドットの技

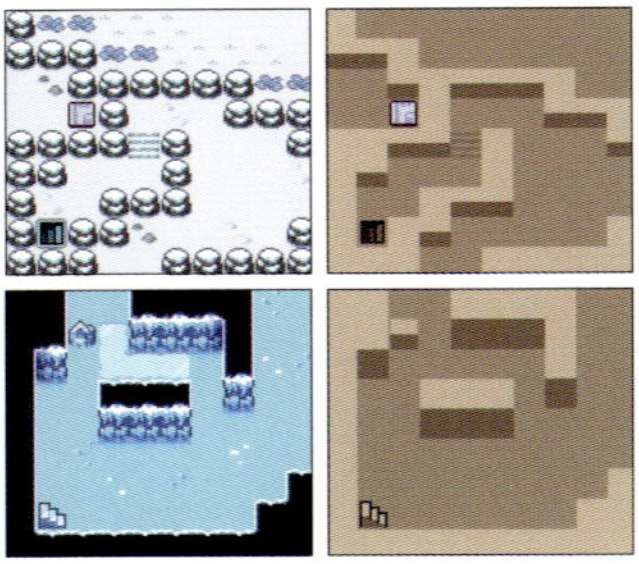

◀（左写真）『フェアルーン2』ゲーム画面。（右写真4点）フィールドとダンジョンのマップを単純化して比較したもの

ユウラボ　『フェアルーン2』は、ちょっと難度の高い謎解きもありますが、いまは攻略サイトとかもあったりするので、そこを見てもらえば、クリアはできるでしょう。アクションが難しくてクリアできなくなるような要素は極力入れないようにしています。それでも、マップが広すぎたとか、道に迷って子供が泣いた、なんてツイートが流れてるのを見たりしました（笑）。『2』の地上マップは「地上」と言っておきながら、構造はダンジョンのような迷路になってるんですね。それで階段から地下ダンジョンへ降りていくと、こちらは逆に複雑な構造にはなっていないんです。

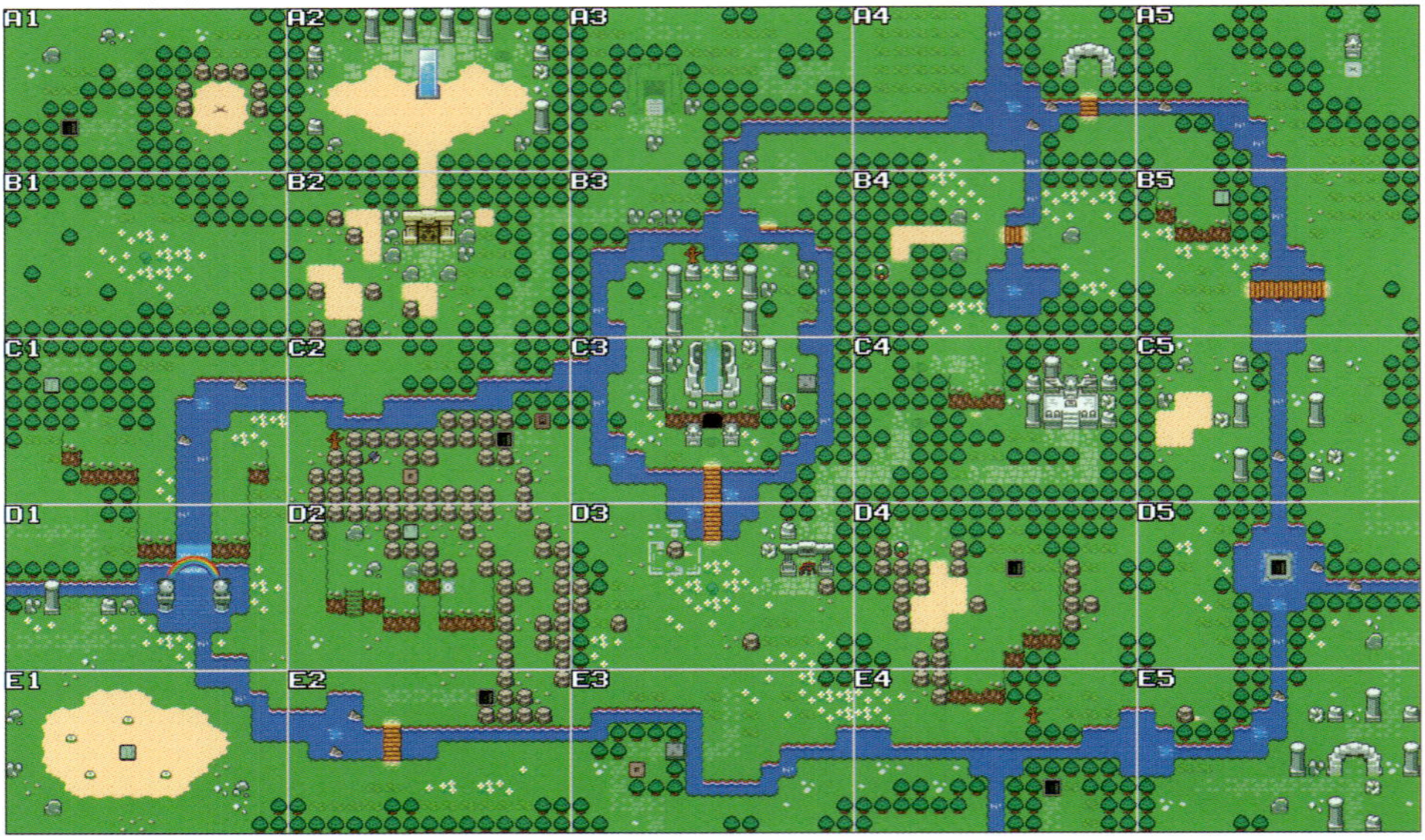

ドット絵の新作ゲームを作り続ける　ユウラボ 編…P.088

04 YOULABO

ユウラボ　3DSで作り始めたらすごい残像が出て。だけど、プログラム的には問題ないし。まあハードウェアの仕様上そうなっているなら、違う色を入れてみようって、暗い紫を入れてみたら残像が軽減された。

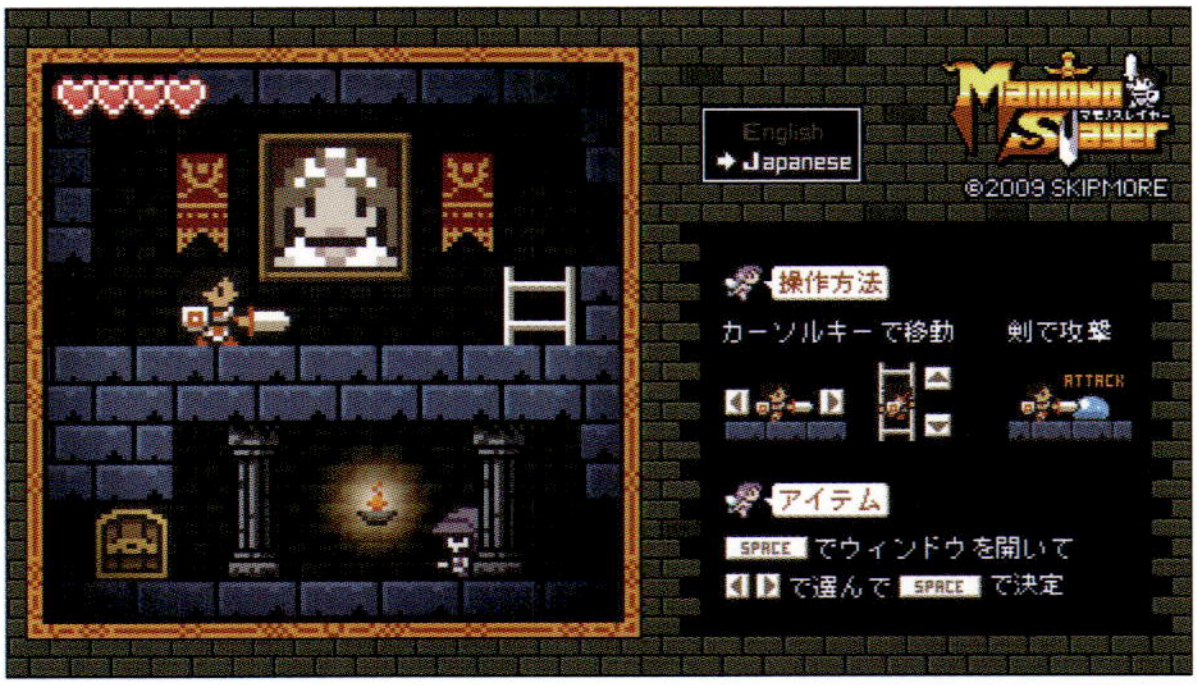

ユウラボ　『魔物スレイヤー』なんかは、完全に『ドラスレ』へのオマージュですから。

――大好きなゲームを見て、独学でドット絵の描き方を覚えていったわけですね。

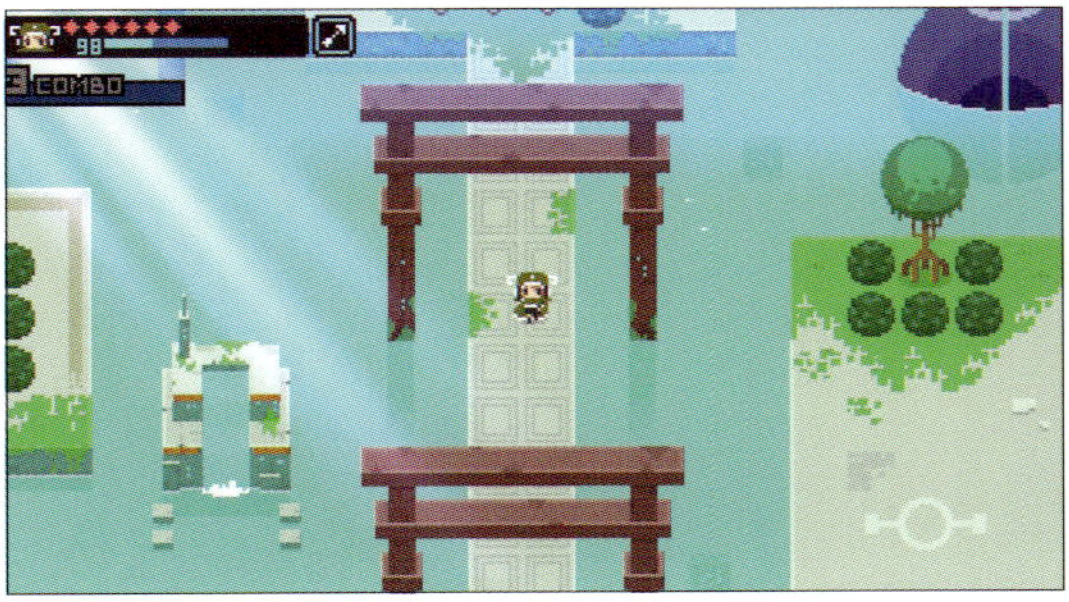

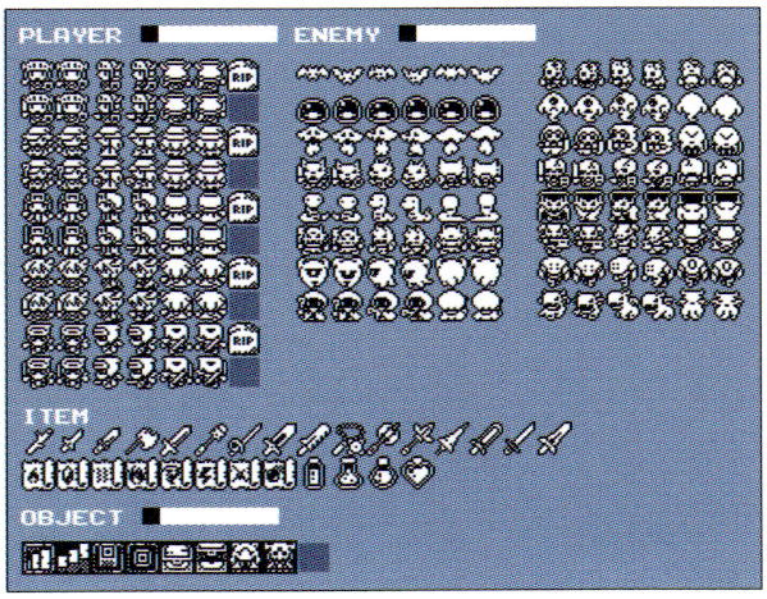

（右）『1ビットローグ』のドット絵デザイン。
（左）『神巫女 -カミコ-』のゲーム画面。

懐古でなくあくまで自分の好きなものを作る

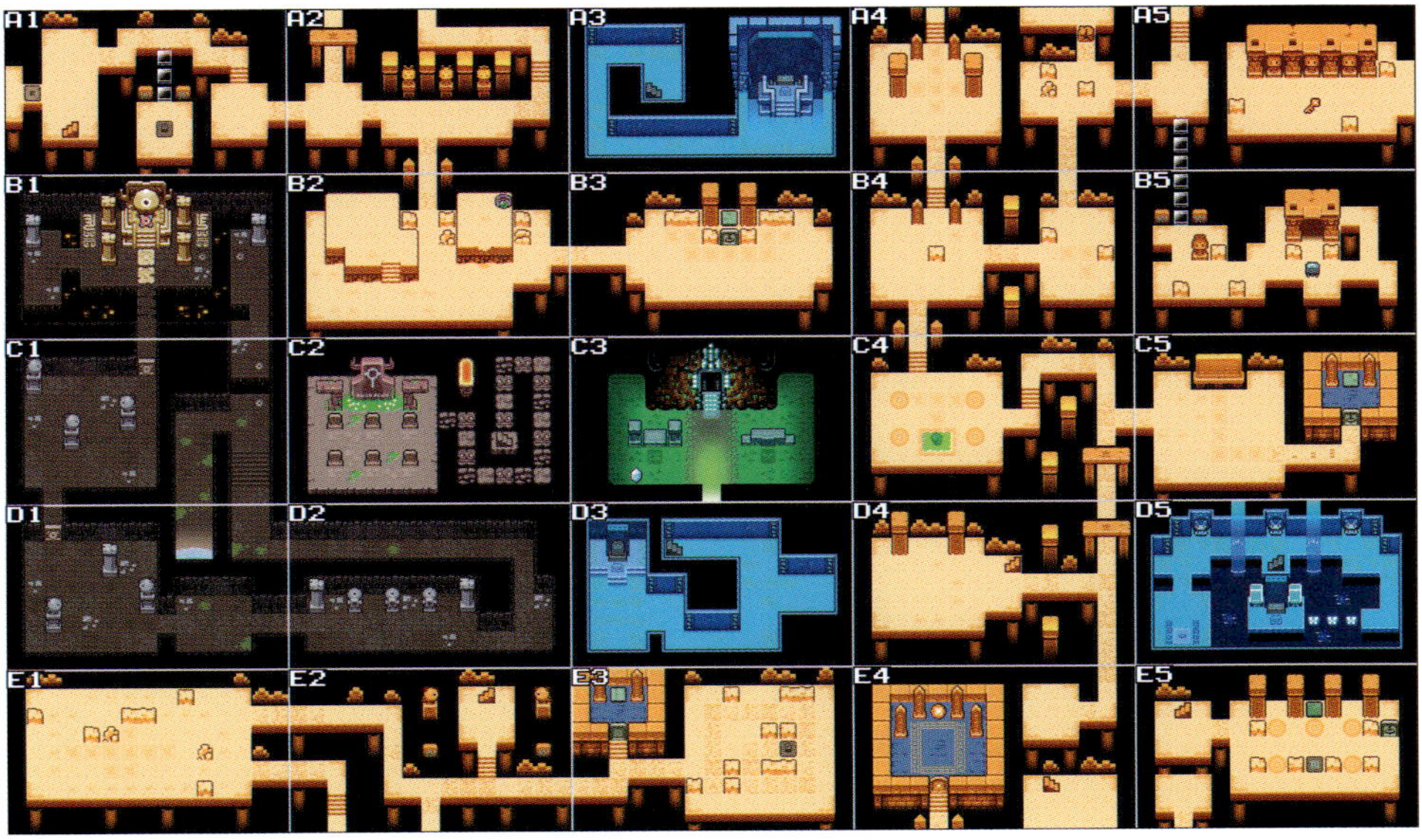

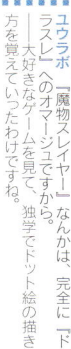

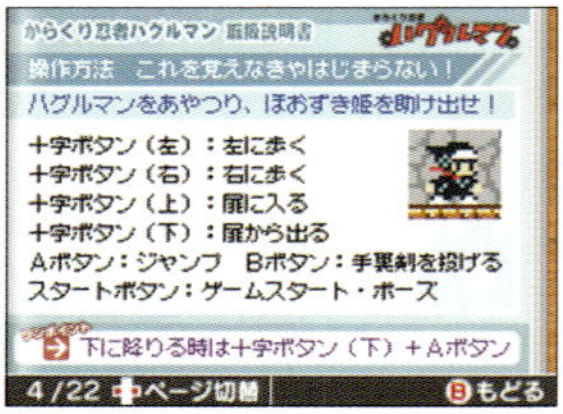

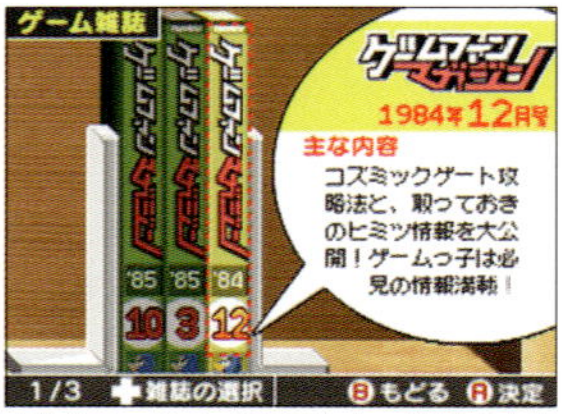

鈴井　うちの会社には、ぼくの私物なんですけどファミコンの取説とか、当時のものがすっごいたくさんあるんですよ。だから、何年頃の取説はまだ２色刷りだったので、このゲームの取説もこんな感じの色にしようとか、当時の質感まで再現して。で、あとから出てくるゲームの取説は色数が増えたりして。

あえて制約を持たせつつ美化を果たす

鈴井　あとは……架空の会社のロゴも作りましたし、各ゲームの広報戦略まで決めましたね。ゲームを開発して、それに対するリアクションまで作って、裏ワザと攻略法があって、それをパッケージにして流通させて、そういう実際にゲームが世の中に広がっていくリアリティを感じさせるような情報量を詰め込んでいく。

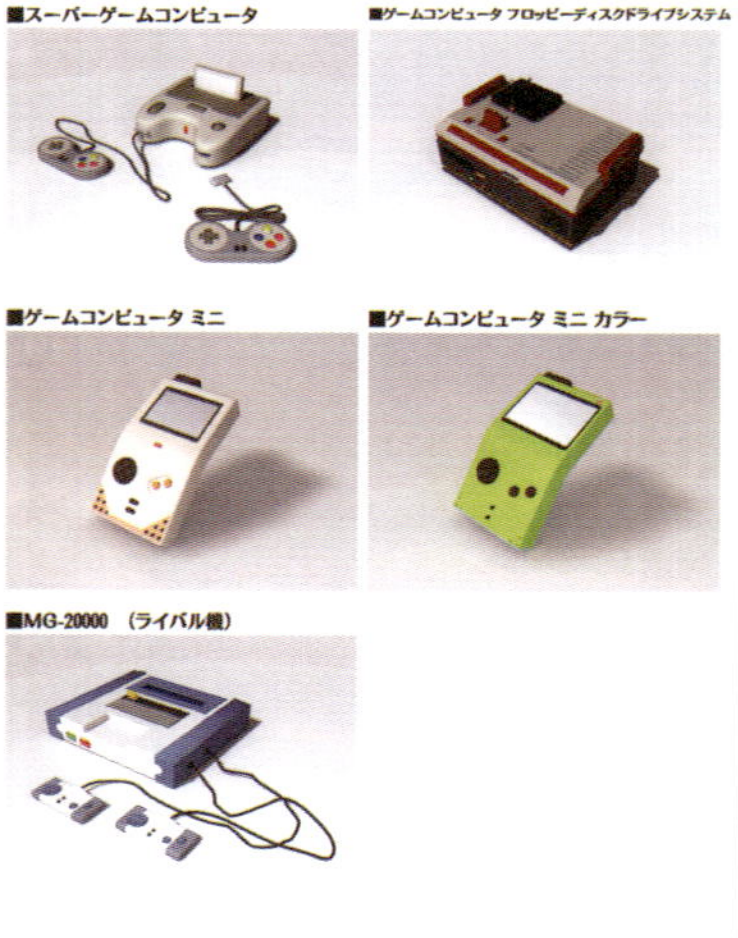
■スーパーゲームコンピュータ
■ゲームコンピュータ フロッピーディスクドライブシステム
■ゲームコンピュータ ミニ
■ゲームコンピュータ ミニ カラー
■MG-20000 （ライバル機）

鈴井　開発現場での統一見解としては、１つのゲームに、少なくとも３つはオマージュしようって決めてました。何か１つのゲームにだけそっくりなものはやめようと。『ハグルマン』だったら、『忍者じゃじゃ丸くん』にも見えるし『影の伝説』にも見えるし、っていうハイブリッドな感じですね。それでいて、ゲーム性自体はちゃんとオリジナルなものを作る。ある作品をモデルにしたゲームを作ったときは、ちゃんとそのオリジナルの作者にシナリオチェックをしていただいたんですよ。あまりにも似すぎることがないように。それと、ゲームの中に登場するゲーム機だってファミコンではないし、セガマークⅢでもない。

05 INDIESZERO

──『からくり忍者ハグルマン』がシリーズ『1』『2』『3』と3本も入ってますね。これは作業を軽減するためでしょうか？
鈴井　というよりも、ゲームの進化の歴史を体験してもらうために、あえてそうしてるんです。
田中　グラフィックは見た目にもわかりやすい部分なので、数ヶ月後に『2』が発売されるなら、当然、前作よりもグラフィックが少しゴージャスになってるはずだよね、って。

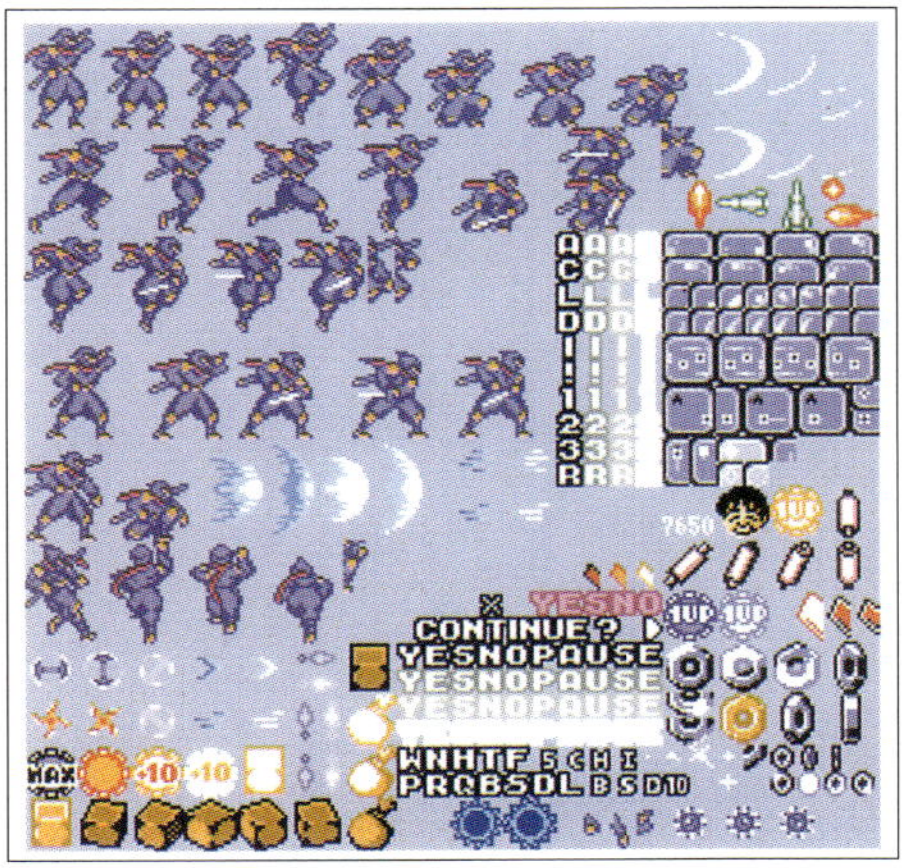

──『課長は名探偵』は似顔絵がすごくいい味を出してるんですよね。
田中　これをファミコンでやれと言われたら、制約があって厳しいんですけど、ニンテンドーDSはV-RAMの領域が広いんで、技術的にはそれほど大変ではありませんでした。
鈴井　ニンテンドーDSのカラーパレットを使いながらも、ファミコンのときのような色数の少ないパレットをベースに。スポイトで抽出した色のデータ値をベースに、ちょっとDS用の発色の調整をするけれど、実際のファミコンの52色だけを使ってグラフィックを描く、っていうふうにやったんです。

ゲームの進化を ゲーム内で再現し 本物よりレトロっぽく

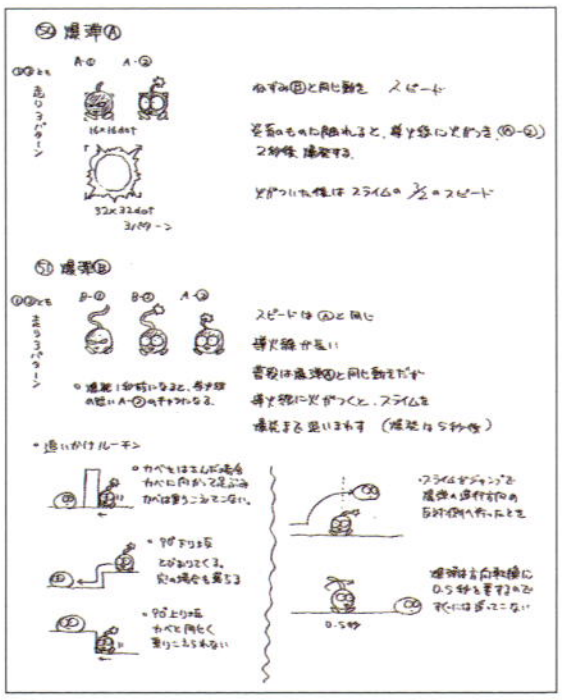

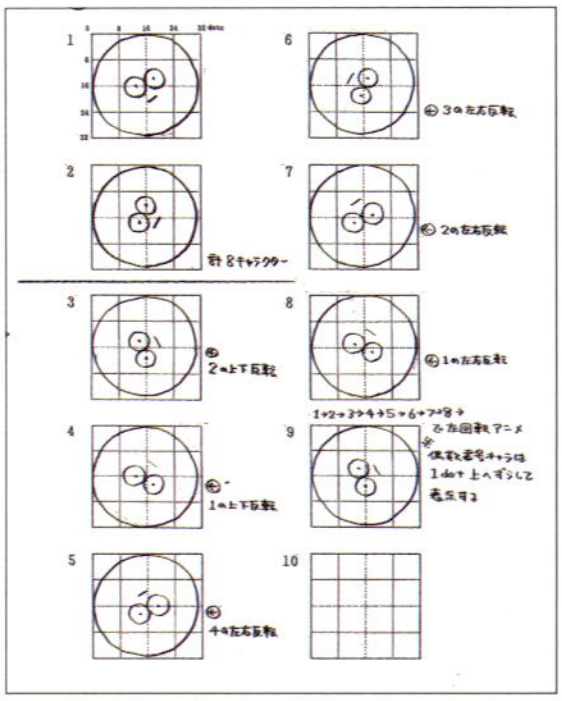

マンガとゲームとドット絵と

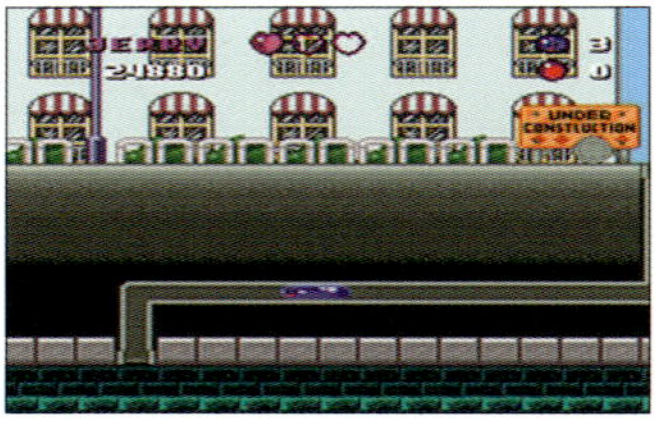

杉森　アイデアを考えるときに、それを技術的にどう実現させるかを同時に考えているのは間違いないです。こうすれば出来そうだな、っていうことを常に考えながら絵も描いてますから。そもそも『ジェリーボーイ』はスライム状のキャラクターが主人公で、それが冒険していくというところから発想しています。そのキャラクターならではの仕掛けがうまく決まると、やっぱうれしいです。

杉森　社長の絵があまりにもヘタだったので、ぼくが描いて送りつけたんですよ（笑）。最初の頃の表紙は、社長がゲームのキャラクターをドット絵で描いていて、まあ、それは、いまならクールだと考えることもできるんですが。でも、ぼくは「こういうんじゃなくて、アニメ絵にしたほうが売れるぞ」ってアプローチをして、そっちに寄せていったわけです。

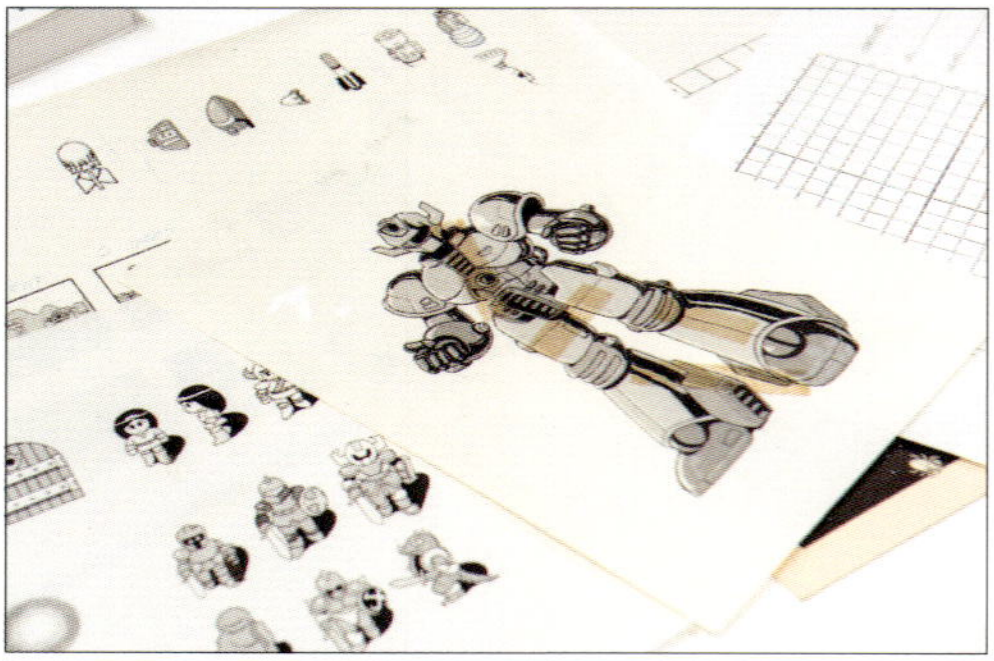

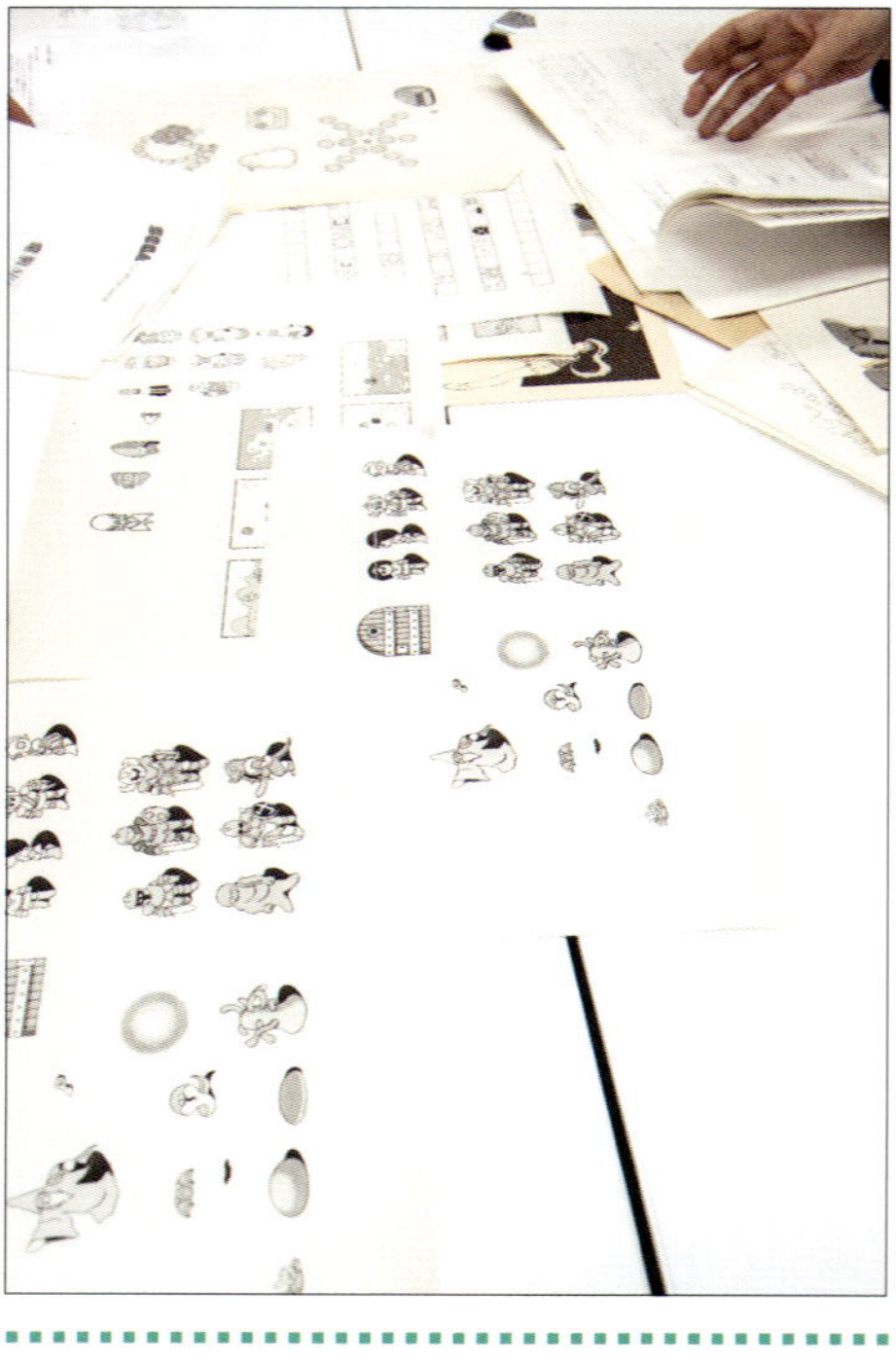

『クインティ』そして『ジェリーボーイ』　杉森 建 編…P.134

06 KEN SUGIMORI

杉森　実際、おもしろかったですもんねえ。ちょっと修正した絵が、すぐアニメーションに反映されるっていうのは、たいへんな興奮でした。もう夢中でやってましたよ。ほんとアニメが好きだっことから得られた知識と、あとはゲームを遊んでいく中から学んだドット絵の知識もあるし。ここをこうしたらもっと滑らかに見えるんじゃないか？　みたいな、自分の思いつきを足していったりとかして。

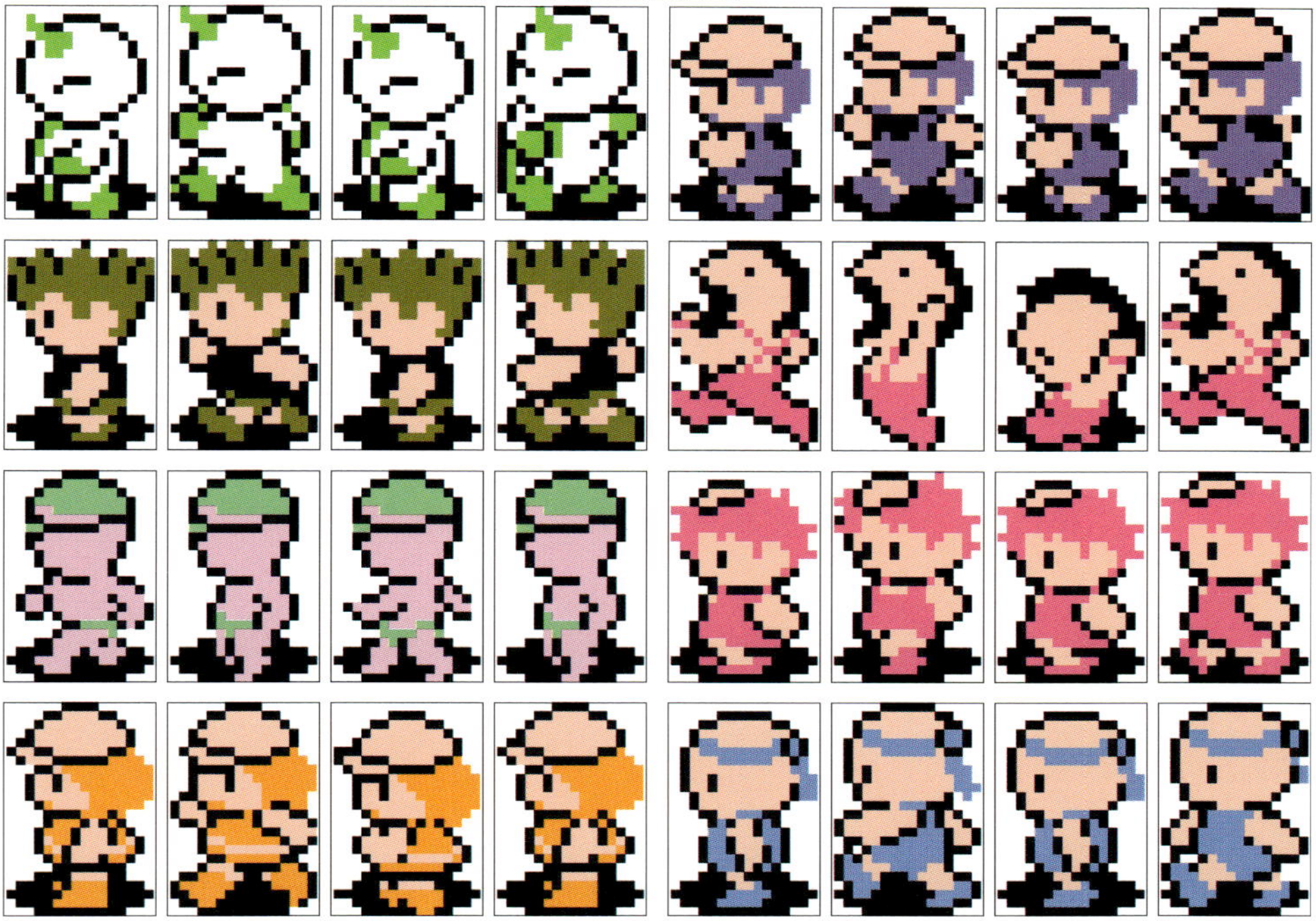

杉森　いまはさすがに下絵から描きます。あの頃はファミコンで、キャラのサイズも小さかったからできたことだと思うんですよ。細かく描き込むほどの解像度もなかったでしょう。だから、まず最初に裸の人形みたいなものを描いて、その素体である程度の動きをつけてから、帽子や服で肉付けをしていく。バレリーナなんかは逆に、あの素体での動きがおもしろかったから、そのままを活かして作りました。開発機材の上で直に描きながら作っていたゲームですから、『クインティ』に関しては仕様書ってほとんど残ってないんですよね。

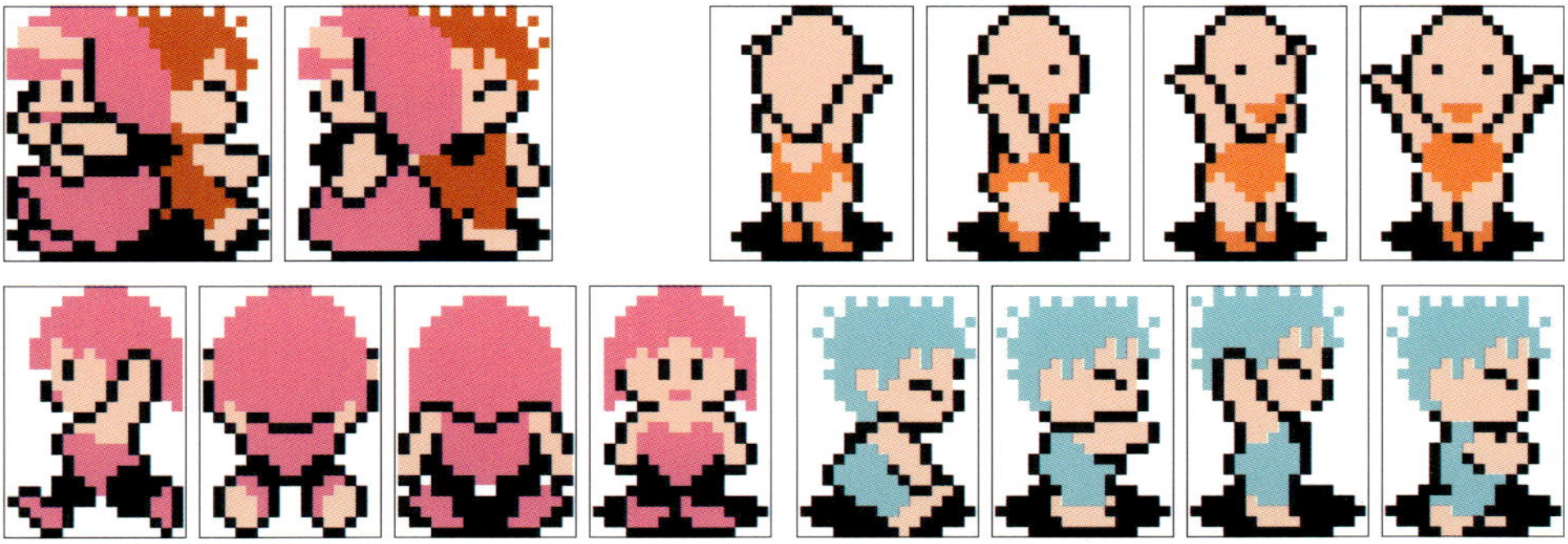

すべての技が結びついたドット絵のアニメーション

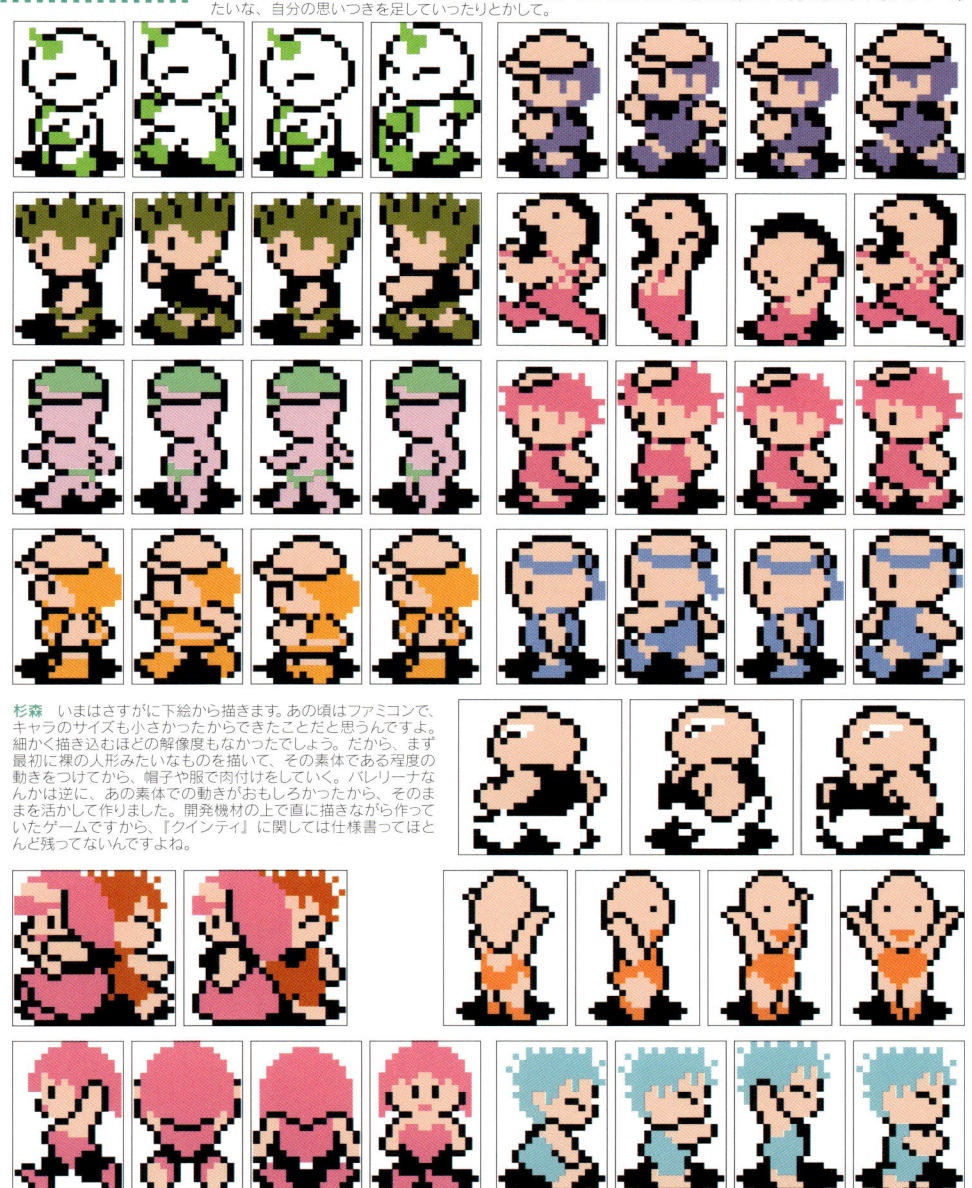

ドットの中のキャラのチカラ

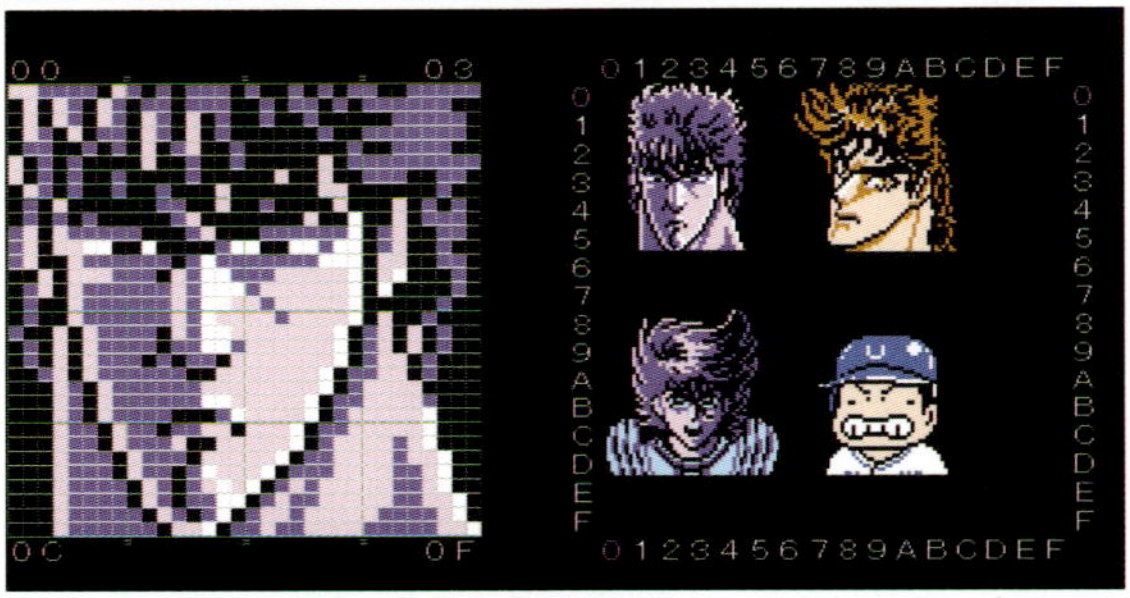

田中　使える色にも制約がありましたしね。このエリアとこのエリアは一緒の色みたいな。そうすると、原作に準拠した特定の色を使わなければならない場面では、どうしても他のキャラにもその影響が及ぶし、そうすると背景に使える色はこれ、スプライトに使える色はこれ、なんて毎回毎回用紙に書いて、覚えていかないとならない。
――まるでパズルですね。
中里　だから記号ですよね。どこに特徴を持たせるか。これは何とかだってイメージさせるか。

特徴を抜粋してキャラを作る

田中　『ファミコンジャンプ』でも、街のグラフィックなんかは、使い回しの嵐ですね。マップのパーツをいかに流用するかで、容量を節約しつつ雰囲気を作っていく。
――ビルも、四角いものならパーツの流用も簡単なんでしょうけれど、雰囲気作りのためにあえて丸いビルを描いていて、開発者の苦労が伝わってきます（笑）。
田中　窓を外したり、それをつなげて変化をつけたりして。キャラものは、原作コミックはあるしテレビアニメもありますから、ある程度以上のキャラの再現性がないと、ユーザーさんが許してくれないじゃないですか。だから、そこのクオリティを維持するために、まず容量を食われちゃうんですよ。そうすると、それ以外の背景とか、敵キャラとかは、使い回しができるようにデザインして、容量の節約をはかることになります。

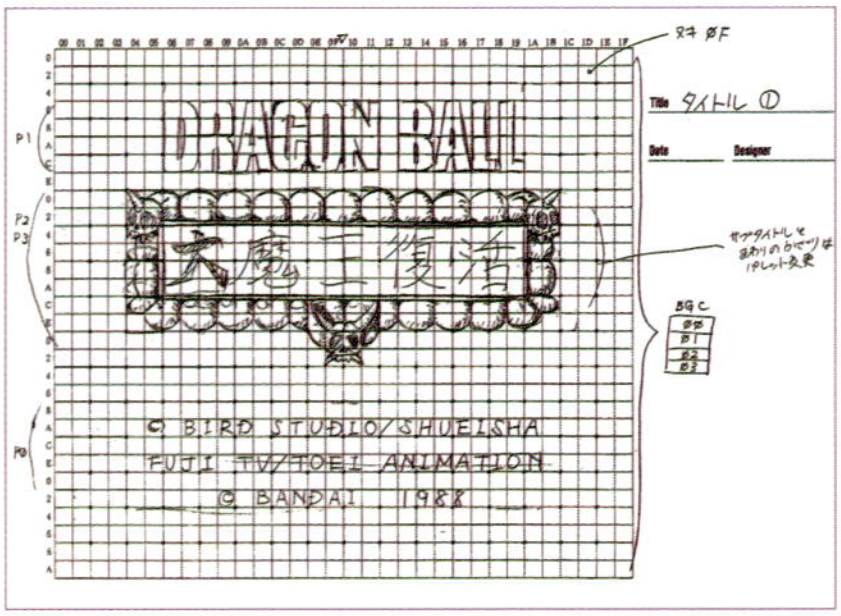

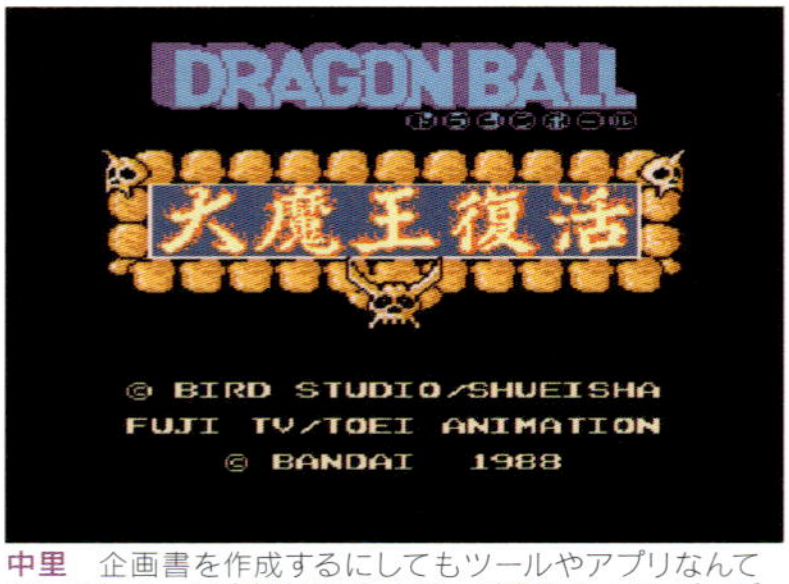

中里　企画書を作成するにしてもツールやアプリなんてないからオール手書きでしたよね。手書きで、すんごいブ厚くなったコピーを配って。たとえばこれも、ツールがなかったんで方眼紙に色鉛筆で絵を描いて、こういう風に最後は出力してっていうような、そういう時代でした。

少年ジャンプゲーム編…P.159

07 JUMP GAME

──『ドラゴンボール　大魔王復活』のカードバトルの文字とかも、描くのが大変そうですね。明朝体で表現しないといけない。

中里　RX-78の仕事でワープロソフトを作ったときに明朝体フォントのデザインをやっていたので、あまり抵抗なくできましたよ。このときのグラフィックは、背景以外ほとんど自分が描いてますね。

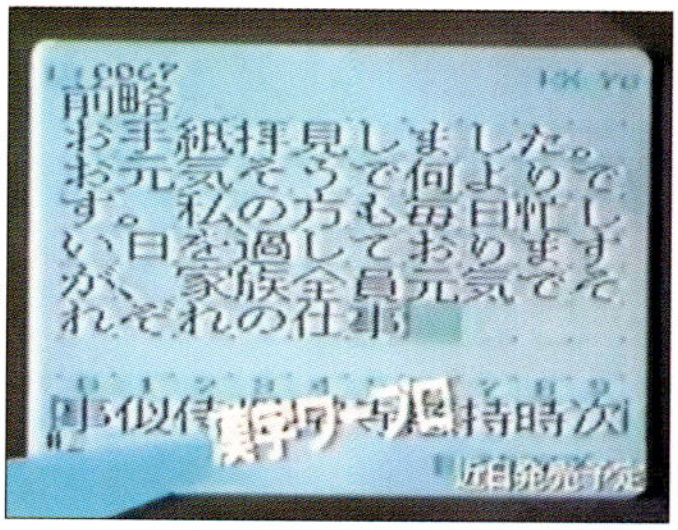

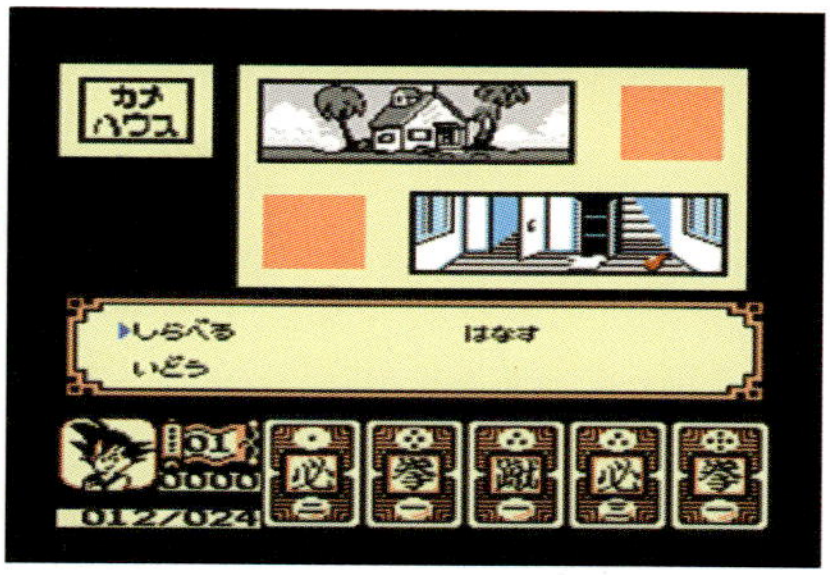

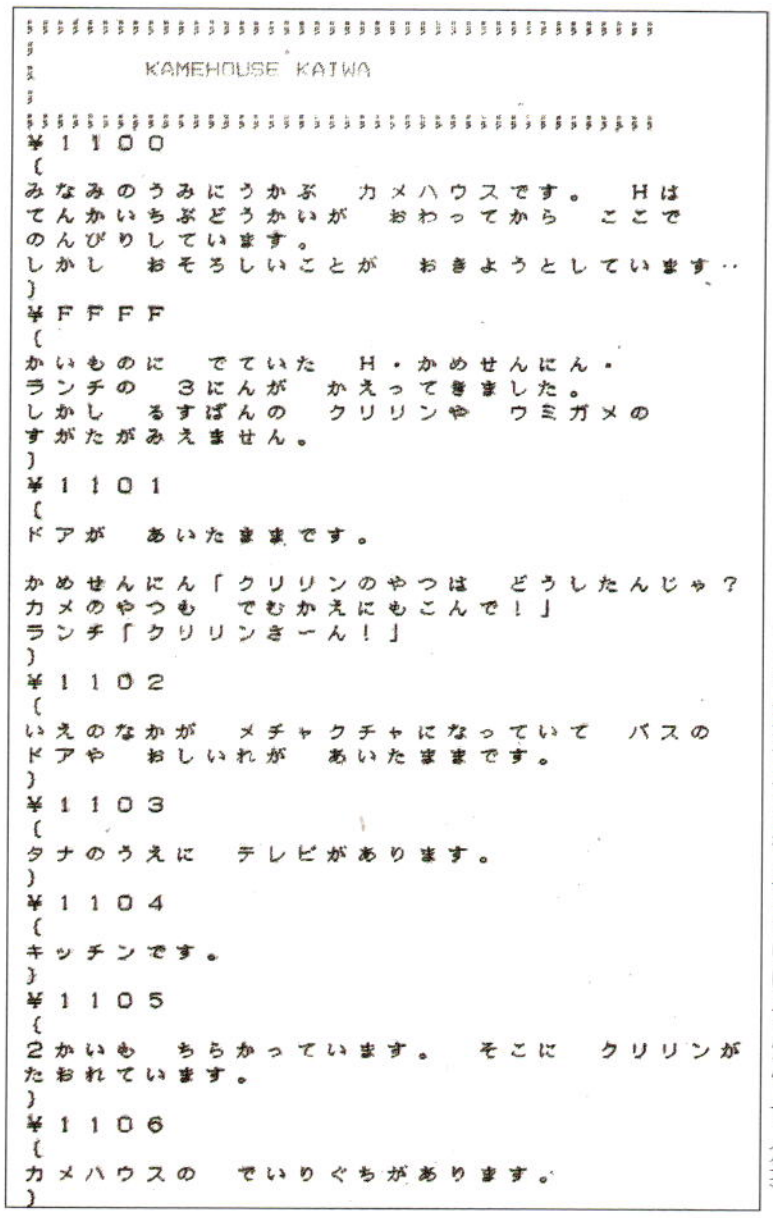

```
KAMEHOUSE KAIWA

¥1100
{
みなみのうみにうかぶ　カメハウスです。　Hは
てんかいちぶどうかいが　おわってから　ここで
のんびりしています。
しかし　おそろしいことが　おきようとしています‥
}
¥FFFF
{
かいものに　でていた　H・かめせんにん・
ランチの　3にんが　かえってきました。
しかし　るすばんの　クリリンや　ウミガメの
すがたがみえません。
}
¥1101
{
ドアが　あいたままです。

かめせんにん「クリリンのやつは　どうしたんじゃ？
カメのやつも　でむかえにもこんで！」
ランチ「クリリンさーん！」
}
¥1102
{
いえのなかが　メチャクチャになっていて　バスの
ドアや　おしいれが　あいたままです。
}
¥1103
{
タナのうえに　テレビがあります。
}
¥1104
{
キッチンです。
}
¥1105
{
2かいも　ちらかっています。　そこに　クリリンが
たおれています。
}
¥1106
{
カメハウスの　でいりぐちがあります。
}
```

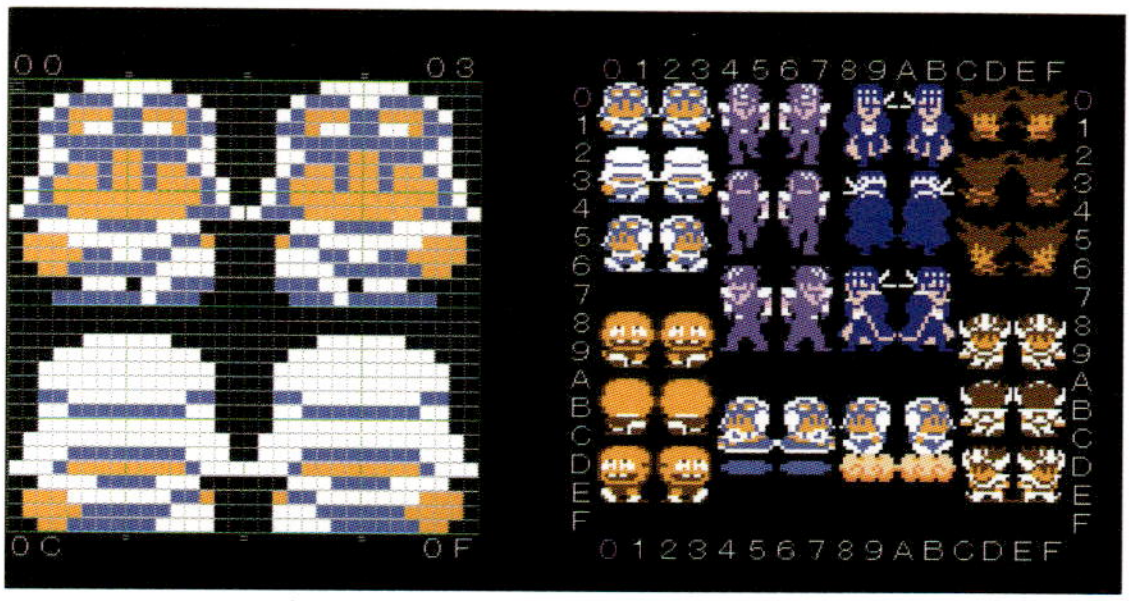

中里　『ドラゴンボール　大魔王復活』を作ったときは任天堂の『鬼ヶ島』を参考にしましたね。アドベンチャー部分が自分では明確になっていなくて、ちょうど『鬼ヶ島』が出たんで、それを見て、ああ、アドベンチャーゲームはこういう理不尽な感じでもいけるんだって（笑）。

田中　どういうゲームにするかということよりも、どういうキャラを入れていくかっていうところに時間をかけました。それで、開発スタッフみんなでマンガを読む、ってことが多かったんですよ。

中里　ジャンプコミックスを全部そろえて、「企画会議」と称して、みんなで黙々とマンガを読むだけという（笑）。

田中　それで、原作のコミックを見ては、ドット絵をちょろっと描いて「これはどうだ？」なんてことを何ヶ月かやってました。それこそ、主人公のキャラクターをどういうふうにしようかっていうのは、すごく悩んだところです。

中里　いかに工夫して少ない色数を多く見せるか。どうやってキャラがたくさんあるように見せるか。ドットで絵を描くというのは、そんなことばかりですよ。

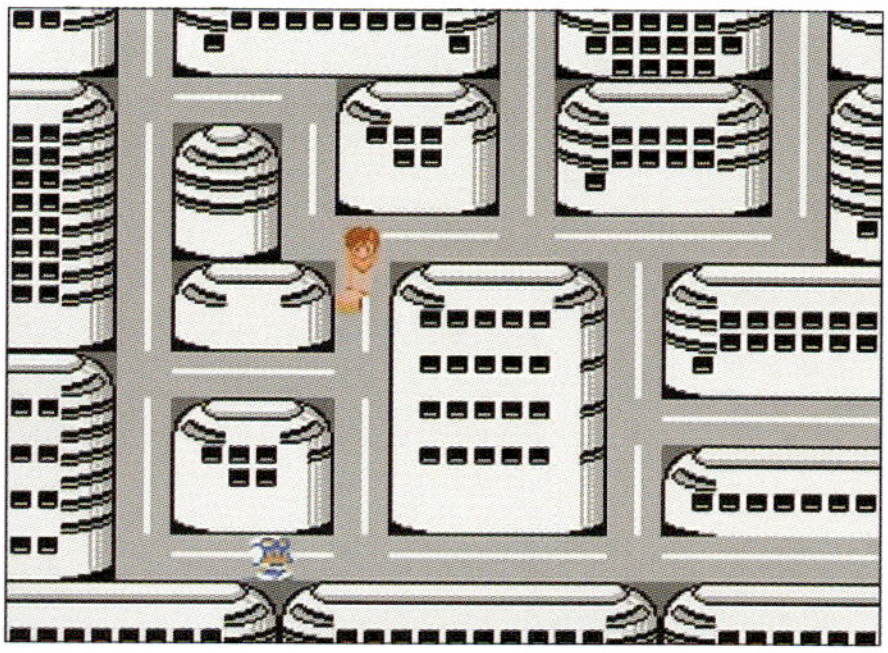

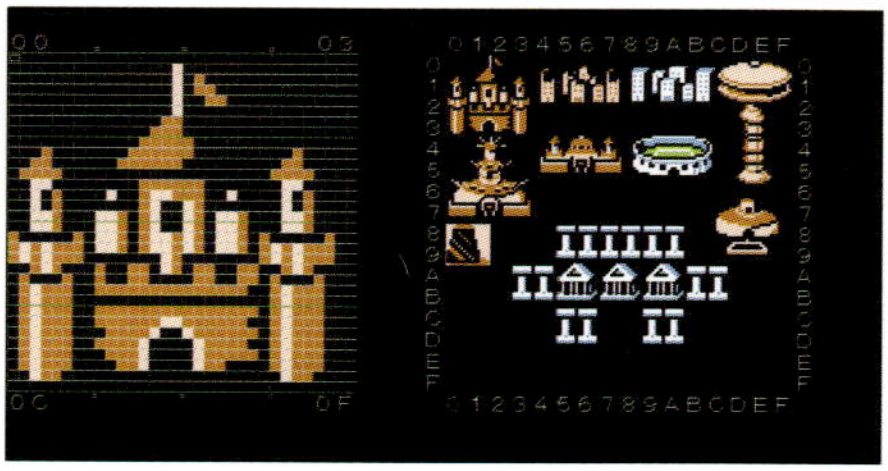

CONTENTS

CONTENTS

インタビュアー／とみさわ昭仁(とみさわ･あきひと)

1961年、東京都生まれ。神保町で特殊古書店「マニタ書房」を営みながら、書評、映画評、ゲームシナリオ、漫画原作など多方面に活動しているライター。主な著書に『人喰い映画祭【満腹版】』(辰巳出版)、『無限の本棚〈増殖版〉』(ちくま文庫)など。2009年までは株式会社ゲームフリークに所属し、『ポケットモンスター』シリーズの開発にも携わっていたことがある。

01 HIROSHI ONO

小野〝Mr.ドットマン〟浩 編

1957年生まれ。デザイン系の専門学校を卒業後、1979年に株式会社ナムコ（現・株式会社バンダイナムコエンターテインメント）に入社。『ギャラクシアン』『ゼビウス』『マッピー』など、ナムコの名作の数々でドット絵を描くと共に、タイトルロゴのデザインなども手がけ、2013年に独立。現在はフリーのドットアートデザイナーとして、ゲームだけにとどまらない活躍を見せている。通称：Mr.ドットマン。

ナムコに入社するまでの話

専門学校に通っていた頃

――まずは、ナムコ（現・バンダイナムコエンターテインメント）に入社されるまでの経緯を教えてください。小野さんが学生だった頃は、まだゲーム制作なんて職業選択にはなかったですよね？

小野　ないです、ないです。ぼくが生まれたのなんて「もはや戦後ではない」って流行語ができたその翌年の1957年ですからね。子供のときにエレメカで遊んだりしていて、学生の頃にようやくビデオゲームが出てきた感じです。

――エレメカといえば、ナムコは中村製作所としてその分野の老舗メーカーでもありました。

小野　よく遊んでいたのが『バルジ大作戦』（ナムコ／1968年）や『ペリスコープ』（ナムコ／1965年）なんて、めちゃくちゃ古いやつね。

――専門学校はどういった分野のところですか？

小野　デザインです。普通のグラフィックデザインですね。

――デザインの専門学校へ進学したのは、ナムコへの就職を意識していたからでしょうか？

小野　いや、その段階ではまだ将来への夢は漠然としたものでしたよ。元々モノを作ることが好きだったので、何かを作る仕事には就きたかったけど。ほら、テレビの大道具とか小道具とかってあるでしょう？　ああいう仕事をやってみたかった。

――それは何かの番組のセットに感銘を受けてとか？

小野　ううん、そういうんじゃなくて、ぼくの場合、絵は下手だったから画家になるのは無理だろうし、デザインっていうのもその時点ではよくわかんなかった。

――ちょっと待ってください。いま「絵は下手だった」ってサラリとおっしゃいましたが！

小野　いまでも下手ですよ。自分は不器用だったんですから。

――いやいやいや、Mr.ドットマンとも呼ばれる小野さんが、そんなわけないでしょう！　こういうお仕事されている方は、絵を描いたり模型を作ったり、子供の頃からコツコツと何かを作るのが好きな子供だったと思うのですが……。

小野　嫌いなわけじゃないですよ。モノを作るのは好きだけど、かといって器用ではなかったし、そんなに上手だとも自分では思わなかった。好きであることと、それが得意かどうかは別問題ですから。

──そういうもんですかね。

小野　それで、武蔵美（武蔵野美術大学）と日芸（日本大学芸術学部）を受けたんです。日芸には放送学科ってのがあったから、そこへ入ればテレビの大道具なんかの仕事ができるかもしれないと。そうしたら倍率が非常に高くて、おまけにロクに勉強もしてなかったからどちらも落ちまして、それで専門学校に進んだわけです。

──そこでグラフィックデザインを学ばれた。

小野　その専門学校は2年制で、授業はほとんど休まずに頑張った。そうして2年目の中頃になると就活がはじまるんだけど、デザインをできそうな職種ってことでオモチャ会社を受けることにした。

──差し支えなければ、会社名を教えてください。

小野　トミー（現・タカラトミー）です。そこを受けて、落ちまして（笑）。

──あらま、トミーはもったいないことをしましたね。

小野　いえいえ。そうこうするうちに3学期の終わりが近づいてきて、卒展（卒業制作展）がはじまるんですね。ぼくは自分の作品に取り組みながら実行委員までやったりして、会場の設営やら展示の準備やらをひと通り済ませて、はいご苦労さんって気がついたら「就職活動、ナンもしてねえや！」と。

──それは呑気すぎますよ（笑）。

小野　さあ、どうしようかって言ってたら、教務課の方から「こういう会社の募集が来てるけど、お前行ってみないか」と。

卒業制作がドット絵だった!?

──それがナムコだったんですね。

小野　だから、ゲーム会社に行きたいとか、そういう意識は全然なかったんです。とにかく就職しないとマズイと思って、たまたま募集があったから入った、という感じです。あとで聞いたのは、ナムコのデザイン課という部署から社員が一人辞めたがっている。でも忙しい時期なので会社としてはいま辞められちゃ困る。だったら、かわりの者を連れてきたらいいと。それで、辞めようとしていた先輩が会社案内なんかの資料を持って、あちこちの専門学校をまわっていたんだそうです。そのうちのひとつが、ぼくのところに来たというわけ。

──なんでも、ナムコへ提出した卒業制作の作品の中に、ドット絵を使ったものがあったという話を聞きましたが。

小野　ドット絵というわけじゃないんですけどね。先ほども言ったように、卒業制作の作品を作るためにはとにかく時間がない。それで、いちばん楽な方法はなんだろう？　まず、フリーハンドでの作品制作は時間がかかるだろう。だったら定規を使えば早いんじゃないか？　そう考えた。

──つまりシステマチックにやってしまおうと。

小野　そうです。子供の頃に見た銭湯のタイル画。マス目というか、あんな感じで格子状にしておけば、いろいろと楽じゃないかと。ただベタで塗りつぶすのではつまらないから、四角の一個がベタだとか、ブランク（空白）だとか、斜めに半分塗ってあるやつとか、基本2色なんですけど、そういうユニットをいくつか作っておいて、それを組み合わせて大きな絵を描く。モチーフは……蒸気機関車だったかな。とにかくでっかいやつをパネルで作って、横に路線図も描いて、その路線図なんかは明らかにドット絵でしたね。文字はさすがに普通の活字のようにレタリングして。だからドット絵を意識したわけじゃなくて、たまたまですよ。でも、ユニットの組み合わせで大きなものを作っていくというのは、『ゼビウス』の背景の描き方なんかと同じなんですよ。

――ああ、そうか。テレビゲームでは背景やマップを描くときは、16×16ドットくらいのパーツを作って、それの組み合わせで大きなものを描いたりしますね。

小野　そう、なるべく容量を減らそうとするとそういうやり方になるの。いま思えば、卒業制作の作業をしているとき、無意識にゲーム開発と同じように作業を軽減する方法を見つけていたんですね。

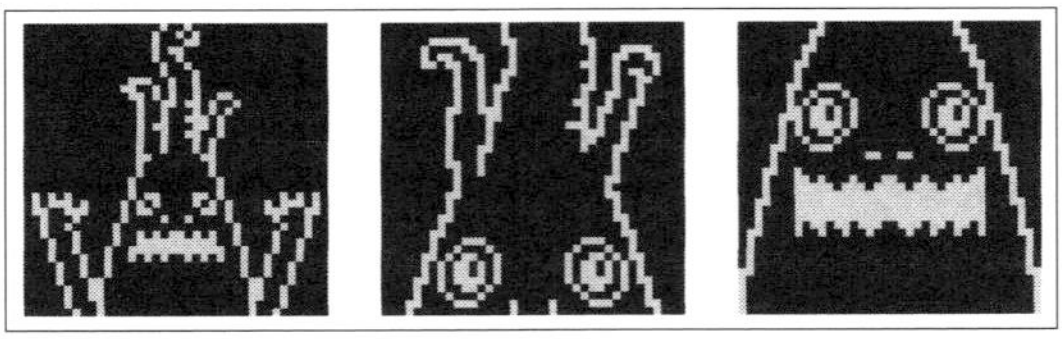

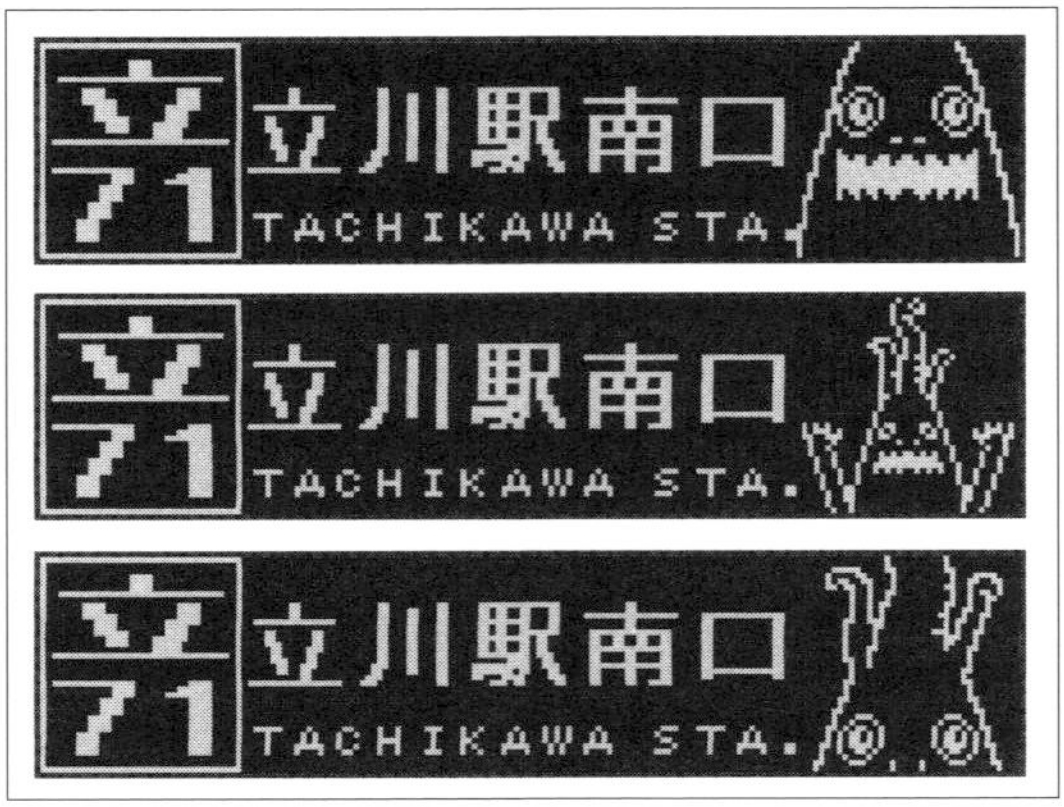

立川市公認なりそこねキャラクター「ウドラ」をバスの行き先表示用に小野さんがドット絵化したもの。ドット絵は意外に、いろいろなところで使用されている。

Mr.ドットマンといえば回転なのでは!?

回転するアニメに必要な角度

――小野さんのドット絵表現を語る場合に欠かせない要素として「回転」があるのではないか、と思っているのですが。

小野　回転、ですか。

――実際に小野さんのこだわりとしてあるのか、あるいはこちらが勝手にそう思い込んでいるだけなのかもしれませんけれども。

小野　どうなんでしょう。まあ、普通の回転というのは、物体を時計回りか反時計回りに回転させるじゃないですか。それは平面上であれば、角度として「0度」「15度」「30度」「45度」くらいを作っておけば、あとはそれを反転させたりして回って見えるようになるから、それほど問題ないんですね。『ギャラクシアン』のときからそのやり方で描いてました。

――ええ。

小野　あの当時はゲーム機の描画性能も貧弱だから、そんなに細かい角度まで描いたって型崩れするし、キレイに動いてるようには見えません。あのね、ドット絵の斜め線は「0度」と「45度」がいちばん綺麗に見えるでしょう？　それ以外の半端な角度は少しガタついて見える。

――そうですね。

小野　それがアニメーションしている途中なら、多少はガタガタの絵でも動きを表す流れのひとつとして、それらしく見えてしまいます。だけど、『ギャラクシアン』では敵が旋回してこちらに降下してくるときに、変な角度のまま止め絵で飛来してくるのがあって。あれはあんまりしてほしくなかったなあ。

――ああ、わかります。動き続けていってほしいわけですね。そういった試行錯誤されてきたエピソードをいくつか耳にしていたので、小野さんといえば「回転」というイメージがあるのかもしれません。

小野　あとは『ボスコニアン』なんかもね。あれはキャラに影がついてたんですよ。そのせいで、アニメのパターンも多くなっていった覚えがある。

――『ボスコニアン』は、敵機だけがやけに滑らかに旋回して追いかけてきますね。

小野　そう、自機は8方向だけなんだけど、敵機は動きのパターンが細かいんだよね。

模型をトレスコに乗せてスケッチ

――聞くところによると、小野さんはドット絵を描くにあたって、ちょっと変わった手法を使っていたこともあるそうですが。

小野　はい、『ギャラクシアン』みたいに上から見下ろした画面構成のゲームは、キャラを回転させるのもそんなに大変ではないんですよ。でも、ゲームによっては後ろから見たり、かなり複雑な形のものを動かさなければならないこともあって、それをゼロからドット絵に起こすのはさすがに難しい。それで思いついたのが、トレスコを使うという方法。

――トレスコ！　では、ここで私がわざとらしく説明しましょう。トレスコ、正式名称を「トレス・スコープ」といって、雑誌の誌面レイアウトなどを作るときに、掲載する図版を拡大縮小してアタリをとるための機械ですね。下に原稿台があって、それを読み取るレンズを上下させると、原稿台に載せたものが上のガラス板に拡大縮小して映し出される。

小野　そう。それで、当時ぼくは回転する円盤を作って、その上に描こうと思ってるキャラクターの模型を取り付けたの。それをトレスコの原稿台に固定して、手動で回転させながら……（と仕草を演じてみせてくれる）。

――えっ、模型を直接トレスコに取り付けていたんですか？　私はてっきり机の上かなんかで模型を回転させて、それぞれの角度の写真を撮り、そのプリントした写真をトレスコでなぞったんだと思ってました。

小野　いやいや、模型をそのままトレスコで投射したんですよ。例えば後ろから見たものの場合、横幅がいちばん長くなる角度で方眼紙の枠内に収まるように倍率を固定してドット絵を描いたら、そのまま回転させて次の角度のものを描く。それを繰り返していって、自機の挙動をドット絵に起こした。

――はあ〜、そんな手間のかかることをしていたんですねえ。

小野　こういうのって、当時は誰もやっていないから、教えてもらうことができないんです。だから自分で全部やるしかない。そういう意味では、いろんなことをやったなあ。あとは『ギャプラス』の回転なんかも思い出深いですね。

ギャプラスの焼き鳥

――『ギャプラス』は『ギャラクシアン』や『ギャラガ』と、どう違いましたっけ？

小野　あのね、『ギャプラス』の敵の動きにはヒネリが入るんですよ。左右のターンじゃなくて、ロールする。

――ああ、それはドット絵で描くのは辛そうだ……。

小野　それで、これは立体だー、と。カラー粘土を買ってきて、敵の模型を作って、それに竹の串を刺して焼き鳥みたいに回転させながら観察する。そうすると、回転させたときに蜂みたいな姿をした敵の羽根が、どういう形に変化していくかがよくわかるんですね。それをまたドットに起こしていく。

——それもまた手間のかかる作業ですね～。『ギャラクシアン』も『ギャラガ』も『ボスコニアン』もキャラクターが旋回する。『ギャプラス』ではヒネリも入ってローリングもする。だから、小野さんと言えば「回転」だろうと、そう思っていたわけです。

小野　ははは、そこにこだわりなんてないです。企画からそういう仕様が上がってくるから、それにドット絵担当として様々な方法を模索して応えてきた、っていうだけですよ。エピソード的にウケるから、ちょっとおもしろく脚色して話してきたりはしましたけど。むしろ『ギャプラス』なんかヒネリが入るよって言われて「うそ～!」って悲鳴を上げたほどですから。

——昔はデザイナーがドット絵を描いたら、それをプログラマーに渡してゲームに組み込んでもらってからでないと、どう動くかは確認できなかったといいますね。

小野　そうですね、最初の頃はそれこそ方眼紙に手描きでドット絵を描いたりしていたから、止め絵を1枚モニターに表示させるのだって時間がかかりました。でも『ギャプラス』の頃になると、もうグラフィックツールが作られていたから、自分のコンピュータ上でキャラを描いて、キー操作ひとつでアニメーションも確認できるようになった。

——機材が進化していって、仕事も随分と楽になりましたね。

小野　でも、それと並行してゲームそのものも進化していくから、デザイナーに要求されることもどんどん難しくなっていくんですけどね。

ドット絵デザインの解説をする小野さん

ドット絵と立体と携帯電話と

いきなり立体デザインを担当することに

――小野さんがナムコへ入社されて、最初に配属されたのはなんという部署でしょう？

小野　開発部のデザイン課ですね。そこにグラフィック・デザイナーとして入った。その部署では、ちょうど『ギャラクシアン』を作っている最中でした。それでドット絵を描きはじめるんですが、ドット絵だけじゃなくて、製品のロゴデザインとか、インストラクションカードのデザインとか、アップライト筐体のパネルとか、なんでも担当しました。業界誌への広告や展示会に出すカタログなんかもやってましたねえ。

――デザインの必要があるものはすべて、ということですね。

小野　学校で覚えてきたことなんてのは、あんまり役に立たなかったですね。会社っていうのはどこの会社でもそれぞれ仕事のやり方があるから、ぼくもナムコに入社してから自分で見て覚えていったんですよ。

――ゲーム業界というもの自体も、まだ手探りでモノ作りをしていた時代ですしね。

小野　最初に会社見学へ行ったとき、デザイン課の上司が案内してくれるんです。そのとき『サブマリン』というゲームが置いてあって。

――潜望鏡を覗いて魚雷を撃つゲームですね。

小野　あの筐体は左右の側板の色が違うんですよ。左側面が白で、右側面が青だったかな。それで案内されたときに、上司が「なんでこれは左右で色が違うかわかるか？」って聞くんです。そんなこと学校を出たばかりの人間にわかるはずないですよ。そうしたら、「ゲームセンターにいろんな筐体が並んでいて、これを右から見たときと左から見たときで色が違っていれば、別のゲーム機が置いてあるような錯覚をする。そうすると少しでも多くプレイしてもらえるだろう」って。ぼくは「そうなのか、プロはすごいな！」と素直に思ったんですよ。でも、入社後に先輩にその話をしたら「どっちの色にしていいか決められなかったから両方塗ってみたんだよね～」って言われて、すごいショックを受けた。

――先輩、最高（笑）。その頃に手がけたご自身の仕事で、いまでも印象に残っているものはありますか？

小野　あのね、グラフィックデザイナーとして入社したのに、いきなり立体デザインを担当することになったんですよ。ほとんど見かけた人はいないと思うけど、『ゼロイン』っていうエレメカがありまして、その中のあるパーツをデザインしてくださいと。

――デザインといっても、平面と立体では必要なスキルが違いますよね。

小野　そのときのデザイン課のトップが立体もできるインダストリアル（工業）デザイナーだったんです。その下にいるぼくの直接の上司はグラフィック（平面）なんですけど、トップからの命令だからやるしかなくて。それで、どうにか仕上げたものを見せても「パースが狂ってる！」といった理由でやり直しすることになり、ずいぶん苦しんだ覚えがあります。そのかわり、そのゲームの側板に戦闘機のボディのような絵を描かせてもらって、それをずいぶん褒めてもらえたのが嬉しかった。だから、嬉しいことと苦しいことが両方あった仕事として、とても思い出深いですねえ。でも、ゲーセンでほとんど見かけなかった（泣笑）。

ビデオゲームからエレメカへ

――それからずっとデザイン課だったのでしょうか。

小野　いや、わりとすぐにそのデザイン課がなくなってしまいました。というか、ふたつに分かれたんですね。ゲーム以外のデザイン作業をするメンバーがデザイン課として社長室の直下に移って、ゲーム絡みのデザインを担当するメンバーは開発部に残った。ぼくはそのとき開発部に残ったんです。

――じゃあ、そこでドット絵専業になれたわけですね。

小野　しばらくはそんな感じだったんですけど、1989年に今度はビデオゲームの部署からエレメカ専門の部署へ異動になっちゃった。そこでまた慣れない立体デザインを担当することになって、ずいぶん苦労しました。えーと（過去のお仕事を収めたファイルをめくりながら）これとかね。

――ばーがーしょっぷ……デパートの屋上とかにある児童用の乗り物ですね。これの筐体のデザインをされたんですか？

小野　そう。ぼくは図面なんて引いたことないから、デザインを考えて絵だけ描けば、あとはメカ屋さんが図面に起こしてくれるもんだと思っていたら「君が描くように」とか言われて。

――うわあ。

小野　もはやデザインというより設計の仕事ですよね。あと、出来上がった筐体に貼るステッカーだとか、カラーリングのデザインとか、それはグラフィックデザインだけど、とにかくそういうのも全部自分でやって。それで、このシリーズは三部作だから『ばーがーしょっぷ』と『アイスクリームやさん』と『パンやさん』を作った。他にもメダルゲームの筐体デザインなんかもやりましたね。そういうのもすべて自分で図面を引いて、大変でしたよ～。

勤続34年目の長老

——エレメカの仕事はどれくらいされていたんでしょうか。

小野　エレメカで10年間くらい仕事をして、1990年だったかな？　iモードが登場したタイミングで、携帯電話用コンテンツの部署へ異動になりました。

——あ、でもドット絵にはもどってこれた。

小野　最初は、携帯をやってるチームから手伝いに呼ばれたんです。で、1ヵ月か2ヵ月くらいしてもどってきて「ああ、またエレメカか……」と思ってたら、携帯の部署が正式に立ち上がるっていうんで、社内公募があったんです。それで、手伝った以上は自分も申し込まないとマズイかな、と考えて上司に聞いたら「君はもう名前入ってるから」って言われて。

——あはは。

小野　それで、そのまま携帯部門に異動になりました。逆に、そのことがなかったら、その時点でぼくは会社を辞めていたかもしれない。それくらいエレメカの仕事に行き詰まっていたから。

——得意でない仕事をやり続けるのはシンドイですよねえ。

小野　だって10年もやったのに全然上達しないし(苦笑)。それで、もう限界かなあ、と思っていたところで携帯部門に行くことができて。

——小野さんのドット絵テクニックがまた活かせる場所へ。

小野　そこでは携帯電話用の「メロキャラ」っていうコンテンツを作っていました。ようするに、ナムコ製品のキャラクターを用いた待受画像や着信メロディですね。そういうものを毎月配信していこうという仕事。

——そんなに昔ではありませんが、そういうの、すでに懐かしい感じがします。

小野　で、そのネタを毎月考えて作っていくわけですが、この頃は『鉄拳』とか『テイルズ オブシリーズ』なんかもあって、それは若いスタッフの担当。ぼくは昔から会社にいるので『パックマン』とか『ギャラガ』とかの古いゲーム係（笑）。

——もうその頃は小野さんも長老だ。

小野　なんだかんだで携帯の仕事は15年くらいやりました。ナムコに入社してからトータルで34年にもなる。それで2013年に退社して、フリーランスになるんですね。

ナスカの地上絵は大森にもあった

16色くらいがちょうどいい

――テレビゲームで絵を描く場合、なんでも自由に描けるわけではありませんよね。

小野　そう、いまはたくさん色が使えるようになりましたし、たとえば小さなキャラにとてもたくさんの色を使っていたりするんですが、あれってホントに意味あるの？とは思います。色っていうのは、使えば使うほど逆に汚くなってしまうものだと思うんですよ。

――なんとなくわかります。

小野　いつも言うんですけど、赤い丸を描いて、白い点でハイライトをポンと打てば球に見えちゃうんですね。『パックマン』のチェリーとかもそうやって描いてる。で、そこにもう1色加えるとしたら、せいぜいハイライトの反対側に暗い色で影をピッと描く程度。それでちゃんと球に見えるわけです。いまはたくさん色数も使えるようになっていて、それはそれで素晴らしい進化だと思うんですが、かといって、あんまり行き過ぎると、なんだかゲームっぽくなくなってしまうような気がしています。

――それはやはり小野さんが、ゲームの開発環境が貧弱だった時代に、様々な工夫を凝らしながら仕事をしてこられたからこそ感じることではないでしょうか。

小野　それはゲームデザインの部分でも同じだし、RPGなんかでキャラクターに長々とセリフを言わせられればいいのかというと、そうとばかりも言えない。少ない文字数で、たどたどしく表示されるセリフだからこその味というのもあるわけで。文字フォントなんかも普通にテレビのテロップを見るようなきれいな文字が出ても、それはなんか違うんじゃない？みたいなね。

――いかにもMr.ドットマンというご意見です。では、そうした制約が大きかった時代のゲーム・グラフィックのお仕事で、何か印象深かったことはありますか？

小野　最初は1色ベタだったので、輪郭というかフォルムで勝負する、みたいなところがありました。それが『ギャラクシアン』あたりからは3色＋透明が使えるようになってきて、その次は『ゼビウス』あたりで8色になったのかな？　そうしたら、それなりに表現できることも増えて、それはとてもいいことなんだけど、でも、3色の頃だっていま振り返ってみればおもしろかった。

――はい。

小野　たとえば、昔のゲームって背景が黒だったじゃないですか。そうすると、キャラクターのドットの一部を透明で抜けば、そこは黒い色として使えるわけです。

――すると3色が4色になる。

小野　その増えた黒をどこに使うか、っていう部分に様々な工夫の余地が生まれる。『ボスコニアン』の宇宙基地なんかは窓を黒で抜いてあるから、よく見てると背景に流れる1ドットの星がシュッと通過したりすることがある。

――へえ～。とてもそんなところをよそ見していられるゲームじゃないですが（笑）。

小野　そんな感じで、黒の使い方は上手くいったかなって思うんですけども。そうだなあ、ぼくは8色くらい……多くても16色くらいまでがちょうどいいと思ってるんですよ。しばらくはそんな感じでやってきて、携帯コンテンツの部署に移ったときは256色くらいまで使えるようになって。もっとも携帯も最初は1色べタでしたけど。

――あら、一気に増えました。

小野　でも、こんなに色数があっても無駄に使っちゃうよなあ、なんて思ってましたね。使えるのはいいんですけど、使えるとなったらぼくでも使っちゃいそうな気がする。例えば木がいっぱい生えていて、こっちの木とあっちの木は同じ茶色でいいのに、微妙に変えたりとかしちゃうんですよ。

――できるけど、それをしない、したくないっていう心理は何でしょうかね。

小野　うーん、昔ながらのおっさんだから、もったいないなみたいに思うのかもしれないです。

マップの上に乗って描く

――エレメカを担当されていた時代に、立体物の造形は苦手だとおっしゃいましたが、ドット絵を描く際に、ある程度は立体感も意識なさいますよね？

小野　うーん、たとえば『ゼビウス』のソルバルウだったら、翼がヒョイっと垂直に立った部分があって、その影がどこまで落ちてるのか、どの辺まで色を濃くすればいいのか、そういうことは考えながらやってますよね。ただ、ぼくは『ゼビウス』ではソルバルウと、あとはマップを描く作業をした程度ですから、立体感はそれほど意識していなかったと思います。

――『ゼビウス』はマップも素晴らしかったです。

小野　あれはタテ何画面×ヨコ何画面かで描いた1枚のマップを、細切りにして繋いでるじゃないですか。A3の方眼紙がだいたい1画面分くらいあって、その余白部分をのりしろにして貼り合わせてデカイものを作って、その上に乗っかって描いてたんですよ。

――魔法のじゅうたんみたいですね。

小野　そう。3畳くらいの大きさはあったんじゃないかな。いま思えば何をバカなことやってたんだって話ですよね。あの頃だってコピー機はあったんだから、ちょっと縮小すればよかったんですよ。それから、マップの絵っていうのはベタの一枚絵じゃなくて、いくつかのユニットを作って、それを組み合わせて描いてくんです。

——データ量を節約するためのテクニックですよね。

小野　そう。どこまで節約するかにもよりますが、『ゼビウス』の頃はまだひとつのゲームにそれほど大きな容量は使えなかったから、けっこう粗い絵のユニットになっていて、地形の絵としてみるとガタガタしているところが出てくる。

——でも、それがまた味わいなんですよね。それに、あの時代はゲーム全体がそういうもんでしたから、誰も「絵がガタガタで汚い!」なんて思いませんでしたよ。

小野　そうですよね。

——さて、これはぜひご本人の口からお聞きしたかったんですけど、『ゼビウス』のマップには私の大好きなエピソードがありまして。

小野　アレですか（笑）。

——アレです。ナスカの地上絵です。

大森にあったレコード屋さん

——ゲームをスタートしてしばらく飛行していくと、やがて砂漠のところにナスカの地上絵が見えてきます。初めてあれを見たときは衝撃的でした。

小野　あれは砂漠の部分がポッカリ空いていて、茶色1色では間が抜けてるし、何か入れたいなと。それで、当時は開発室が大田区の大森にあったんですけど、昼休みに駅前のレコード屋さんで買い物をしたらレコードを入れてくれた袋にナスカの地上絵が描いてあったんですね。それを見て、これを砂漠に描いたらいいいんじゃないかと思いついた。

——そうそう、その話！　私はレコードマニアでもあるもんですから、そのお店のことが気になって仕方ないんです!なんていう名前のレコード屋さんか、覚えていませんか?

小野　さすがに覚えてないなあ。店はとっくの昔になくなっちゃってるし。ぼくも知りたくて、ついこの前、Googleマップのストリートビューでだいたいの場所を通って見たんですけど、よくわからなかった。

——私の知り合いにもレコードマニアが多いので、この記事を読んだ誰かが教えてくれるかもしれませんね。……って、こんな話がこのインタビューに必要なのかは疑問ですが（笑）。

小野　いやいや、ぼくだってあの店の場所がわかれば跡地に行ってみたいですよ。行って記念写真を撮りたい！

——いいですねえ。場所が判明したら一緒に行きましょう。まあ、それはともかくとして、『ゼビウス』で描かれたのは地上絵の中でもとくに有名な「コンドル」と呼ばれている図案でした。

小野　あれって、現物はキレイに左右対称になってるわけじゃないんですよね。だから、それをそのまま再現するわけにいかないので、ユニットである程度は簡略化して、なるべく水平と斜め45度の線が多くなるように描いていきました。

——尻尾はイヤな角度をしてますよね。

小野　そう！　扇状に広がってるから、少しずつ角度が変わってきてね。でも、あの感じを出すには多少無理をしてでも描くより他ないんだ。

取材に使用させていただいた「ナツゲーミュージアム」で『ギャラガ』と。

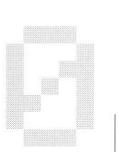

ドット絵って人気あるじゃん！

入社してからアニメーションを学んだ

——ビデオゲームでドット絵を描くということは、動かすことが前提となりますよね。小野さんはアニメーションへの興味は？

小野　そんなに詳しくないんですよ。それでも、ぼくがこの仕事をはじめた頃のドット絵は、キャラを歩かせるのだって2パターンとか、多くてもせいぜい3パターン、4パターンで動かすくらいのものだから、なんとかやれていましたよね。ただ、ものによっては普通に走って見えるようにしなくちゃいけないこともあって、そういうときはある程度アニメを知ってる人間に教えてもらったりしました。

——それは社内で？

小野　そうです。ぼくのあとから元アニメーターだったスタッフが入ってきたので、その人にアニメの基本を教えてもらったりした。キャラを「走らせる」ときは、動きのパターンを均等に割るのではなくて、前後に詰めて〝ダメ〟を作ってやると、いかにも走っているように見えるとか。

——躍動感が出るわけですね。

小野　そのへんのことは、2パターンの単純な動きにも通ずる部分があって、たとえば横向きで2パターンの歩きアニメは、2本ある足を前後に描き換えることで、チョコチョコと歩いているように見えるはずなんだけど、下手すると2本のままでズリズリ滑ってるように見えてしまったりもするんですね。

——ええ。

小野　それで、動きを思い切って大袈裟にするっていうのかな、そこにはちょっとしたコツがいるんですよ。これはフリーになってからやった『アイドルマスター』の仕事ですけど、2頭身のドット絵キャラクターが、ピコピコ足踏みをしたり、手をパタパタさせたりする。あるいは口をパクパク動かしたり、居眠りしてコックリしたり。

——なるほど、このぐらいでも十分それらしく見えてしまうもんですね。

小野　せいぜい凝ったとしてもこれに中間の動きをもう1パターン挟むくらいじゃないかと思うんですね。だから、ぼくは昔ながらのドットアニメくらいしかできないですよ。だけど、あんまりリアルな動きにしちゃうと、ゲームらしさが失われてしまうような気もするし。

――小野さんは入社してからアニメーションを勉強されたんですね。

小野　そうです。いまはそういうものを教えてくれる学校もあるけど、ぼくらの頃はそんなのなかったからね。

――コンピュータも入社してから初めて触れたとか、そんな感じですか。

小野　そりゃそうです。だってぼくが入社した頃に、デザイン課の上司が「MZ-80を買ったぞー！」って大騒ぎしていたんですから。パソコンなんて、まだ一般には普及していなかったですよ。

ドット絵で再現する絵画シリーズ

――ドット絵にとって動きは重要ですけれど、動きがなくてもドット絵には独特のおもしろさがありますね。なんていうのか、単純化されることで生まれる魅力みたいなものが。

小野　あのね、ぼくはいまでも個人的な趣味として「絵画シリーズ」っていうのを作ってるんですよ。

――絵画って、もしかして『マッピー』に登場した……？

小野　そう、あれの「モナリザ」からはじまっていて。『マッピー』って色数は16色って決まっていたから、それで画面全体に表示されるものを賄うんです。当然「モナリザ」もその16色の中から色を抽出して再現しているんですね。で、会社を辞めたあとに過去の自分の仕事ファイルを見ていたら「モナリザ」のドット絵が出てきて、ああ、これをいまの自分の感性で作ったらどうなるだろうか……と考えてはじめたのが、この「絵画シリーズ」なんです。

――はあ、こうして見ていくと、クリムトの「接吻」、ムンクの「叫び」、フェルメールなんかもある。これはロートレックかな。粗いドット、少ない色数でもちゃんとそれらしく見えるもんですね。

小野　そこがドット絵のおもしろいところでね。さすがにすべての絵画を『マッピー』のときの16色パレットで描くのは無理があるから、別の色を使ってもいいということにして、ただし絵1点につき8色以内というルールを自分で決めた。大きさも基本はタテヨコ16×16ドットなんだけど、まあ、元となる絵画の大きさや比率の影響で、そこから外れているのもありますけどね。

――これはおもしろいです。見ていて飽きない。実は私も以前、『どうぶつの森』の「マイデザイン」という機能（32×32ドットで絵が描ける）で、ロックの名盤レコードジャケットを再現したことあるんですけど、周囲に大好評でした。

小野　そう、みんなが見てわかるものを題材にするのがポイントですね。そのジャケットの絵、見てみたいですね。

――これなんかウォーホルの『キャンベルのスープ缶』だってすぐわかりますもんね。

小野　それはね、『メトロクロス』の缶をベースにしたんだ。

――あの蹴っ飛ばされてるやつ！（笑）

ドット絵の需要はまだある！

――しかし、この「絵画シリーズ」をただ趣味で作ってるだけじゃ、もったいないですね。どこかで発表されたりしないんですか？

小野　実は去年（２０１５年）の３月に「Pixel Art Park（ピクセル・アート・パーク）」っていうドット絵だけの展示会がありまして、たまたま知って見に行ったんですよ。そのときは7人くらいのメンバーがこぢんまりと展示していて。それで名乗ったんですね。ぼくはナムコでドット絵を描いてた者ですと。そうしたら「ざわ……」となって。

――なりますよ、そりゃ！（笑）

小野　そうしたら10月に第2回があるからと誘っていただけて、この「絵画シリーズ」を出展したんですね。

――あ、もう展示されてましたか。

小野　外神田にある3331 Arts Chiyodaというギャラリーでやったんですが、そのときは入場規制がかかるほどお客さんが来てくれました。「うわあ、ドット絵って人気あるじゃん」って。

――いまはゲームのグラフィックもずいぶんきれいになったし、容量だって昔とは比べ物にならないほどです。それでも、あえて8bit風のドット絵で描く、みたいな流れは来てますよね。昔を知らない若い人も、自然にドット絵を楽しんでいたりして。

小野　ぼくが会社にいたときは、だんだんとドット絵への需要や評価が低くなってきて。それで悔しい思いをして、会社を辞めたんですから。

小野さんがメインビジュアルのデザインをドット絵で手がけた「あそぶ！ゲーム展」STAGE 2のフライヤー

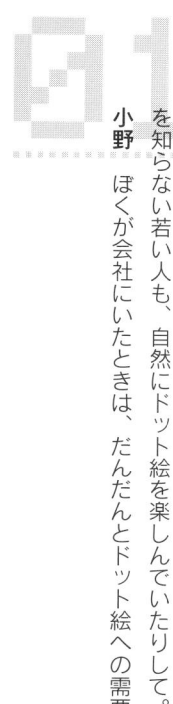

これからもずっとドットマンで行く

『アイドルマスター』から『テイルズ オブ』まで

──フリーランスになってからのことを教えてください。

小野　ぼくはドット絵しか描けませんから、会社を辞めて、さてどうしようかと困っていたところに、バンダイナムコエンターテインメントさんから連絡が来て。

──あ、前の会社から！

小野　ぼくがいたところとは別の部署ですけどね。『アイドルマスター』のドット絵を描けないか、という依頼があって、それが先ほどお見せしたやつですね。

──普通に考えたら、いま社内で『アイドルマスター』を作っているチームがドット絵も描けばいいんじゃないかと思うんですけど、それをあえて小野さんに外注してくれたというのが、素敵ですね。

小野　社内にもドット絵の必要性を認めてくれてた人はいた、ってことでしょうね。それは本当にありがたい。それで、次にラバーストラップを作りたいという話が来て。これはゲーム画面に表示されるものと同じような感じを出すために15色使って、髪の毛にはハイライトを入れて、服に影もあって、ちょっと色を使いすぎたかな、と。

──またそんなこと言ってる（笑）。

小野　でも、ゲーム画面と違ってラバーストラップの場合は、1色増えるごとに材料費が上がっていくんですよ。だからコストが見合うところまで減色していって、最終的には8色までってことで折り合いをつけた。さらにパッケージもお願いしますというので、昔のゲームソフトっぽいデザインにして。

──この懐かしい感じはいいですね。可愛いデザインで。

小野　で、その次に来た仕事が『テイルズ オブ』の新作。

──『テイルズ オブ ゼスティリア』ですかね。

小野　それの限定版にラバーストラップを付けたいというので、『アイドルマスター』のときと同じタッチで『テイルズ オブ』のキャラを描いてくださいという依頼。さらに「テイルズチャンネル」っていうサイトで毎月キャラを3体ずつ配信するというので、それをまたドット絵で描いていった。

──『テイルズ オブ』だとキャラクターの数も多いでしょう。

小野　結構な作業量がありましたね。それで、『アイドルマスター』も『テイルズ オブ』もそうだけど、ぼくはその辺に全然詳しくなかったので、仕事の話をもらってからゲームを見て、キャラも覚えて、仕事をしながら勉強していった感じですね。

——シリーズが長く続いていますし、登場人物も多いですからね。

小野　それから、何をやったかな。バンダイナムコエンターテインメントの仕事ばかりやってますね。あ、バンダイナムコスタジオさんからも依頼がありましたね。ぼくが元いた部署じゃないですけどね。

——それはやっぱり、ドット絵師としての小野さんの価値をいちばん理解してくれているのが、バンダイナムコエンターテインメントさんだったということでしょう。

『ピクセル』のラスボスは小野さん!?

小野　他には『PROJECT X ZONE』『Galaga:TEKKEN 20th Anniversary Edition』……それから、ついこのあいだはＫＯＲＧとバンダイナムコスタジオが共同開発した『KORG Gadget』っていうアプリがあるんですけど、それの新ガジェット「Ｋａｍａｔａ」のロゴをやりました。

——ロゴデザインということですか？

小野　そう。あと『あそぶ！ゲーム展2』っていうイベントのキービジュアルなんかもやってますよ。

——そうか、８ｂｉｔ感のあるデザインが望まれるときには、小野さんのところに話が来るわけですね。

小野　いま池袋のＰＡＲＣＯで「ファミスタ30周年×プロ野球12球団SPECIAL COLLABORATION」っていうイベントをやっていて（インタビュー当時）、Ｔシャツやバッグなんかのグッズを販売してるんですけど、そこでぼくは広島カープと中日ドラゴンズのキャラというか、マスコット？

——カープ坊やとドアラですか？

小野　それをドット絵にしたデザインを提供しています。まだ自分ではＰＡＲＣＯへ見に行ってないんですけどね。

——あの……、いまこのインタビューをしている小野さんの背後にね、映画『ピクセル』のポスターが貼ってあって、あとでその話も聞こうと思っていたんですけど、ここまでのお話を聞いていて、まるで小野さん自身が『ピクセル』に出てくる宇宙人のようだなって。

小野　はい？

——世の中のいろんなものをドット化しちゃうのがあの宇宙人ですから。

小野　ははは、なるほどね。あのう、映画のラスボスが『ギャラガ』の敵の形をしてるじゃないですか。だから「ラスボスは小野さんだ！」って言われたりしましたよ。

——ほら、やっぱり。小野さんピクセル星人だ！　それで、映画をご覧になってどうでした？

小野　まさかドット絵が映画になるなんて思わないから、びっくりしましたよ。ただ、ぼくは本編よりも最後のエンドロールでのアニメーション（※これまでの映画のストーリーが8bit風のドット絵で再現されていく）に感動したな。

――あはは、さすがはMr.ドットマンです。

小野　あと、エンドクレジットで出演者やスタッフの名前がファミコン風に8×8ドットの文字フォントで表示されていて、正確には文字の隙間が必要だから7×7なんですけど、文字によっては7×6だったり、もっと短くなったりするわけですよ。

――そうですね。

小野　きっちり並べても、ちょっと隙間が不自然に空いたりなんかして。エンドクレジットでは、そういうところも忠実に再現していたので感動しましたねえ。

――そんなところを観てる人はあんまりいませんよ！（笑）

ゲームのエクスペンダブルズ！

小野　それから『宇宙最大の地底最大の作戦』というゲームにも参加してます。現在、名古屋大学で教授をされている有田隆也さんという方が、１９８０年に発表していたパソコン用の穴掘りゲームで。

――『ディグダグ』の2年前じゃないですか。

小野　そう。それで、このゲームのパワーアップ・バージョンを作るというので。パワーアップさせるといっても、今風の凝った絵にしたのではムードを壊すでしょう。それで現物を見せてもらうと、ようするに80年代のパソコンゲームだから、それなりの絵なわけですよ。そのイメージをうまく残しつつ、現代のテイストを感じさせるように描きました。そうしたらすごく気に入ってくださって。

――おもしろそうなプロジェクトに参加されましたね。

小野　あとは、バンダイナムコエンターテインメントのカタログIPオープン化プロジェクトに参加した『タッチ・ザ・マッピー復活のニャームコ団』というスマホ用アプリが、ついこのあいだ（２０１７年6月）にリリースされたばかりで、けっこう人気が高いみたいです。

――ゲームデザインはオリジナルそのままで？

小野　いや、パズルゲームですね。「カタログIPオープン化プロジェクト」ということもあり、オリジナルは踏襲しつつも、基本は二次創作ですし、スマホ用だから操作はかなり簡略化されているようです。それでおもしろいのが、設定は「オリジナルから15年後」なんです。しかも企画した人が、この作品ではオリジナル『マッピー』のスタッフをそのまま起用するっていうのを売りにして。

――おっさんホイホイのプロジェクトですね。スタッフの平均年齢がエライことになってるんじゃないですか。

小野　すごいですよ。だってぼくは今年59歳（取材当時）だし、企画担当の佐藤英治さんもぼくと同い年。サウンドはオリジナルが大野木宜幸さんっていうこれも有名な方だけど、今回は残念ながら参加できなくて、かわりに小沢純子さんがやってくれて。

——ZUNKOさん！

小野　そう。年齢はわかりませんが、×××でしょう（笑）。プログラマーだって50歳近いはず。そういうメンバーで、ゲームのエクスペンダブルズですよ。

——いやいや、全然、消耗品軍団なんかじゃないですよ！　まだまだゲームの最前線で戦っていけるメンバーだと思います！

これからもずっと「一点入魂」

——では、最後になりますけど、これからの抱負というのを、あらためて話していただけますか。

小野　ずっとやります。ドットで。

——ドットで！

小野　ぼくは自分を「Mr.ドットマン」って呼んでいるでしょう？　職業を聞かれたときに「ドット・アート・クリエイター」って言っちゃうと、なんか水玉の印象が出てくるんですね。

——ああ、草間彌生さんみたいな……。

小野　ドットは「点」だから、英語圏では水玉のイメージがあるんですね。だから本当は「ピクセル・アート・クリエイター」って言わないといけないんだろうけど、それでも、自分は「ドットマン」と答える。ぼくはね、ずっと前からドット絵を描くときのツールはPhotoshopなんですよ。

——えっ、それは意外な答えです。

小野　仕事によっては方眼紙に描くこともありますが、ほとんどすべてはPhotoshopで済ませています。拡大すれば1ドット単位で絵を描いていけるので。マウスでカチカチとドットを打っていけるんです。ぼくはペンタブとか使わないの。使えないっていうか、とにかくマウスで絵を描くのが好きなんですね。ペンタブでサーッと線を引くんじゃなくて、「ここにドットを打つ！」って決めてやるんで、それはやっぱりマウスじゃないと無理。だから「ドットを撃つ！」でもいいかもしれないですね。

——かっこいい！

小野　ということなので、これからもずっと「一点入魂」で仕事をしていこうと思っています。

KAZUKO SHIBUYA 02

『FF』のドット絵師・渋谷員子編

1965年生まれ。アニメーション系の専門学校を卒業後、ファミコンソフトの開発に参入したばかりの株式会社スクウェア（現・株式会社スクウェア・エニックス）に入社。チビキャラと呼ばれる緻密で愛らしいキャラクターを描き、『ファイナルファンタジー』シリーズだけにとどまらず、2D時代のスクウェア作品のグラフィック・イメージを築き上げた。現在はスクウェア・エニックス 第9ビジネス・ディビジョンで、後輩の指導をしつつ、アートディレクターとして活躍中。

ひたすら絵を描いていた子供時代

漫画からアニメーションへ

——小さいときは、どんな遊びをされていましたか?

渋谷 絵しか描いてないです。

——それほどまでに絵がお好きだった。

渋谷 そうなんですよ。親戚……伯母とか祖母とかに昔のことをきいても、「カズコは遊びに来るといつも絵ばっかり描いていた」って言われます。必ず〝お絵かきセット〟を持っていって。

——〝お絵かきセット〟というのは、クレヨンとか色鉛筆……?

渋谷 そういうものですね。祖母の家に行くと漫画を買ってもらえたので、それを見ながら、ずっと絵を描いていたらしいです。

——漫画で好きだった作品は?

渋谷 小学生の頃は、わりと私おませだったんで、『花とゆめ』とか『マーガレット』とか『少女コミック』とか……まあ、普通に少女漫画ですよね。たしか私、小学校4年生くらいのときに、初めてペン入れをしました。

——小4で! それは早いですね。

渋谷 その頃『少女まんが入門』(小学館ミニレディー百科シリーズ)という本を買ってもらって、それ見て「ああ、こうやって漫画描くんだ」と。この表紙もそうですけど、黒髪ではなくて金髪の女の子を描いて学校の先生に見せたら、褒められたんですよ。

——それは、なぜ?

渋谷 だって、まわりのみんなは普通に黒髪の女の子を描いているなかで、私ひとりが金髪を描いていたから。

——そうか、その頃の少女漫画だと竹宮恵子さんとか、わたなべまさこさんとか、いわゆる金髪がサラサラしてたり、クリクリしてたり……。そういう漫画家たちに憧れて、ご自身も漫画家になりたいと思うようになったわけですね。でも、その後、漫画家志望から、アニメーター志望へと方針転換したと、うかがっていますが。

渋谷 それは、中学に上がったらちょっと環境が変わりまして。ほら、美術部に入ったら先輩がいるじゃないですか。その先輩方がアニメーションとか好きで。

——ああ、わかります。

渋谷 たぶん私は、最初にアニメーションを見て感動したのは『宇宙戦艦ヤマト』だったと思います。『さらば宇宙戦艦ヤマト』かな? 父と一緒に見に行っているんですよね。

――映画館に連れて行ってもらって。

渋谷　そうです。それが中学1年生くらいだと思うんですけど。私、『カリオストロの城』も中1ぐらいなんですよね。そのあと『機動戦士ガンダム』も始まっちゃうし、それで「アニメーション、おもしろいな」って思い始めて、セル画を描くようになるんです。

――きたー（笑）。でも、セル画を描くって、いきなり素人にできることじゃないでしょう？

渋谷　そうなんですけど、その頃はアニメ雑誌を見ると『キャプテンハーロック』か何かのオープニングのコマがいっぱい載っているページがあって。

――ああ、アニメーションの動きを誌面で伝えるために、動画のコマを並べて紹介したりしていましたね。

渋谷　それです！　そういうのを見ながら、真似して描いていたんです。

いまでも石膏像が大好き

――中学時代はアニメまっしぐら？

渋谷　いや、もちろんアニメーションも好きでしたけど、美術部の先生について、デッサンをすごい仕込んでもらっていました。

――絵の基礎を？

渋谷　そうですね。放課後2時間、スケッチブックが1冊終わるまで同じ石膏像を描き続けるっていうのを、もう毎日やっていました。そのせいか、いまでも石膏像が大好きなんですけど。

――石膏像が（笑）。部活はずっと美術部ですか？

渋谷　はい、高校に進学しても美術部に入りました。漫研もあったんですけど、そっちには行かず、美術部でやっぱりデッサンしたり油絵を描いたりしていました。

――それはなかなか意志が強いですね。普通はアニメーターを目標にしていたら、わかりやすく漫画やアニメを描くほうへ行きたくなるものだと思うんですけど。

渋谷　そうなんでしょうけど、私の場合、漫画はあくまでも趣味で。その頃になるとクラスにひとりぐらいは漫画友達ができるじゃないですか。その子と交換日記やったりとか、そっちで発散していたのかもしれないですね。あと、家でちょっとイラストを描いてみるとか。でも、学校では美術部の活動に集中していました。

――何かの美術コンテストに出品したりはしませんでしたか？

渋谷　それはなかったです。

――よく先生が勝手に出したりするじゃないですか。

渋谷　賞ではないですけど、小学校6年生のときの卒業文集で、自分の分の表紙は自分で描いていいってことになってたんですよ。そうしたら、私が描いた絵を先生が気に入ってくれて、「これは今年のやつとして学校用に残すから、自分用にもう1枚描きなさい」って言われたことはありました。それはどこかの風景画でした。町並みを俯瞰で見下ろしていて、風船がいっぱい飛んでいる……みたいな絵。

――なかなか難しい構図ですね。見上げる構図で風船が空に向かって飛んでいくなら何となくわかるんですけど。

渋谷　上からの視点でした。そうしたら「その絵を残したい」って言われたので、もう1枚描いたりとか。それから中学のときにも、やっぱり何か描いたらそれを「ちょっと表紙に使いたい」って先生に言われてもう1枚描くとか、そんなことがありました。あと習字で銀賞を取ったり。

美大への進学をやめて

――習字もやってらしたんですか。
渋谷　習字は小学校のときからお寺に習いに行ってました。あとエレクトーンも。
――いろいろやってますね。
渋谷　いま思えば、どれも芸術系ですよね。習字だったり音楽だったり。それで、絵を習ったのは高校3年生のとき。漠然と「美大に行こうかな」と思ったので、そのためには絵画教室に行くべきだ、と。友達が受験のためにアトリエに行っていたので、「私もいっしょに行く」って言って。高3は1年間ぐらいずっとアトリエに通って、大好きな石膏像をいっぱい描いていました。
――わははは。
渋谷　でも、美大は受けなかったんですけどね。いちおう、アトリエの先生には「これなら行けるから受けなさい」って言われたんですけど、アニメーターになるつもりだったから、美大に行ってもその先のビジョンが見えなかったんですよ。
――そうか、いまみたいに自分の作品をネットで発表するような場もなかったですもんね。
渋谷　美大に進んだところで、その先に職業として絵を描くことが想像しづらい時代だったので、だったら当初の希望通りアニメーターになるのがいいかなって思ったんですよ。
――それで、美大を受験はせずに……。
渋谷　専門学校へ行きました。

アニメーター志望からゲームの世界へ

最初はスクウェア、「何それ？」だった

――漫画家になりたかった小学生時代、アニメーターを目指した中学生時代、そして石膏像のデッサンに取り組む日々を過ごした高校時代。そこから専門学校へ進学されたということですが、学校名を教えていただけますか？

渋谷　いまはもうその学校はないんですけど、国際アニメーション研究所っていうところです。アニメーターになるために進学したのですが、そこへ2年間通っているうちに、結局アニメーションがイヤになっちゃった。

――あれま。

渋谷　おもしろくなかったんですよ（笑）。動画を描いていても、線と線のあいだを割っているだけで、あまり自分の中で楽しさを感じられなかったんですね。アニメーターは原画マンにならないとおもしろくない。でも原画マンになってやる！という気力もなく。

――それは学校の授業で？

渋谷　基礎を教えてもらった後、アルバイトもしていたんです。生徒に経験を積ませるという意味もあったんでしょう、学校にアルバイト募集が来ていたんですよ。『オバケのQ太郎』とか『エリア88』とか、アメリカで放映されている『トランスフォーマー』とか、いろいろやりましたね。

――それは、ご自分でオンエアを見たりされました？「ここのカット、私が描いたやつだ！」みたいな。

渋谷　見たと思いますが、あんまり覚えてないかな。アニメーターの仕事に魅力を感じなくなってしまって。

――学校は卒業されました？

渋谷　しました。卒業するにあたって、先生に「私、アニメーターにならなくても良いです」って伝えたら、「ゲーム会社から求人が来ているけど？」って言われて、それがスクウェア（現・株式会社スクウェア・エニックス）でした。当時はまだ株式会社でもなくて「電友社スクウェア」と名乗っていましたが。

――そうか、渋谷さんがスクウェアに入社されたのは1986年ですが、その頃はゲーム開発者を養成する専門学校なんてまだないですから、アニメーションの学校に人材募集をかけていたんですね。

渋谷　これは入社してから聞いたのですが、当時のスクウェアで

は「これからファミコンの時代が来るだろう」と踏んで、アニメーションのできる人間を求めていたようです。それまではPCゲームで、画像は止め絵でよかったじゃないですか。

――そうですね。コンピュータの性能的にもアニメーションさせるなんて、ほとんど無理でした。

渋谷　ところが『スーパーマリオブラザーズ』が出てきて、これからのゲームはアニメーションが重要だってなったときに、ゲーム会社とアニメーションの学校が結びついたわけです。そこに私が引っ掛かった、と。「アニメーターじゃなくてゲーム？よくわからないけど、そこ行きます」って言って。

――その頃に「スクウェア」って名前を聞いても「何それ？」って感じですよね。

渋谷　はい、全然です。

――不安はなかったですか？

渋谷　なかったです。いま自分で振り返ってもすごいと思うんですけど（笑）。

ゲームをしなかったからよかった

――いろいろインタビューを読んでみると、渋谷さんはまったくゲームをやらないそうですが、そういう人が「ゲーム会社どう？」って言われて、就職を決断するというのが……。

渋谷　ファミコンのゲームを作っている会社だよって言われて、いちおう家にファミコンはあったんです。弟と妹が『スーパーマリオ』で遊んでいたので、「あれか！」と思って。とくに深く考えもせず、とりあえず「じゃあ、そこ行きます」って言って、日吉（当時）のスクウェアに面接を受けに行ったら翌日にすぐ「入社OK」の連絡をいただいて。「やったー！」と。

――渋谷さんも早いけど、会社も決断が早い！（笑）

渋谷　もう2週間後には出勤していました。

――ちょっと話を戻しまして、ゲームを遊んでこなかった理由なんですけど。

渋谷　ゲームに興味がまったくない……。

――いやいやいや、ファミコンの黎明期からすごいドット絵をずーっと描かれてきた渋谷員子さんがですよ？　しかも家に弟さん妹さんがいて、楽しそうにゲームをやってるわけじゃないですか？　それを見て「お姉ちゃんも一緒にやろう」とか……。

渋谷　やりませんでした（笑）。

――そこが、すごく不思議だなと思って。これほどゲームの世界でいい仕事をしてこられた渋谷さんが。

渋谷　私の場合は、ゲームをしなかったからよかったと思ってるんです。スクウェアから「来てね」って言われたときも、私は「絵の仕事ができる！」としか思わなかった。とにかく絵の仕事がしたかったんですよ。

――すでに結論めいた話になりますけど、おそらくそこなんでしょうね。ゲームのマニアがデザインするのではなくて、純粋に絵に興味のある人間がグラフィックを手がけてきたからこその、スクウェア作品の魅力ということなのでしょう。

渋谷　子供の頃からずっと絵を描いてきて、将来は絵でなんとかしていこうと思っていたので、そこはブレなかったんですね。

みんな夢をもって集まってきた

——さて、スクウェアに入社されました。当時、社員は何人くらいいましたか？

渋谷　私がいたビルには10人くらいでした。坂口博信、田中弘道、青木和彦、植松伸夫（敬称略）はもういました。あとは中田浩美さんっていうグラフィックの先輩もいて、他に総務、営業の人も含めればだいたい10人。あと、別のマンションにプログラマーさんたちがいたので、全部で20人くらいでしょうか。

——グラフィックで女性の方がすでにいらした？

渋谷　ひとりいたんです。とっても美人。

——ぼくのイメージとしては、黎明期のゲーム会社で、むさくるしい男ばっかり集まっている中に渋谷さんが紅一点で入社されて、いろいろ苦労なさったんじゃないかと、予想していたんですが。

渋谷　そうでもなかったですよ（笑）。

——皆さん、かなり若いですよね。まだ20代だった？

渋谷　私がハタチで入って、坂口は私の2コ上……。田中は3コ上。青木もそのくらい。皆さん22～23で、まだ大学生でした。大学に行きながら会社にも来ていて。

——これからファミコンが伸びるんじゃないかっていうところに、みんな夢をもって集まってきたわけですね。

渋谷さんがファイル保管されている当時の開発資料

スクウェアに入社してからの日々

ロール・プレイング・ゲーム？ 何それ？

——入社して、最初はどんなお仕事をされましたか？

渋谷　私、すぐにはファミコンの仕事はやっていないんです。いちばん最初は『アルファ』というPCゲームで、その取扱説明書にイラストを描きました。ちょうど『クルーズチェイサーブラスティー』や『ウィルデス・トラップII』が出たあとで、『アルファ』を開発中だったので。

——取扱説明書のイラストは、どんな感じのものでした？

渋谷　主人公の女の子と、未来の話だったので未来都市……背景ですね。町並みのようなものを描きました。その後、MSX版の『キングスナイト』で、初めてドットを描きました。

——まず、コンピュータに触れること自体、初めてですよね。

渋谷　そうですね。いきなり「16×16ドットで描いてみてくれ」って言われても、何のことやら。

——キャラクターというか、絵のパーツですよね。

渋谷　パーツです。マップの断片だったりとか。

——16×16で描かなきゃならない意味が、最初はわからないでしょう。

渋谷　あと、色数も少ない。MSXは何色で描けばよかったかもう忘れましたが、とりあえず使える色数が少ないので、ちょっとカルチャーショックがありますよね。普通に絵画的な絵ばっかり描いてきたので、いきなりそこで、やりたいと思うことは何ひとつできず、ただそのルールの中で描くのみですし。

——面食らうでしょう。

渋谷　当時は見本にするものもないし、他社さんのゲームを参考にしようにも、他社さんも3色くらいで描いていたから、条件は一緒です。結局、自分で工夫していくしかなかったので、それもよかったのかなと思うんですよ。何にも囚われないで「とりあえずこの中で何か作ろう」っていう、自分の持っているものをどうにか使って……まあ使えないんですけど（笑）。色がないなら形をどうにか落とし込めないかとか、そうやって描いていった気がします。

——先輩のグラフィックデザイナーがいらしたとおっしゃいましたけど、先輩だってそんなに経験を積んでいるわけじゃないでしょうし。

渋谷　そうなんです。そういう中で、手探りでやってきたわけです。

——それからファミコンに参入し、いくつかの作品を経て、『ファイナルファンタジー』（以下『FF』）に着手されます。

渋谷　『FF』の前には、『とびだせ大作戦』や『キングスナイト』があって、ディスクシステムでは『水晶の龍』などもありました。そうしたものをいくつか作って、そのうち『ドラゴンクエスト』が発売されて。でも、そのときにもう青木は『聖剣伝説』の計画を立てていたと思います。

——『FF』より先にですか？

渋谷　そうです。『ドラクエ』が発売される前にロール・プレイング・ゲーム風というか、ファンタジー系のものを作ろうっていう企画はあった気がします。

——青木さん、坂口さんもそうでしょうし、あの頃のゲームファンは皆さんPCで『ウルティマ』や『ウィザードリィ』を遊んで衝撃を受けていたでしょうからね。

渋谷　そうです。あの人たちは本当にゲームが好きで（笑）。

——その頃の渋谷さんにとっては「ロール・プレイング・ゲーム？何それ？」って感じでしょ。

渋谷　私の中では、ゲームはすべてゲームで一緒（笑）。ジャンルも何もないです。それで、私はたまたま坂口に「絵を描いて」って誘われて『FF』チームに入ったんです。

ある程度の縛りがあるほうが気持ちよく描ける

——『FF』が発表されたときにまず驚いたのは、ビジュアルイメージが天野喜孝さんだったことでした。モンスターのドット絵も天野さんの原画をベースにしていますが、初めてあれを見たとき、「これをドットにするの!?」って驚きませんでしたか？

渋谷　そこはよく皆さんに聞かれるんですけど、とくに驚きはなかったんですよ。「ま、何とかなるだろう」って。

——なんとかなりますか！　いや、結果的になんとかなったことは知ってますが（笑）。

渋谷　モンスターの絵は、ちょっと大きいじゃないですか。

——主人公らに比べればそうですね。

渋谷　プレイヤーキャラは16×32なんですけど、モンスターはそれより大きく描けるので、「まあ、やりようはあるだろう」って。色数が少ないから、シルエットで見せるっていう方向に考えていくと、やっぱり形にこだわらざるをえないので、その方向で天野さんらしさを表現できないだろうか、とか。

——ファミコンですから、ひとつのキャラクターに使える色数は16色くらい？

渋谷　そうです。ただ、私はいまでもドット絵を描くときは16色を基本にしますよ。色数を増やしたところで自分を苦しめるだけだし、基本は16色で作るのは30年前と同じ。ただ、いまは画面表示が液晶で、ファミコン時代のブラウン管と違って色がにじまないから、赤はいいんですけど、やっぱり寒色系が綺麗に見えなくて、そうなると、緑とか青系はどうしてもグラデーションを多めに作ってあげないと、いまの液晶にはちょっと対応しづらかったりするんです。

――メディアが進化しているぶん、作り手の足を引っ張っていたりもする？

渋谷　まあ、ある程度の縛りはあったほうが、気持ちよく描けますね。

――『FF』のグラフィックは、何人くらいで描かれたのでしょう？

渋谷　最初は私だけでした。私がメインで町のイメージを作って。そこから仕事が増えていくにつれてもう一人増やして、二人で手分けして作業していきました。

――絵に関しては、企画班から「だいたいこんなイメージ」って指示はあるわけですか？

渋谷　ないです。

――ないんですか！

渋谷　まあ、ファンタジーの世界で『ドラクエ』が先行作品としてあるわけですけど、やっぱりそれとは差別化しなきゃいけません。そこで、町に入ったら家が建っていて、屋根つきのお家がいっぱいあるとか、まずはそういうところから自分で考えて。あとは、主人公がカニ歩きしない、とか。

――わははは。

会社を辞めたいと思ったことはない

渋谷　最初に作ったのは、オレンジ色の屋根のお家。見た目を「もう少し自分のやりたいようにしたいな」って思って。『ドラクエ』は町とか店の中とかが合理的なんですよ。キャラ数も極力減らして容量を圧迫しないように描かれていて。でも、私が描いた町とか店は、すごく容量を食うんですよ（笑）。そこを押し通して「こうやりたいんだ」って言って。無理を通してもらったりしたんです。

――それはやはり、普段ゲームをしていない者の強みだったのかもしれないですね。なまじゲームを遊んでいて、作る仕組みも知っていると、「ここは容量節約のために共通パーツにしましょう」なんて言ってしまいますもんね。

渋谷　だからもう、描いたモン勝ちですよ（笑）。それで周りからも「こうしろ」「ああしろ」と言われたことはないです。

――それは社内の皆さんの志も高かったんでしょうね。

渋谷　坂口とか、あと河津（秋敏）もそうでしたけど、とりあえず「こういう方向で行くから何か描いて」って言われて、先にどんどん絵を描いちゃうことが多かったです。企画が上がってくるのを待たずに。

――いろいろ他の方のインタビューを読んでも、スクウェアさんはわりとそういうスタイルだったようですね。そういう仕事の進め方が合わない人もいるでしょうけれど。

渋谷　そうですね。そういう意味では、私はこのやり方が性に合っていたんだと思います。

――アニメーションの仕事がしたくて、たまたまこちらの世界に入ったけれど、ゲームで絵を描くことが嫌になる、なんてことはありませんでしたか？

渋谷　それが一度もないんですよ。いま私はこの仕事に就いて30年になりますが、会社を辞めたいとか、仕事が嫌だとか、そんなこと一度も考えたことがないんです。それは、母から言われたんですけどね。20年目くらいのときに「仕事を辞めたいとか一度も言ったことないね」って。それで初めて、そんなこと考えたこともない自分に気づいて。

――そもそもゲームの仕事を目指していたわけでもないのにね。

渋谷　母としては、『FF』シリーズがヒットして、『FFⅣ』『FFⅤ』『FFⅥ』と相当忙しい生活が続いて、深夜遅くに帰って来たり、徹夜で会社に泊まり込んだりとか、土日も会社に行っているとか、そういう状況を見ているわけです。

――親の目から見たらひどいブラックですよね。

渋谷　それでも辞めたいと言わないのはすごいな、って思ったんでしょうね。

――あの頃は、ゲーム業界全体がそうでしたけれども。

渋谷　入社が決まったときも、親は「その会社、大丈夫なの？」って。「会社のパンフレットがあったらもらってきなさい」って言われて、当時の宮本（雅史）社長にお願いしたら「うち、そういうのないんだよね」って（笑）。

――それでも、『FF』が大ヒットしたからご両親も安心なさったでしょう？

渋谷　おかげで会社も大きくなりましたから。「最初はどうなることかと思った」って言われましたよ。

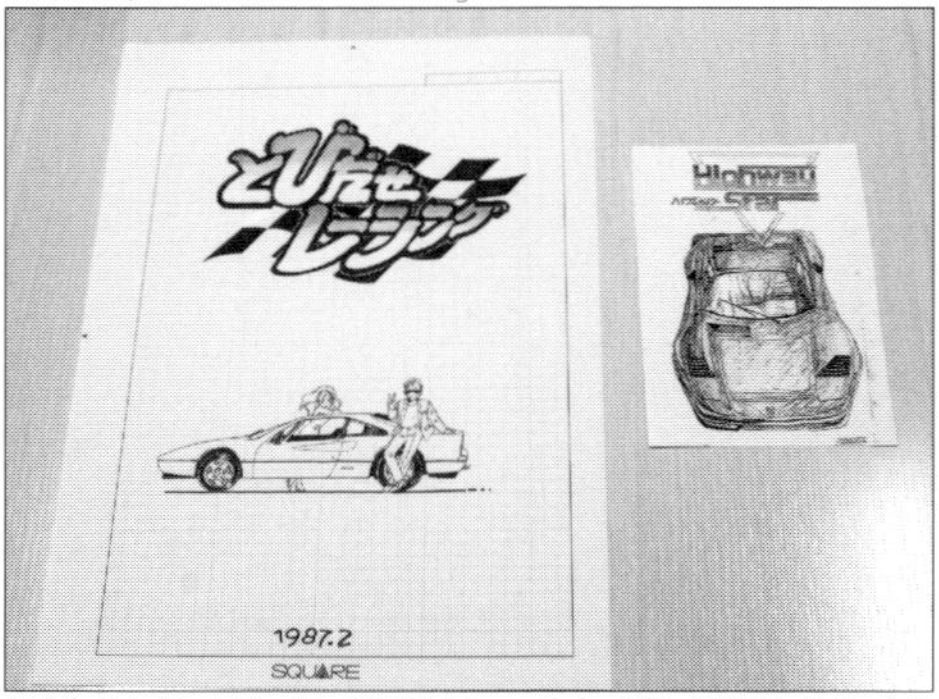

渋谷さんによる『とびだせレーシング』（後に『ハイウェイスター』として発売）の企画書。

14年間のブランクで得たもの

その絵に対してもっと緊張していこう

――スクウェアさんは、かなり早い段階からいい形で成長して来られましたよね。

渋谷　そうですね。『FF』以前はあまり売れていたとは言えませんが、それでも、当時のメンバーがよかったし、いい時代でもありました。

――ゲーム業界全体にも、そういう伸びしろがあった。

渋谷　そうです。ゲーム業界的にもよかったし、私にとっては坂口・田中・青木・植松といったメンバーが私の前にいてくれたことがとても大きいです。日吉のオフィスで彼らと出会って「私の人生決まった」みたいな感じです。

――ラッキーだった？

渋谷　ラッキーだったと言えばラッキーなのかな。これは私の個人的な想いですけど、本当にゲームが好きでこの業界に来ると、ちょっとしんどいじゃないですか。『FF』みたいなものを作りたいとか、ものすごいゲームを作りたいとか、こういうキャラを描きたいとか、いろいろ皆さん夢を持ってこの業界に入って来ると思うんですけど、いざ現場に来ればライバルは多いし、思った通りのものが描ける人っていうのは、そう多くはない。

――ええ。

渋谷　とくに、うちの会社は、素晴らしい絵が描けて当たり前という技術レベルの人しかいないんですよ。そうなると、あまり夢いっぱいで来ても大丈夫かな？って心配になるときがあります。希望通りの仕事ができるかどうかはわからないし、キャラを描きたいのに、ずっと葉っぱのテクスチャしか描かせてもらえないとか。それはそれで技術はいりますけれど。

――会社が大きくなれば、当然そういうことはありますね。

渋谷　分業がすごく激しいので、ゲームが完成したときにも「自分がやった」っていう場所は一瞬しか出てこない。とくに絵描きだったら、自分の描いた絵がたくさん出てほしいじゃないですか。

――そうですね。タイトル画面になってほしいし、メインのキャラクターにもなってほしい。

渋谷　いまはゲームグラフィックも技術レベルが上がって、分業化も進んでいるし、基本的にはマシンがやってくれることなので、自分の手で描いたものは見えづらくなっています。その点で、私は自分の描いたものがそのままゲーム画面で見えるような時代からやってこれて、すごくよかったと思います。

――いま、渋谷さんは後輩たちへの指導をすることも多いでしょう？

渋谷　はい。後輩たちとか、外注さんとか……。それで2D関係の仕事のディレクションをする機会もあって、2Dだとわりと描いたものがダイレクトにユーザーの目に触れます。そういう意味では、自分の描いた絵がスマホの画面を通して実際にユーザーに見てもらえるのは「もっと喜んでいいことなんだよ」と後輩たちに言いますね。自分の描いた一枚絵が、そのまま日本中、世界中の方々の目に触れるっていうのはすごくエキサイティングな事なんだから「その絵に対してもっと緊張していこうよ」「もっと責任感も持っていこうよ」と。

――ゲームに関わる様々な職種の中でも、「絵」の人と「音楽」の人は、その魅力がユーザーにダイレクトに伝わりますからね。

渋谷　描いても製品にならないこともありますが、基本的にはそういう気持ちで仕事に取り組んでほしいと、いつもイラストレーターの方々に言います。そして楽しんで描いてほしいと。

仕事はやっていればいつかは終わる

――では、そのいい時代というか、かつて苦労されていた頃のお話を少しうかがいたいんですけど。たとえば、あちこちでお話しされていると思いますが、例の『FF』のタイトル画面を描かれたときのこととか……。

渋谷　あれは坂口か、田中のどちらか忘れましたが、「橋を渡ったところで一枚絵を出そう」って言われて、少ない容量の中でやりくりして描きました。ただ、あんまり苦労した記憶はないですよ。

――ここまでお話をうかがっていても、楽しくずっと仕事をされてきた印象があります。

渋谷　そのときは辛いですけどね（笑）。膨大なノルマがあって、締め切りがあって。『FF』はそうでもないんですが、『ロマンシングサ・ガ』はキャラの数が多くて……。あのシリーズは『1』と『3』と、あと『サガ フロンティア』もやっているんですけど、シリーズを追うごとに容量が増えていって、キャラも増えて、作業の負担が多くなっていくんですよ。そうなったときに「終わらない！」って思うこともありました。

――ぼくは以前、あるゲーム雑誌で坂口さんにインタビューさせていただいたことがあって、たしか『FFⅣ』を作っている頃だったと思うんですが、そのときに坂口さんは「『FF』シリーズではキャラクターがちまちま芝居するのが楽しいから、今後はそれをさらに突き詰めていきたい」とおっしゃっていました。それは、『FF』シリーズに限らず、その後のスクウェア作品の個性にもなっていったのですが、当然、そのためには各キャラの動作パターンの描き分けで地獄を見ていた人がいるわけですね（笑）。

渋谷　『FF』シリーズは『FFV』がつらかったですねえ。それは当時、坂口にも文句を言ったんですよ。ジョブが多いって！　私一人じゃとても手に負えないので、あのときは二人で描きました。

――それでも、たった二人ですか（笑）。

渋谷　プレイヤーキャラに関しては二人ですね。ただ、『FFV』のときはグラフィックデザイナー自体はもう少し増えていて、モンスター担当とか背景担当とか分担していたから、その点では楽なんです。でも、『FFⅢ』までは私一人でなんでも描いていたので、なかなか仕事の終わりが見えないのが大変でした。それでも仕事が終わらなかったことはないので、結局、やればいつかは終わる、っていう感じでした（笑）。

キャラを脳内で3Dで動かしている

――アニメーションを勉強されていたことって、役に立っていますか？

渋谷　そうですね。とくにキャラを歩かせたり、それから戦闘のときにアニメーション……動画みたいなアニメじゃないですけど、いろいろなポーズを取るでしょう？　あれは、アニメーションの基礎が役に立っていることもありますが、3Dのモデリングをやった経験もあるので、それが実は役に立っています。

――3Dのモデリングはどの作品のときに？

渋谷　『サガ フロンティア』ですね。そのときに「Softimage」や「Maya」で3Dモデリングを覚えて、モーションを付けたりもやっていたんです。そのときの経験で、さらにドット絵を描くための技術も向上した……。

――ん？　3Dのモデリングを覚えたのがドット絵に役立った？

渋谷　そうです。

――どういうことだろう……。もう少し具体的に教えていただけますか。

渋谷　これは自分でもどう説明していいのか難しいんですけど、私、しばらくキャラのドット絵を描く現場から離れていた期間があるんですよ。その間、3Dをやったり、そのあとはUI（ユーザーインターフェース）や文字フォントのデザインとか、そういうことをしばらくやっていて。

――はい。

渋谷　14年くらいドットを打っていなかったんですけど、時田（貴司）から『FFⅣ　ジ・アフターイヤーズ -月の帰還-』に誘われて、すごい久しぶりにドット絵を描いたら「私、上手くなってる！」って。

――14年間もブランクがあったのに。

渋谷　そうなんですけど、でも、そうやって『FFⅣ　ジ・アフターイヤーズ -月の帰還-』や『FFレジェンズ』をやっているときに、自分の中で3Dをやっていたことが、ドット絵にも役立っていることがわかったんですよね。剣を振り上げたり、魔法を詠唱したり、あるいはダメージ食らって倒れたり、いろいろなポーズがあるんですけど、そういうのを描くときにキャラを頭の中で3Dで動かしている自分に気づいたんです。

——頭の中で……

当時の開発資料を広げる渋谷さん

やっと見えてきた自分の絵の描き方

塊に影をつけ、奥に入っていく

——キャラを頭の中、つまり脳内で動かしている。しかも3Dで。

渋谷　3Dツールで作業をするときの画面って、4分割……固定カメラの正面と、横方向と、上からと、自由にカメラを動かせる画面があって、そのカメラをぐるぐる回して視点変更しますよね。その機能と同じものがここ（頭の中）にあるんですよ。

——脳内にツールが。

渋谷　そうすると、キャラクターが倒れているポーズなんかを描いていて、ドットを打ちながら「胴の向こう側にある手はどうなっているのかな」と見えないところを想像したときに、頭の中には3Dのモデルがあるから、それを自分でカメラを回して見ているんですよ。それで「あ～、なるほど、そうなってるのか！」みたいに納得する。

——うわー！（笑）

渋谷　他人から見れば、出来上がったものはただの2Dのグラフィックなんですが、いろいろなポーズを取っているときに、見えていない部分とか髪の毛のあっち側とか、いろいろありますよね。そういうのが私の頭の中ですべて3Dになっている。

——紙で下描きというか、スケッチしたりはしないんですか？

渋谷　それは一切しません。頭の中に浮かび上がっている映像をドットに置き換えていく。私がやっているのはそういう作業なんだなっていうのを、14年間のブランクのあとに気がついたんです。

——はあ～、それはすごいな。ちょっとこじつけめいたことを言うと、渋谷さんがそうやって頭の中で3Dのモデリングをしているというのは、中学時代にずっと石膏像のデッサンをされてたこととつながっている気がしますね。

渋谷　ああ、そうです、そうです！　そこは間違いなくつながっています。私がドット打つときは完璧に3Dで打っているんですが、それって石膏像をスケッチしているときと同じ感覚です。

——おもしろいなー。

渋谷　ドット絵を描いてる人でも、イラストからこっちの道へ来た人は輪郭線から描いたりするんです。平面からのアプローチなんですね。でも、私がドット絵を描くときは、まず塊（かたまり）を描くんですね。塊をポンと置いて、そこから影を入れていくんですよ。

——それは彫刻の手法ですね。塊から形を削り出していく感じ。

渋谷　そうです。イラストから来た人は、輪郭を描いて、その中に色を塗って、形を〝出していく〟作業をする方が多いんですけど、私の場合は影をつけていくので〝奥に入っていく〟作業をするんです。ここ数年で、それが私の描き方なんだと気づきました。より暗いところは暗くドットを打つし、手前のところは明るくドットを打つ。

──まさに、木から仏を削り出していく作業ですね。

後輩にはできるだけ具体的な指示を出す

渋谷　外注さんを何人か指導したことあるんですけど。そのときには会社に来てもらって、私がじかに指導しました。

──渋谷さんのやり方を他人に教えるのは難しいでしょう？

渋谷　どうしても言葉だけだと通じないので、目の前で私がポーズをとって（笑）。「これ、ユーザーから見て一番手前にくるのはどこ？」とか、「上半身をこう捻ったら下半身はもっとこうなるでしょ？」「重心はどこに？」と全部実演してみせて。

──ぼくもいま脳内で渋谷さんがポーズとっているのを想像しました。

渋谷　ふふふ、そうやって指導すると皆さんわかってくれるんですよ。「何かヘンだから直そう」じゃなくて、「ここはこうだからこう直してください」と、できるだけ具体的な修正指示を出すようにしています。それは2Dのカードイラストでも同じで、「羽根の質感がプラスチックに見えるから、ここは羽毛のように仕上げて」とか。そうすると「すごくわかりやすくて助かります！」って言われます。

──それは教わるほうもありがたいですね。

渋谷　いま私は後輩たちの指導をする立場にあって、いろいろな責任をともないます。無駄なリテイク作業を減らして、作業時間を短縮するためにも、できるだけ具体的な指示が必要になるんです。

──立体の形状だけでなく、素材感も重要？

渋谷　けっこう質感にはこだわりますね。レザーだったり羽毛だったり。鉄とかプラスチックだったりとか。とくにカードイラストではそういうところも大事になってくるので。

──ゲーム画面でもイラストでも、表現技術が上がっていくと、いろいろな要素に気を配らなければいけないですね。

渋谷　でも、そういうことに対する方法論って、この何年かこうやってインタビューを受けたりするようになって、初めて自分でもわかってきた感じなんですよ。それまでは、ただ無意識にやってきたことですから。

ドット絵には人を笑顔にする力がある

――理論化できると、人にも教えやすくなりますね。

渋谷　あ、それも大きいですよ。人に教える立場になったことで、いままで以上に勉強や実験をするようになりましたから。

――実験というのはどんな感じで？

渋谷　修正させる前に、まずは自分でも少し手を入れてみるんですよ。たとえば2Dのイラストで、「この腕の形がちょっと好きじゃない」けど、「ひょっとしたらこのほうがいいのかもしれない」っていうのを、本人に伝える前に自分で試してみる。あるいは色をちょっと変えてみたりとか。やっぱり、修正してもらうのにあまりいい加減なこと言っちゃいけないので、自分で検証してから指示を出す。

――余計に時間はかかるでしょう？

渋谷　でも、そうすることで相手が時間をかけずに修正できれば、次はさらに短時間で正解を出してくれるようになって、こちらとしては結果的に助かる。

――うーん、すごいな。ちゃんと教える側の人の発想になってる。

渋谷　2Dイラストのディレクションをするのも楽しいですね。子供の頃、少女漫画家になりたくてイラストをいっぱい描いてきたから、ちょっと昔懐かしい感じがして。私、いまのこの仕事、高校生だったらできたかも……って（笑）。

――もうドット絵のお仕事はされないのですか？

渋谷　そんなことはないですよ。２０１２年に発売された『ＦＦ　ＴＲＩＢＵＴＥ－ＴＨＡＮＫＳ－』というコンピレーションアルバムのジャケットで、歴代『ＦＦ』シリーズのキャラをドット絵に起こす、なんて仕事をしました。

――へえ、ということは、渋谷さんが担当されなかった作品のキャラも？

渋谷　そうですね。それで、完成したドット絵を見たスタッフが、すごい喜んでくれまして……。ドット絵っていうのは、最先端のCGみたいに美しさで人を圧倒するようなことはないんですが、自然と人を笑顔にしてしまう魅力がありますね。

――『ＦＦ』のチビキャラだったらなおさらですよ！

渋谷　描いてる私自身も、モニターに向かってドットを打ちながら、ニヤニヤしてしまうことも多いんです。ユーザーに喜んでもらえると嬉しいな、と思いながら。

様々な作家の影響をうけながら

自分の絵が世間に認められること

――ちょっと変なことをお伺いします。渋谷さんはこれまで仕事をする中で、天野喜孝さんや小林智美さんといった著名なアーティストの方とやり取りすることが多かったと思います。そうしたときに……嫉妬心というか、うらやむような気持ちをもったことはありませんでしたか？

渋谷　全然ないですよ。

――ないですか。「私も（天野さんや小林さんのような）あっち側へ行きたい」みたいな。

渋谷　まったくないですよ（笑）。

――ゲームのために絵を描く仕事にキチンと誇りをもっていらした、ということですかね。

渋谷　そうですね。私、イラストレーターになりたいとは思っていなかったので。たとえ目指してもイラストレーターになれたかどうかはわからないです。漫画も、本気で漫画家になりたかったら、高校生ぐらいでたくさん描いて持ち込んでるはずですよね。実際にそういう同級生がいましたし。

――アニメーターは、一度はなりたいと思ったけど、やっぱりピンと来なかった。

渋谷　だけど、絵の仕事はしたかったので、なんとなくゲームの方へ進んだ。「ゲームか……、まあいいや、ゲームでも」って。それで始めてみたら、仕事としておもしろい。

――その考えが変わってきたのって、どのあたりですかね？　もしかしたら、これは私の天職かも、みたいな。

渋谷　天職とまでは言いませんが、それでも、やっぱり『ＦＦ』が売れたことでしょうね。たくさん売れて、世間に認知されるようになって、自分が絵を描いたものが世の中の人たちに認められた……。

――その達成感は大きいですね。

渋谷　それは私だけのことじゃなくて、当時の『ＦＦ』チームの仲間はみんなそうだと思います。自分のやったことが会社の役に立って、褒められたって言うとおかしいですけど、収入の面でも待遇がよくなり、それが「次もがんばろう」というサイクルになる。

――時代のよさもあったかもしれませんね。

渋谷　それもありますね。仕事に注いだ情熱が、それに見合った報酬として得られて、世間に認められるというのは、いまはあまり実感できにくい時代になっている気がします。でも、それを私は20代のうちに体験できたので、それはすごくありがたい時代を生きてこれたと思います。

——専門学校にあの求人があったおかげで（笑）。

渋谷　そうなんです、あのときスクウェアで「この学校にも求人を出そう」って言った方とは、いまでも懇意にさせていただいています。

——その方はまだ会社に？

渋谷　もう、いらっしゃらないんです。それでもまだお付き合いはあって、「あのときオレが求人を出さなかったら、員子ちゃんとも出会えなかったね」なんて（笑）。もう還暦を過ぎている方ですが、いまでも本当によくしていただいています。

年が近い者同士で和気藹々と

——あっ、いま「員子（インコ）ちゃん」っておっしゃいましたね。渋谷さんのお名前は「カズコ」さんですが、「インコ」さんとも読めるので、きっと古くからの仲間はそう呼んでいたりするのでは？　と予想していたんです。

渋谷　ふふふ……。私が入社してからしばらくは、当時の同僚の女性たちから「インコさん」と呼ばれてました。ただ、いまでは同期も去って、社内では「シブヤさん」としか呼ばれなくなりました。例外的に「あねさま」「ねえさん」「師匠」なんて呼ばれることもありますが（笑）。ともかく、あの頃は年が近い者同士で、和気藹々とやってましたね。

——社外の天野さん、小林さんともお付き合いが続いているそうですね。

渋谷　そうなんです。天野さん、智美さん、お二人ともいまでも仲よくしてくださって。天野さんは30年近いお付き合いですね。

——きっと天野さんも『FF』という仕事では大きな何かを得たでしょうしね。最初は、ああいう絵を描かれる方だから、「俺の絵がゲームで再現できるのかあ？」なんて半信半疑だったのではないかと思うんです。初めてドット絵で上がってきたのを見たとき、どんなことを思われたのかな……と。

渋谷　モンスターはできるかぎり天野さんの絵を再現することに努めていますが、プレイヤーキャラに関して言えば、天野さんの絵は反映していませんね（笑）。でも、天野さんはそういうことに対して「おもしろい」って思ってくださる方なので。

——『FFⅣ』が発売されたとき、パッケージが渋谷さんの二頭身キャラになったでしょう？　あれを見た天野さんが「ボクの絵じゃないんだ……」ってヘソ曲げたりしなかったのかな、と。

渋谷　それはないですよ（笑）。あの絵になったのにはきっかけがありまして、私、『FFⅣ』のときは石井浩一といっしょに『聖剣伝説』（ゲームボーイ版）のチームにいたんですね。それで、そのとき取説用の絵を水彩画で描いていたんですよ。

——当時は「Photoshop」なんてなかったですもんね。

渋谷　それで、描き上げた絵を見た坂口が「こういうのを『FF』にも描いてくれない?」って言うので、『FFV』のためにも描いたんです。ただ、私が描いたのは原画だけで、あとは外注に出してエアブラシで仕上げてもらいました。

過去読んできた漫画はすべて私の中に

——あらためてお聞きしますが、漫画家、イラストレーター、画家、まあなんでもいいんですが、絵を描くうえで影響を受けたアーティストは?

渋谷　それはもう……その時代、時代で、数え切れないほどいます。小学生のときは竹宮恵子さんだったり、美内すずえさんだったり、ベルばらだったり、中学生は松本零士さんから、当時のアニメーターの大御所さんたちの影響を受けつつ、絵を真似しながら……。

——そのへんの人たちって、まだ現役ですもんね。化け物ですよ(笑)。

渋谷　本当に。それで、私は模写が得意だったので、先生たちの絵を真似っこしながら自分の絵と混ぜていくっていう作業を小学校から……。

——自分の絵と混ぜる?

渋谷　真似していくうちに、少しずつ自己流になっていく。小学校のときは少女漫画を真似して、中学校になるとちょっと松本零士風になって安彦良知さんなど男性作家さんの絵を真似したり。高校生になったらまたふんわりした少女漫画に戻ったりして。実は、その頃に描いていたすべての絵が実家の屋根裏部屋に残してあるんですよ。普通の学習ノートですけど、すごい束になってあるんです。

——すごい! 今日、この場に持ってきていただいた仕事のファイルもおそろしく整理されていて感動してるんですけど。

渋谷　物持ちがいいんですね。ともかく、影響を受けたという意味では、過去読んできた漫画、見てきたイラスト、そういうものがすべて私の中に……。

——挙げたらキリがないってことですね。

渋谷　キリがない。いまは誰が好きなんだろう……。いまはプライベートで絵を描かなくなってしまったので。会社でずっと絵を描いていますからね。

——たしかに。

渋谷　これから定年まで勤め上げて、そのあとどうする?ってなったら、ゲームとは関係ない絵を描きたいですね。それこそ、石膏像に戻りたい感じがします(笑)。石膏像をスケッチしたり、風景画を描いたりしたいなって思います。色鉛筆でも油絵でも何でもいいんですけど、アナログに戻りたい。世界堂とか行くと石膏像がいっぱいあって、ウキウキしますよ(笑)。

坂口さんへ渋谷さんについての8つの質問

インタビューを元に『FF』立ち上げの立役者である坂口博信さんに渋谷員子さんについて伺いました。

坂口博信

株式会社ミストウォーカー代表取締役社長。1987年から90年代にかけ、スクウェアで『FF』シリーズの制作を主導する。

Q1 渋谷員子さんが入社（1986年）される直前くらいのスクウェアでは、「これからファミコンの時代が来るだろう」と踏んで、アニメーションのできる人間を求めていたそうですが、具体的には、どういった人材を求めていましたか？

坂口 それまでのスクウェアではPC向けのアドベンチャーゲームを主に制作していたので、グラフィクスデータは1枚絵的なものが主流でした。ファミコンを制作しだしたことで、ドット絵によるキャラクターとそのアニメーションが必要になり新たな人材を探し出しました。既にゲーム業界で活躍している人よりは、新しい風を吹き込んでくれる新人を起用しようと考え、新卒の渋谷さんたちを採用するに至りました。

Q2 そうしたスクウェアからの要求に対して、渋谷さんはどうのように応えてくれたでしょうか？

坂口 ファミコンによるゲーム制作、およびナーシャ・ジベリとの英語によるコミュニケーションなど、さまざまな新しいハードルがあるなかで、制作はかなり試行錯誤な色合いが強かったと思います。それに対し、技術的な理解力と、スクラッチビルドに必要な忍耐力や持久力をもって、非常に精力的にやってくれたのを記憶しています。渋谷さんの担当箇所は、初期のファミコン作品では、僕と渋谷さんとナーシャでやっていましたから、グラフィックス全てになります。

Q3 『ファイナルファンタジー』を作っていたときのスクウェアは、少数精鋭で仕事をしていたと伺っています。スタッフ各人の能力の高さはもちろん、人間性の面でも円滑に仕事が進められる人材が求められたと思いますが、渋谷さんはいかがでしたか？

坂口 『FFI』では結果として非常に能力の高いメンバーがそろったと思いますが、性格的にはバラバラで良くも悪くもまとまりのない状態だったと思います。それに対し、ある意味「チームのお母さん」的に渋谷さんは機能してくれたと思います。皆で渋谷さんに社会常識的なことで叱られながら、やっていました。（汗）

Q4 渋谷さんは「まったくゲームをやらない」そうですが、そのことによる影響や、作業の障害とかはありませんでしたか？

坂口 もちろんゲームをやらないことで、ゲームの共通言語が通じないようなことはありました。ただ、ナーシャも一部のアクションゲーム以外はまったく知らないような状態でしたので、どちらかというと、そういったことが障害になることはありませんでした。良い意味で「専門分野に特化された職人」として動いていて、それをどうゲームづくりに活かすかはこちらが自由にさせてもらえるような状態だったと思います。

Q5　坂口さんの目から見た、渋谷さんのベストな仕事はどのようなものになろでしょうか?

坂口　ドット絵キャラクターは全て素晴らしいです。それと、「残ったわずかな容量で描いてほしい」と頼んだ、『FFⅠ』のオープニングの絵ですかね。わずかな容量(キャラクター数)で、あれが仕上がってきた時には感動しました。

Q6　渋谷さんは、『FFⅠ』の町のグラフィックを作成するときなどに、企画スタッフからイメージの指定はとくになく、自由にやらせてもらったとおっしゃっていましたが、一般的には、企画側がおおまかなイメージを決めてからグラフィックを発注すると思うのですが、そういう方法を採らなかった理由はなんでしょうか?

坂口　企画からの要望としては、文字フォントデータを別途格納するかたちにすることによって得られた容量を使って、より美しいマップをつくるために「斜めのマス目データ」を作って欲しいというあたりだったと思います。それによって道が曲がるところの丸みや、複雑な海岸線などを構築できると思っていました。具体的なデザインに関しては、もちろん専門の渋谷さんに任せたほうが良い結果になることはわかっていましたので、そこは「おまかせ」という感じです。他の分野でも、概ねそういった「おまかせ」をうまく起用しながらのモノづくりを心がけていました。

Q7　ある時期から渋谷さんは現場仕事よりも、後進の指導をすることが増えたと思うのですが、坂口さんは、指導者としての渋谷さんを見ていた時期はありますか?

坂口　それほどはありません。僕がいっしょに仕事をしていた時期は、がっつり「現場」でした。「そんなスケジュール、無理です〜!!」と怒られていました。(汗)

Q8　最後に、これまでご本人には直接言えなかったであろう感謝の気持ちを、坂口さんの言葉で語っていただけたらと思います。

坂口　本当に感謝しています。また、出会えたことをとてもありがたいと思っています。結果、すばらしいモノづくりをすることができました。するどい直感で、ある意味「悪ガキ」だった僕らが開発者に目線を合わせて意見してくれたことで、いくつもの困難なハードルを乗り越えてこれたと感じています。「サンキュー!」です。

ファミコンで最も緻密なドット絵☆よしみる編

1962年、神奈川県生まれ。マンガ家、イラストレーター。1991年発売の『メタルスレイダーグローリー』では、企画、シナリオ、グラフィックおよびディレクションを務めた。そのファミコンの描画性能から大きく逸脱した美麗なグラフィックで、ゲームユーザーのみならず、ゲーム開発者たちからも注目を集めた。マンガ作品に『亜空転騒フィクサリア』『最終機攻兵メタルスレイダーグローリー エイミアの面影』、乙佳佐明名義では『ねこもころ』などがある。

様々な仕事を経てゲーム制作の世界へ

模型雑誌で編集の手伝いやカットを描いていた

――☆よしみるさんといえば、なんといっても『メタルスレイダーグローリー』なんですけれど、まずはその前に、ゲーム制作の世界に入るまでの経緯をお聞かせください。最初は、アニメーターをされていたそうですね。

☆よしみる　はい。でも、そこはわりとすぐに辞めてしまって、それから知り合いのツテを頼って銀英社という編集プロダクションにアルバイトで入ります。『ファンロード』という雑誌の編集を請け負っていた会社で、あの頃は造形の神の品田冬樹さんとか、ケッダーマンさん（註：伊藤秀明氏。サンダーバード研究の第一人者として知られる。故人）なんかも在籍していました。

――そこで☆よしみるさんはどんなお仕事をされていたんでしょう。

☆よしみる　編集の手伝いというか、見習いみたいなもんです。あの頃はなんでもやらせてもらいました。取材もするし、誌面のレイアウト構成の手伝いまでやりました。何か本を作るときに空いたスペースがあったらそこにちょっとしたイラストを描いたり、マンガなんかもその場で描いて載せたりとか。

――絵が描けるという特技が役に立ったわけですね。

☆よしみる　その会社では模型雑誌を扱うことが多かったので、誌面に掲載する模型の作例とか……いまならプロのモデラーさんがやるような仕事を編集者が自らやっていて、ぼくは改造の仕方を説明するカットを描いたりして。

――そのカットというのは、ご自身の絵のタッチで？

☆よしみる　模型誌なので、既成のキャラクターが出てくるときは、それに似せるし、頭身も合わせたりはします。それと手順やなんかの説明カットは、描く対象がニッパーとかランナーだから、まあぼくのタッチは出ていないと思いますけど、そういうのを自分なりに描いていました。

――銀英社にいたのは何年頃か覚えてらっしゃいますか？

☆よしみる　高校を卒業してすぐにアニメーターになって、その1年後くらいだから1981年か1982年か、それくらいだと思います。でも、銀英社にいたのも半年ほどなんですよね。それで、その頃にワークハウスという編集プロダクションができて、そちらへ移りました。

――ワークハウスはわたしも知っています。『ケイブンシャの大百科』シリーズや、ファミコンの攻略本などをたくさん作っていたところですね。
☆**よしみる**　ファミコンの攻略本はもう少しあとですね。ぼくが移籍した頃はちょうどガンプラブームで、それから少し経ってファミコンブームが巻き起こります。だから、ワークハウスでの前半は、『ホビーボーイ』（徳間書店・『テレビランド』の別冊扱い）という模型雑誌の編集をやってました。そこでも実際に模型を作ったり、新しい模型が出てきたらそれを素組みして写真を撮影したり。
――模型というのは、ようするにプラモデル。
☆**よしみる**　プラモデルですね。ガンプラとか、あの時代だと他に『銀河漂流バイファム』とか『重戦機エルガイム』とか。それから『ケイブンシャの大百科』では「ウルトラ怪獣」ものとか「忍者もの」とか「なぞなぞ本」とか、いろいろと手伝いました。なかには、フィルムドラマみたいな記事でモデルをやったりもしてるんですよ。

『メタルスレイダーグローリー』が生まれるふたつの芽

――それからファミコンブームが起こりました。
☆**よしみる**　あの頃の『ホビーボーイ』は模型が主流だったけど、だんだんゲームを主流にしていくようになって。
――なにしろ大ブームでしたもんね。そっちに主軸を置くのは当然の判断です。
☆**よしみる**　それで、ぼくの視界の中に「ゲーム」というものが入ってきました。
――ん？　ということは、それまでゲームは？
☆**よしみる**　なかったです。ぼくはアニメとか模型が趣味だったけど、ゲームというものにはあまり興味がなかった。それが、ワークハウスでゲーム関係の本を作ったりするようになって、ようやくぼくの視野の中に入ってきた。
――仕事で触れたのが最初ですか！　じゃあ、そこからすぐファミコンに夢中に？
☆**よしみる**　というか、あの頃は何かのゲームを紹介するときに、攻略法とか裏技とかだけじゃなくて、オリジナルのデータをおまけとして誌面に載せることがあったんですね。
――オリジナルのデータ？
☆**よしみる**　たとえば、ファミリーベーシックのコードを雑誌に掲載することによって、読者がそれを打ち込めば同じものを再現できますよ、とか。あるいはこのコードを入力すると音楽が流れますよ、とか。そういう記事があって、そういうことを編集部で目撃したところから、過去にさかのぼる形で「ゲームはファミコンだけじゃなくてコンピュータ（パソコン）でも出てるんだ！」というのを知ったんです。
――そうか、コンピュータゲームという大きな世界の入り口を、ファミコンが案内してくれた、というわけですね。

☆よしみる　そうです。PC－8800とか、PC－9800とか、あとFMシリーズだったりMSXだったりっていう時代。そういうものでゲームをする文化があるんだということを、ワークハウスに出入りしていた仲間が見せてくれたのが、ぼくがゲームと接触したはじまりなんです。

――それがきっかけとなってゲーム作りの世界へ?

☆よしみる　結果的にはそうなんですが、そのときはまだ実感はなかったですね。なぜなら、そのワークハウスに出入りしてる人たちがやっていることは、必ずしも仕事のためだけじゃなかったから。つまり、アルバイトの学生が自分でコンピュータを持ってきて、会社のスペースを借りて何かを作っていたり、オリジナルのゲームのためのドット絵を描いていたりとか、そういうことをしていて。

――おおらかな会社ですね。

☆よしみる　そういう感じでみんな好きなことをしていて、やがてそれが形になると、オリジナルの企画として本に載せてもらえたりとか、そういうことが間々あったものですから。

――そういう自由な発想をすくい上げる仕組みがある会社っていいですね。

☆よしみる　それで、ぼく自身は学生の頃に音楽（吹奏楽）をやっていて、絵も描ける。それとアニメーターだったからアニメーションもできる。周りには、プログラムが組める仲間もいるし。

――それだけいれば、もうゲームは作れますね!

☆よしみる　それで見よう見まねでドット絵を描いたり、アニメーションさせたり、それに音をつけたり、ということをやってみたら、思いのほか、みんながよろこんでくれて。そこからコンピュータを使って表現することのおもしろさを知ったわけです。

――てっきり、☆よしみるさんはパソコン少年だったと思っていたので、意外でした。

☆よしみる　いや、そのワークハウスで初めて触れたんです。先ほども言ったように、仕事じゃないけど遊びでパソコンを使うようになって。あの頃のパソコン用アドベンチャーゲームって、グラフィックがベタッとした絵だったでしょう?

――そうでしたね。アニメーションなんてとんでもない。一枚絵を表示するのが精一杯で。

☆よしみる　グラフィック的に言うと、小さいドット絵を表現できる領域ではない、マンガなんかに近いタイプの絵だったんですよね。そういう表現もあるんだということで、そっちでもいたずら描き程度に自分のキャラクターを描いてみたりして遊んでいました。

――ああ、いまお話を聞いていてゾクッとしたんですけど、☆よしみるさんはパソコンの一枚絵に向いた描画性能を当時見ておられて、なおかつ、ファミコンならではのドット絵を自由にアニメーションさせられる機能にも、そのとき触れることができた。まさしく『メタルスレイダーグローリー』というのは、そのふたつの利点を無理やり（笑）ファミコンの上で実現させたものじゃないですか。

☆**よしみる**　そうなりますね。

――その頃にもう『メタルスレイダーグローリー』が生まれる芽があった、というのが感動的です。

最初の参加作品はMSX版『ガルフォース』

☆**よしみる**　それまで絵というものは手で描くしかなくて、アニメーションにしても紙に絵を描いて、セルに写して、色をつけて、フィルムに焼き付けて、ようやくブラウン管上で見ることになるものだったんですけど、パソコンでは実際にダイレクトに描いて、ダイレクトに再生されるわけじゃないですか。それがやっぱりすごくおもしろくて。

――その場で描いたものが、その場で反映されるという魅力は大きいですね。わたしも当時のファミコン作りの現場は見てきましたが、やはりグラフィックデザイナーがドット絵を描いて、アニメの動きを確認して、具合が悪ければすぐに直しを入れられるというのは、刺激的です。

☆**よしみる**　当時はそれほど意識してなかったんですけど、ツールの重要性というのはすごくあったと思います。どれだけいいツールを使って作成されたかが、出来上がったゲームの質に重大な影響を与えているということはあったでしょう。

――そのころ使っていたツールって、どんなものですか？

☆**よしみる**　ファミコンに入ってからですけど、ファミコンのツールはハル研（HAL研究所）オリジナルのものです。

――ハル研さんは昔から高い技術力の会社ですから、そのあたりでも色々工夫されてたんでしょうね。では、☆よしみるさんが本格的にゲームと関わるようになったのは、そのハル研さんでのファミコンの仕事が最初ですか？

☆**よしみる**　いや、その前にMSX版の『ガルフォース』でドット絵を描きました。

――それはワークハウスにいた時期とも重なっていますよね。

☆**よしみる**　はい。ワークハウス時代は基本的にフリーランスで、マンガを描いたり、イラストを描いたりしながら、ワークハウスからもお仕事をもらっているという形でした。

――専属ではないんですよね。

☆**よしみる**　ええ。それと同じような形で、ハル研がドットの描ける人を探してるという話があったので、ほとんど未経験だったけど、やってみたかったので手を挙げました。これはハル研の本社まで出勤していって、そこで机を用意してもらって作業してました。この当時は秋葉原に近い神田あたりに開発部の一部があって、ぼくは神田の建物で作業をしていました。

――それがMSX用の『ガルフォース』だったわけですね。

☆**よしみる**　途中参加で、いきなり道具を与えられて「できるだけたくさん『ゼビウス』のザコ敵みたいなキャラクターのドット絵を描いてくれ」と言われて（笑）。それで世界観も設定もなくて、とにかくいろんな種類のものを描いて、くるっと回転させてみたり、パレットアニメーションさせてみたり、そういうものを何十種類と描いて、それがドット絵の仕事のスタートですね。

――えーと『ガルフォース』ってたしか原作ありましたよね？

☆よしみる　アニメがあります。

――でも、それ関係なしに。

☆よしみる　関係なしに（笑）。原作は、家庭用のゲームに移植するにはちょっとハードな描写があったりするので、主要キャラクターだけを使ったオリジナル作品にする、ということだったんでしょうね。

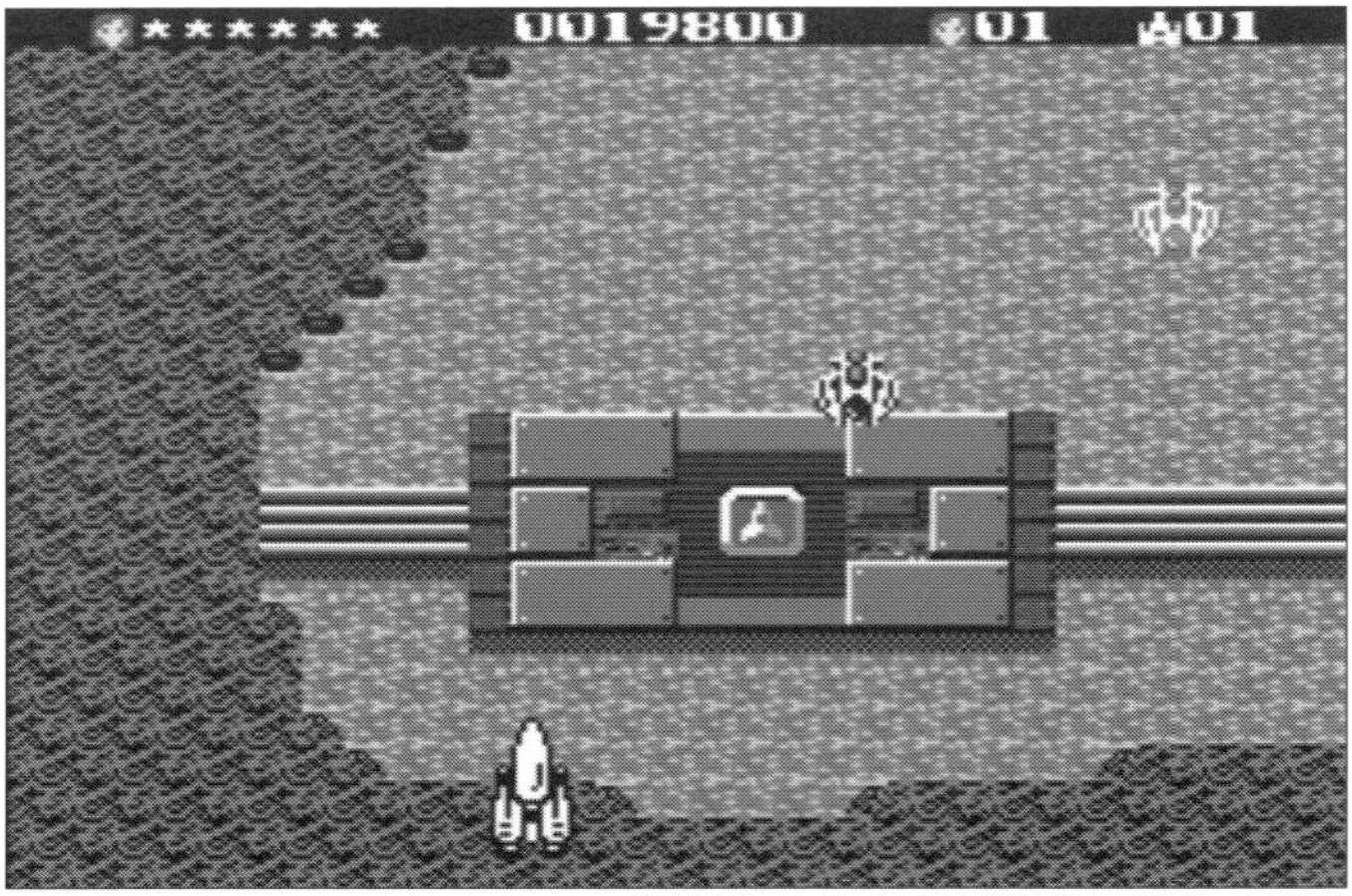

『ガルフォース カオスの攻防』のゲーム画面

よそ者を自由に働かせてくれた人の存在

けいさんゲームのお花畑を担当する

――ハル研時代には、他にどんなゲームに参加されましたか？

☆**よしみる**　ＭＳＸ版の『ガルフォース』が終わったあとは、ファミコン版の『ガルフォース』です。

――ディスクシステムのやつですね！　それはぼくも遊びました。

☆**よしみる**　これもプロジェクトにがっつり関わっていたわけではなくて、マイシップ（自機）のアニメーション。それからエフェクトとか変形とか、デザインも含めてですけど、マイシップ全体のドット絵を担当しました。

――それは知りませんでした。で、その次は？

☆**よしみる**　これも開発はハル研なんですけど、東京書籍の『けいさんゲーム（算数５・６年）』ですね。小数のかけ算、わり算を題材にしたゲームで、かけ算のほうがＳＦチックで、わり算のほうはお花畑で女の子が花を育てるというゲーム。そのお花畑のほうを担当しました

――えー、☆よしみるさんが参加してるのにＳＦじゃないほうだなんて！（笑）

☆**よしみる**　でも、それはけっこう自由にやらせていただいて、絵的にもアニメーション的にも本当に自分の絵柄が出ている作品です。女の子のマイキャラが歩くアニメーションとか、いろんなアクションがありまして、小っちゃいんだけど髪の毛をなびかせたりとか。

――『けいさんゲーム』なのにそんな小技を。

☆**よしみる**　そういうのを好きにやらせてもらえたので、楽しい仕事でしたね。

――ウィキペディアによると、『ファイヤーバム』というゲームにも関わられていたようですね。これ全然知りませんでした。

☆**よしみる**　『ファイヤーバム』もディスクシステムのゲームなんですけど、これはヘルプという形で参加して、アニメーションのお手伝いをしました。

――で、そこから『メタルスレイダーグローリー』に入る感じでしょうか。

☆**よしみる**　そうですね。この頃からファミコンというものが、スペック的にも市場的にもわかってきたので、会社がゲーム企画を募るようになりました。

――ハル研という会社は、もともとパソコンの周辺機器を作ったり、いわゆるシステム開発の会社ですよね。
☆よしみる そうです。それでファミコンがすごいブームになってきたので、ハル研でもせっかくだから自社ブランドのゲームをリリースしたいと。だけど、当時はハル研の社内にデザイン部門というんですかね、企画、クリエイティブな部署がなかったんですよ。
――技術屋集団だったんですね。
☆よしみる のちにそういう部署ができることにはなるんですけど、それまでは、学生やぼくみたいなフリーランスの者が持ち込んだ企画を受け付けていて、それで開発するにふさわしい企画であれば、プログラマーとかスタッフをハル研社内で用意して、プロジェクトチームとして組んでいたわけです。そういうタイミングのときに、ぼくが提出したのが、『メタルスレイダーグローリー』の企画だったと。

見たことのない画面のインパクト

――いろいろな企画があったと思うのですが、それをすべて作るわけにはいきません。その中で『メタルスレイダーグローリー』にGOサインが出たのは、なぜだったと思われますか？
☆よしみる ぼくの心象としてですが、おそらく〝画面の新しさ〟ではないでしょうか。企画を出すときに、プレゼンテーションと言ってもいまほどちゃんとしたプレゼンではなくて、企画書の真似事のようなものと、「こんな画面になりますよ」という見本のグラフィックをいくつか用意していきました。それでプレゼンの順番を待っているときにモニターで確認していたら、ちょうどそこに岩田さん（岩田聡氏。のちの任天堂社長。故人）が通りかかって、そのグラフィックをご覧になったんですね。そうしたら、それでもうほとんどプレゼンなしでGOが出たんです（笑）。
――わはは、話が早い！ その当時の岩田さんって、社内の立場的には？
☆よしみる 開発部長です。
――じゃあ、それなりの権限は持たれていますね。どんなふうにおっしゃってましたか？
☆よしみる 直接、岩田さんからそのときの印象をきいたわけではないんですが、周囲の方々が言うには「こんなグラフィック、ファミコンじゃ見たことがないね」とおっしゃっていたそうです。
――岩田さんがそんなことを！
☆よしみる 実際にそれがゲームになったところ、つまり完成形を見てみたくなった、ということではないかと、ぼくは想像してるんですけれど。
――『メタルスレイダーグローリー・ファンブック』（JICC出版・1991年）にも、その辺のいきさつが書いてありましたね。ただ、あの岩田さんが1枚か2枚のグラフィックを見ただけで、ゲームの開発を決めることはないだろうと思っていたんです。つまり、そのゲームの根幹となる〝遊び〟の部分はどうなのか、そこに合格点がなければGOサインなんか出さないだろうと。それで「なぜかな?」と思っていたんですけど、いま☆よしみるさんのお話をうかがっていて感じたのは、「見たことのない画面のインパクト」ということですよね。もしもこれが製品として世に出たら、それだけで人の心をつかむだろう。そういうことを、岩田さんは1枚のグラフィックから感じ取ったのでしょうね。

☆よしみる　あとでご説明もできると思いますけども、ファミコンの画面というのは一画面に表示できる8×8ドットのキャラクター数に制限があって、実際にはスプライトとBG（背景）とを合わせて、テレビ画面の半分の領域しかないんですよ。ようは8×8のものが16×16のキャラクターバンクというのがあって、それがテレビ画面で言うとちょうど4分の1になるんですけど、それが2画面しかない。それですべてを表現しなきゃいけないということがあるので、こういうベタ描きをしている絵を表示しようとすると領域が足りなくなるんです。でも、それが実際に画面の中で目がパチパチ瞬いたり、口パクも含めて動いていたりしたのが、きっと岩田さんにとっておもしろかったんじゃないのかな。

——そういうことなんでしょうね。あの頃、ファミコンでは大きいキャラクターを表示するのがとても困難でした。

☆よしみる　そうなんです。ファミコンで大きい絵を出すのはかなりインパクトがありました。

——キャラもそうですし、背景の絵だって1枚でこういう絵を描くのはとても難しいと言われていました。だから、16×16ドットのパーツを繰り返し表示するようなスタイルの背景がほとんどでした。……さて、そんないきさつでプロジェクトにGOサインが出たのが87年ですね。これは当時の仕様書ですか?

☆よしみる　本物はサイズがもっとデカいので、これはデータをプリントアウトしたものなんですけど、任天堂がファミコン開発で画面構成をするときに使っているのと同じものですね。

——そんなの、見せちゃって大丈夫ですか?

☆よしみる　たぶん大丈夫でしょう（笑）。こういうレイアウト用紙で、この線から内側がテレビの画面で実際に表示されるエリアだよとか、そういうグラフィックの指定をしていくわけです。『メタルスレイダーグローリー』の開発をはじめるときも、こうした書式で進めていきましょうと、最初に教えてもらいました。

100%自由に作らせてもらえた

——プロジェクトがスタートして、☆よしみるさんがこなされた作業はどういう感じになるんでしょう? 企画発案者であり、ディレクターもやっただろうし、グラフィックデザイナーでもありますよね。

☆よしみる　なんでもやりました。逆にやってないことは、プロ

グラムと音楽くらいですね。
――仕様を書いて、絵コンテを書いて……。
☆よしみる　ゲームシステムを考えて、シナリオを書いて、実際のグラフィックを描いて、アニメーションもさせて、音付けとかの演出の指示もして。
――ものすごい作業量です。
☆よしみる　でもね、当時のゲームって一人が司るということが多かったような気がするんです。いまみたいに、大人数のチームではなかったから。
――わかります。しかし、1987年に企画を出して、発売されたのが1991年ですから、足かけ4年かかったことになりますね。
☆よしみる　実際に企画がOKになってから最初の半年くらいは、プログラマーさんに「こういうゲームを作りたいんだ」「こういう内容のこういうシステムが要るんだ」ということをお伝えして、そこからさらに3ヶ月くらいはプログラマーさんのほうで『メタルスレイダーグローリー』用のベースのシステムを作る期間が必要となります。
――建築の基礎工事みたいなもんですね。
☆よしみる　はい。『メタルスレイダーグローリー』の場合はAGL（Adventure Game Language）というプログラムが主要な部分を占めていて、それは全体の管理用プログラムで、そこの部分ができてないと、シナリオを打ち込むことすらできない。だから、プログラマーさんがそれを作っている間に、ぼくは3ヵ月くらいかけてシナリオを考え、フローチャートを書き、セリフも書き終えておきました。
――ゲームの全体像を考えていった、ということですね。
☆よしみる　当時はワープロがなかったので、全部手書きなんですよ（笑）。
――あの頃はそうでしょうねえ。あのー、ちょっと下世話な話ですけれど、☆よしみるさんはハル研の社員じゃないですよね。開発に4年間もかかっていたら、その間の生活費って、どうされていたんでしょう？
☆よしみる　当然、お金は持ち出しです（笑）。
――笑顔でおっしゃってるけど、それは辛かったでしょう……。たとえば、開発費の前渡し金をいくらかもらったりしてないんですか？
☆よしみる　あのときは完全ロイヤルティ契約にしていたので、製品が発売されて以降じゃないと、お金が入ってこないんですよ。
――あぁー。
☆よしみる　それでも、当時は実家に身を寄せていましたから、お金がなくたって飢え死にすることはありませんから。
――ふふふ。あの頃にハル研で仕事をしていて、印象としてはどうでした？　仕事しやすい環境でしたか？
☆よしみる　トップダウンという言い方はおかしいかもしれないですけど、岩田さんが背後ですごくよくしてくれていたようですね。

——あ、やはり！　『メタルスレイダーグローリー』に関しては、ぼくも☆よしみるさんがハル研社内の人間ではないのを知っていましたし、外からの持ち込みでこんな無茶な企画が製品化までいくというのは、まず普通はあり得ないと思うんですよ。だから、これが完成に至った背景には、いろんな奇跡があったんだろうなと、外部から想像していて。

☆よしみる　そうでしょうねえ（笑）。

——でも、薄々「岩田さんがなんかしら働きかけたんだろうな……」と、あの方の人柄とか能力をぼくも多少なりとも知っていますから、だいたい想像はついていて、まさしくいま、そのとおりのお答えを知ることができて感激しているところです。

☆よしみる　そういうことなので、いわゆる社外の人間がプロジェクトを持ち込んだときの、社内からの横槍や軋轢みたいなものは、一切なかったです。本当に最後までやりたいことをやらせてもらえて、100％自分の色合いが出せました。ハル研の社内からも、作品に対するクレームとか修正依頼はまったくゼロで。

——それはすごいなー。

☆よしみる　ちょっとエッチな表現に対して自主規制みたいなことは、のちに出てくるんですけど、それ以外のところではシナリオもビジュアルも100％自由でしたね。

ロボットアニメに目覚めたきっかけとは？

ロボットアニメを見ない子供だった

——子供の頃のことを教えてください。お生まれは何年ですか？

☆よしみる　1962年です。

——横浜生まれだとうかがっていますが。

☆よしみる　横浜にいたのは本当にちょっとの期間だけなんで、あんまり記憶にないんです。そのあと世田谷に引っ越して、小学生の頃の記憶はほとんど世田谷ですね。まだ田舎で、環八が敷設されていくのを間近で見られるような場所でした。実際に道路が舗装されたあと、開通されるまでに少し猶予があるじゃないですか。あのときにローラースケートで滑りまくって（笑）。

—流行りましたね～、まだ車輪が鉄のやつで。

☆よしみる　そうそう！　ガーガーうるさいやつ。

—活発な子供だったんですか？

☆よしみる　いやいや、運動は苦手でしたね。身体を動かすより、机に向かって何かを作っているほうが好きでした。ぼくが子供の頃はヨーヨーとかゲイラカイトが流行りましたけど、それを買わずに自分で作りたくなっちゃう。その辺の工事現場に落ちている木片を拾ってきて、釘を打ちつけて船を作ったり、そういう子供でした。

—クリエイターの典型的な幼少時代ですね（笑）。その頃の夢はなんでしたか？

☆よしみる　夢、まったくなかったです。

—え、マンガ家になりたいとか思わなかったですか？

☆よしみる　絵を描くのは苦手だったんですよ。いちばん記憶に残ってるのは幼稚園のときのことで、ひな祭りにお雛様の絵を描こう！　ということになったんですけど、お雛様って人間でしょう？

—ええ、まあ、そうですね。

☆よしみる　ぼくは人間というか、生き物を描くのが大の苦手で、それでどうしてもお雛様が描けなくて幼稚園を逃げ出した。

—そんなに嫌ですか（笑）。

☆よしみる　裸足で逃げ出した記憶がいまだに残ってますよ。生き物以外、クルマとかメカについては、それなりに描いたりしていましたが、生き物は本当に苦手で、描くのが嫌でしょうがなかった。

—生き物はすべてダメですか？

☆よしみる　それが唯一、昆虫の蛾だけは好きで、いろんな種類の蛾を色鉛筆とかクレヨンで何枚も画用紙に描いては、壁に貼ってました。

—蛾かあ……（ものすごく苦手です）。蝶ではダメですか？

☆よしみる　蝶じゃない。蛾じゃなきゃダメなんです！　蛾だけに何か魅力を感じていたんでしょうね。変な子です。

—絵は苦手とおっしゃっていましたが、まったく描いていなかったわけじゃないんですね。

☆よしみる　そうですね。蛾の他にも、テレビアニメのキャラクターは描いていました。あとクルマなんかも。

—好きなマンガの模写は？

☆よしみる　それはもっとあとですね。中学生になってからかな。

—すると、いまのような活動に心が向かっていったのは、どのあたりからなんでしょう？　なにかきっかけがあったんですかね。

☆よしみる　うーん、なんだろう……。

—これまで手掛けてこられた作品を見たかぎりでは、子供のころから絵を描くことが大好きだった人のやることですよ（笑）。

☆よしみる　そうなんですけどねえ。小学校の頃って、大人びていたというか、マセていたというか、ロボットアニメのことを「くだらない」ってすごいバカにしてたんですよ。
――えっ！　☆よしみるさんがそんなことを！
☆よしみる　『宇宙大作戦』とか『謎の円盤ＵＦＯ』とか『ミクロの決死圏』とか、海外のＳＦは好きだったんですよ。土曜か日曜の昼間になるとそういうＳＦドラマや映画をやってたじゃないですか。ああいうのが大好き。でも、日本のアニメはまずロボットなので、「子供向け」だと思っていたんでしょう。

ＳＦや科学的なことには夢中になれた

――そういう自分をピキーンと変えてくれた作品ってなんですか？
☆よしみる　思い返せば、アニメでもちゃんとＳＦを描いているなと感じたのは、『宇宙戦艦ヤマト』でした。あれを見たとき、ヤマトそのものよりも「赤くなった地球」に、すごくＳＦ心をくすぐられて。
――背景の設定に。
☆よしみる　そう。オープニングの映像で「地球の水が干上がって火星みたいになってる」っていう状況を見て、すっかり虜になってしまった。ヤマト本体がどうとかじゃなくて、あの赤くなった地球というＳＦ観に。
――ああした世界観作りには、豊田有恒先生をはじめとする日本の有数のＳＦの才能が、関わっているんですよね。
☆よしみる　他にも夢中になっていたのが『日本沈没』（１９７３年）なんですけど、たしか小学校の５年くらいのときで、まだ地震のメカニズムや大陸の構造なんて理解していなかった。だから、あの映画で日本が沈んでいくのを見たときに、「本当に起きるんじゃないか」ってすごく怖くなってしまって。
――自分たちが立っている地面が沈んじゃうんですもんね。
☆よしみる　最初は「現実にはあんなこと起きないんでしょ？」と思っていて、でも映画を見終わってから調べると、実はちゃんと科学考証がされていて、まったく絵空事じゃないことがわかる。
――はい、あれは小松左京先生が綿密にシミュレーションして作った物語だそうですね。
☆よしみる　それで、『日本沈没』を見る以前は、地図というものにそれほど興味があるわけではなかったので、日本海溝の存在も知らなかったんですけど、あの映画でそれを知って。
――わたしも含めて、『日本沈没』で日本海溝の存在を知った人は多いと思います。
☆よしみる　映画を見ている段階では、まだ架空のものだと思っていたんですけど、本当にあるんだというのを知ったら、すごい怖くなってしまって。それで、そこから地球の大陸の組成であったり、海岸線の隆起や浸食、大陸移動説といったことにすごくはまりました。地図を切り抜いて合わせてみたりとか。
――南米大陸の東側とアフリカ大陸の西側がピッタリ合う！　み

たいなね（笑）。

☆よしみる　等高線がある日本列島の白地図を買ってきて、何メートル沈むとどんな地形になるのか、なんて色を塗ってみたり。そんなことを盛んにやってました。そういう感じでSF的、科学的なことに夢中だった反動で、ロボットものは幼稚だなと思っちゃっていたんでしょう。

――それがなぜ、こっちの世界へ？

☆よしみる　あの頃はサンライズ系のスーパーロボットものをガンガン放映していました。それをぼくは全然見てないんです。それで、高校生になってしばらくしてから漫画研究部に入るんですね。それまでは部活というと音楽のほうで、中学からずっと吹奏楽部でしたから。

あの宇宙戦艦ヤマトを描いたのは誰だ？

――吹奏楽ではなんの楽器を？

☆よしみる　ずっとサキソフォンです。中学から高校と、高校を卒業してからも一般の吹奏楽の団体に参加して吹いてましたから。

――意外な趣味をお持ちだったんですね。

☆よしみる　それで、高校の吹奏楽部で新入部員を歓迎するコンサートをやるんですけど、その背景に何か模造紙に絵を描いて貼ろうということになり、ダースベイダーの乗っているTIEファイターと、宇宙戦艦ヤマトのでっかい絵をぼくが描きました。そうしたら、どうもその演奏会に漫研の先輩が来ていたみたいで、「おい、あの絵を描いたのは誰だ？」ということになって、勧誘を受けたんですね。

――漫研の人からしたら、吹奏楽部の背後にメチャウマなヤマトが貼ってあればそりゃ気になりますよ！

☆よしみる　それがきっかけで漫研に入りました。それで部室に行ってみると、みんながすごい盛り上がってる作品があったんですよ。それが『機動戦士ガンダム』だった。

――でも、☆よしみるさんは見てないわけですよね。

☆よしみる　そうなんです。だから『ガンダム』の何がいいのかわからない。でも、みんなが盛り上がってるからやっぱり見るわけですよ。そうすると、実はかなりしっかりとしたSF作品だったことがわかる。「なんだ、ロボットものでもちゃんとしたやつがあるんだ！」と。それ以来、もうバカにする気持ちは一切なくなって、そっちのジャンルに傾倒していくんです。

――やったあ～。では、そこから本格的にマンガを描くようになっていくんですか？

☆よしみる　そうですね。漫研の面々が実際に描いている姿を見て、初めて「あ、こうやって描くものなんだ」ということを学びました。道具にしても、描いていく手順にしても、そこで勉強させてもらったようなものです。

――マンガを描く道に進もうと思ったのもその頃から？

☆**よしみる**　マンガに限らず、テレビアニメとか映画とか、これまで素通りしてきたいろいろなものを高校の残りの2年間で見ていくことになるわけなんですけど、やっぱり色がついて動いているものが自分にとっては魅力的でした。それで、高校を卒業してからアニメのプロダクションの門を叩くことになります。

――その社名は出してもかまいませんか？

☆**よしみる**　中村プロダクションというところです。いまでもロボットものやなんかを中心に手掛けているプロダクションで。

――そこではどんな作品に関わられました？

☆**よしみる**　それが先ほど言っていた『百獣王ゴライオン』ですね。このプロダクションに入ったときは、長く続ける気は満々だったんですけど、ちょっとした事情で出ることになってしまって。

――他のプロダクションへ？

☆**よしみる**　いや、それっきりです。いま思えば、また別のプロダクションに持ち込みをするとか、再就職の活動をするとかしていれば、まだアニメ業界で働き続けていた可能性もあったんでしょう。でも、あのときは会社を辞めたことで、なんだか業界そのものから出てしまったような気持ちになったんです。

――アニメーターという仕事が嫌いになったわけではないんですね。

☆**よしみる**　もちろんです。アニメの仕事はすごい楽しかった。自分の描いた絵に色がついて、動き出して、それに音もつけられる。そういう気持ちよさへの願望というのは、そのあともずっと続くわけです。

――それが『メタルスレイダーグローリー』を作る原動力にもなっていったと。

☆**よしみる**　それで、次の身の振り方を考えていたところに、たまたま高校のときの先輩が編集プロダクションにいて、「もっとバイトの手が必要だから来ないか？」ということで、銀英社へ通うようになるわけです。

――なるほど、よくわかりました。ここまで最初のお話とキレイにつながりました。

ファミコンの制約の中で絵を描いていく

物語を構成する要素だけで世界を作る

――ではここで、『メタルスレイダーグローリー』を実際に作っていたときのお考えなどを、お聞かせください。まず、この企画でいちばんに目指していたのが、「どの画面も必ずどこかが動いていること」だったそうですが、そういう発想が出てきた背景を教えていただきたいんですけれど。

☆よしみる　ひとつは、さっきお話しした「自分の描いた絵に色がついて動かせる」ということ。そこがマンガと違うところですよね。もうひとつは、これまでのゲーム特有の常識観みたいなもの――ハードウェアのスペックなど様々な理由で不可能とされることを素直に受け入れてしまっている――そういうことに捉われないようにする、というのがありました。

――ファミコンではこれは無理だよって、ハナからあきらめてしまっていることってありますね。

☆よしみる　そうなんです。でも、ぼくは「それは嫌だな」と思って。そんな言い逃れというか言い訳みたいなことをせずに、作中の物語を表現する媒体として全部描き切ることをしたいという想いがありました。ゲームの内容にもよりますが、アドベンチャーゲームだったら、物語世界の中のことだけを表現するべきなのに、システム的な事情でできなくなっていることの言い訳とか、システムの説明テキストが表示されてしまうようなこと。たとえば、フィールドを歩いていたときに「これいじょうはすすめません」って出ちゃう。

――はいはい（笑）。

☆よしみる　「それはちょっとないな」と思って。そういうことは一切やらずに、キャラクターであり、舞台背景であり、そうした物語を構成する要素だけで世界を描きたい。もしも制約があったとしても、それをシナリオの中に織り込んで説明することができれば、プレイヤーが興冷めすることもないだろうし。それを目指すために言っていたのが、「どの画面も必ずどこかが動いている」ということです。

――それはすごいな、ベテランのゲームクリエイターの発想ですよ。最初の1作目で考えるようなことじゃない（笑）。

☆よしみる　そうですかね。

――あの、ここにいたるまでに☆よしみるさんが遊んできたゲームの歴史を知っておきたいんですけど、ここまでの話にそれが出てきてないでしょう？　たとえば、初めて遊んだコンピュータゲームってなんですか？

☆よしみる　『ゲーム&ウオッチ』とか、そういうのではなくて？

——まあ、それも含めてでいいんですけれど。

☆よしみる　『ゲーム&ウオッチ』は普通にいくつか持っていて、あの『ドンキーコング』的なものであったりとか。

——ゲームに興味がない子供ではなかったんですね。

☆よしみる　最初におもしろいと思ったのは、PC-8800かPC-9800あたりの『大戦略』とか。あのシリーズはすごくはまっちゃって。

——それがおいくつくらいのときですか？

☆よしみる　ワークハウスに出入りするようになって、そこにコンピュータがあったんで触らせてもらったときに「あ、ゲームが入ってる」ということで。

——いきなりそこからですか。たとえば、子供の頃に地元のショッピングモールやデパートに行くと、ゲーム機があったりするじゃないですか。そういうものには触れませんでしたか？

☆よしみる　『スペースインベーダー』くらいなら。喫茶店にあったのを少し遊んだくらいなので、いわゆる攻略というほどのことは……。

——熱中はしませんでしたか？

☆よしみる　そうですねえ。本当にみんながやっていて、ちょっとやらせてもらう程度。だからゲーセンとか、喫茶店でテーブルになってるあのゲームというものにお金を使うタイプじゃなかったみたいで。

パズルのように考えながらドットを打つ

——そうでしたか。いや、実に意外です。先ほどの「どの画面も必ずどこかが動いていることという目標を立てた」なんていうのは、いろんなゲームを遊んできて、ここはこうじゃないのになあ、おれが作るならああもしたい、こうもしたい……という鬱憤がたくさん溜まっていたクリエイターの発想だろうと思ったんです。

☆よしみる　ああ。それはだから先ほどお話ししたPC-8800、PC-9800、MSX、それからFMシリーズのゲームを遊んだ経験からですよ。MSXはハル研で『ガルフォース』に参加する直前に「こういうのがあるんだよ、おもしろいんだよ」と見せてもらったんですよ。そのときに思ったことが全部そこに凝縮されていて。

——そういうことだったんですね。でも、そういう目標は実際に作業を進めていく中で、ハル研の皆さんに理解してもらえましたか？

☆よしみる　そうですねえ……とにかくぼく以外の人たちはみんなプログラマーさんなわけですよね。そういう人たちはこれまでに当然たくさんのゲームを見てきていて、いろんなゲームのこと

をご存知だったりするわけですよね。そうすると、最初に作成して持っていったグラフィックが、おそらくその方々の想像を超えていたものだったということだと思うんですけど。

——そうですね。岩田さんが驚かれたくらいだし。

☆よしみる　それで、よそ者のぼくにも仲良くしてくれたというか、なんでも言うことはきいてくれていて、「こうしたいんだけど、実現する方法はありますか?」ってきくと「できますよ」って言ってくれて、すぐにシステムを組んでくれるという流れでした。だから、ゲームの内容について、構成やグラフィックについて否定されたことは1回もなかったですね。

——ぼくの印象だと、たいていのプログラマーは面倒な仕様を出されると「それはできません」って言うものなんですけど（笑）、でも、ハル研さんはそういうところじゃないというのも、人づてにきいたりはしています。本当にそうだったんだなあ……。では、実際にゲームを作っていて苦労したところは？　という、ありきたりの質問に対する答えは「ない」ってことに？

☆よしみる　いや、苦労したのはやっぱりファミコンの仕様ですね。『メタルスレイダーグローリー』はグラフィック表現に重きを置いたゲームですけど、ファミコンはこういうグラフィックを描くのに適してないハードなんですよ。

——スペック的にそうですね。

☆よしみる　一般の方は「パレットの色数が少ないから大変だよね」とか「ドットのサイズが一個一個デカいのも大変だよね」なんてことを想像されると思うんですけど。

——一般の方はそれさえご存じないと思います（笑）。

☆よしみる　いちばんのネックは、16×16ドットのパレットの境界面なんですよ。

——境界面。はい、わかりません。

☆よしみる　これがいちばん大変なところで（と、資料を見せながら）、いまこれは仮に引いてありますけど、この小さいほうの四角が8×8、大きいほうが16×16で、BGに関してはこの16×16の中にひとつのパレットを割り振るという仕様になってるんです。なので、このパレットとこのパレットの中にファミコンで言うと3色指定することができるんですけど、その隣に別のパレットが来たときに別の3色ということになるわけですね。そうすると、どう考えても別のパレットと別のパレットで6色出そうと思ったら、この縦横のマスの線が明らかになっちゃいますよね。

——えーと、えーと（話についていくのに必死）。

☆よしみる　違う色の3色で構成されているということは、境目がはっきりしてしまうということになるじゃないですか。それをわからせないようにするためには、隣同士のパレットで共有する色を必ず1色持たなきゃいけないんです。そうすると、全体的に色数が減っていきますよね。それを本当にパズルのように考えていかなければならないんです。

——ゲームを作ること自体がすでにゲームのようです。

☆よしみる　『海岸線のエリナ』のシーンは、たまたま空と海との境界面を水平線のところに持ってきているから、この横のラインがばっちり出てしまってもかまわないんですけど、パースのかかった斜めの線であるとか、キャラクターのハイライトや影の位置というのは、その縦の線が出たらダメです。それをいかに感じさせないようにするかというドットの打ち方が、いちばん大変だったところでしたねえ。

——さーて、このお話をわたしはどうやって原稿に起こせばいいのでしょう（笑）。

自分で原画を描いて、ドットを打って、切り分けて

☆よしみる　よくある『スーパーマリオブラザーズ』なんかに代表されるアクションゲームとか、シューティングゲームのスクロールするBG（背景）って、必ず16ドット単位で描かれているじゃないですか。あれは、こうした制約があるせいなんですよ。

——はい、だからファミコンは大きな一枚絵を描くのが難しいんでしたね。わたしも当時それに関わる仕事をしていましたが、もうファミコンの仕様など忘れています。

☆よしみる　それで、実際に16×16ドット単位で描いたものを収めるバンクというのがあって、そのバンクにはファミコンの1画面の中で表現するものをすべて入れておかなければいけません。そうやってバンクに収めた状態の画面を、当時、ビデオプリンターで出力したものがあるので持ってきました。

——おお〜。

☆よしみる　バンクに収めるときはさらに細かく、8×8ドットに分割します。最初はまずベタで128×128の大きなドット絵を描くんですけど、それを最終的には8×8ドット単位に分割して、このバンクに収納します。この作業がかなりハードルが高かったんですよ。

——思い出してきました。そうだそうだ、わたしもその作業やりました！

☆よしみる　バンク内に保持できるパーツ数には制限がありますから、流用できるパーツが多いほど作業はラクになります。一色ベタで塗りつぶされている部分なんかは、全部流用できるからいいんですけど、斜めのラインとかは流用が利かないんで、工夫が必要になります。

——これは☆よしみるさんがご自身で原画を描いて、ドットも打って、こういうパーツに切り分けていく作業までやったから可能だったんですね。

☆よしみる　だと思います。

——外注のイラストレーターが、こういう斜めの線が入り組んだ原画を描いてきたら「ふざけんな！」ってなりますよ（笑）。

☆よしみる　開発作業の前期に、ハル研さんの社内にもグラフィック部門ができたからということで、新しいスタッフの方々が描いたものを見たんですけど、やっぱり先ほど言ったパレットの境

界というのがハードルが高くて、縦横の境界線が出ちゃってるんですよ。それらは最終的に全部ぼくが直させていただきました。

――うーん、すごいな。開発中にハル研から「うちに来ない?」って誘われたりしなかったんでしょうか。
☆よしみる　それはなかったと思いますけど（笑）。とにかく、そのときは『メタルスレイダーグローリー』の開発プロジェクトがガンガン動いてるときだったので、会社は契約面のこととか余計な雑音がぼくの耳に入らないようにしてくれていたのかもしれないです。

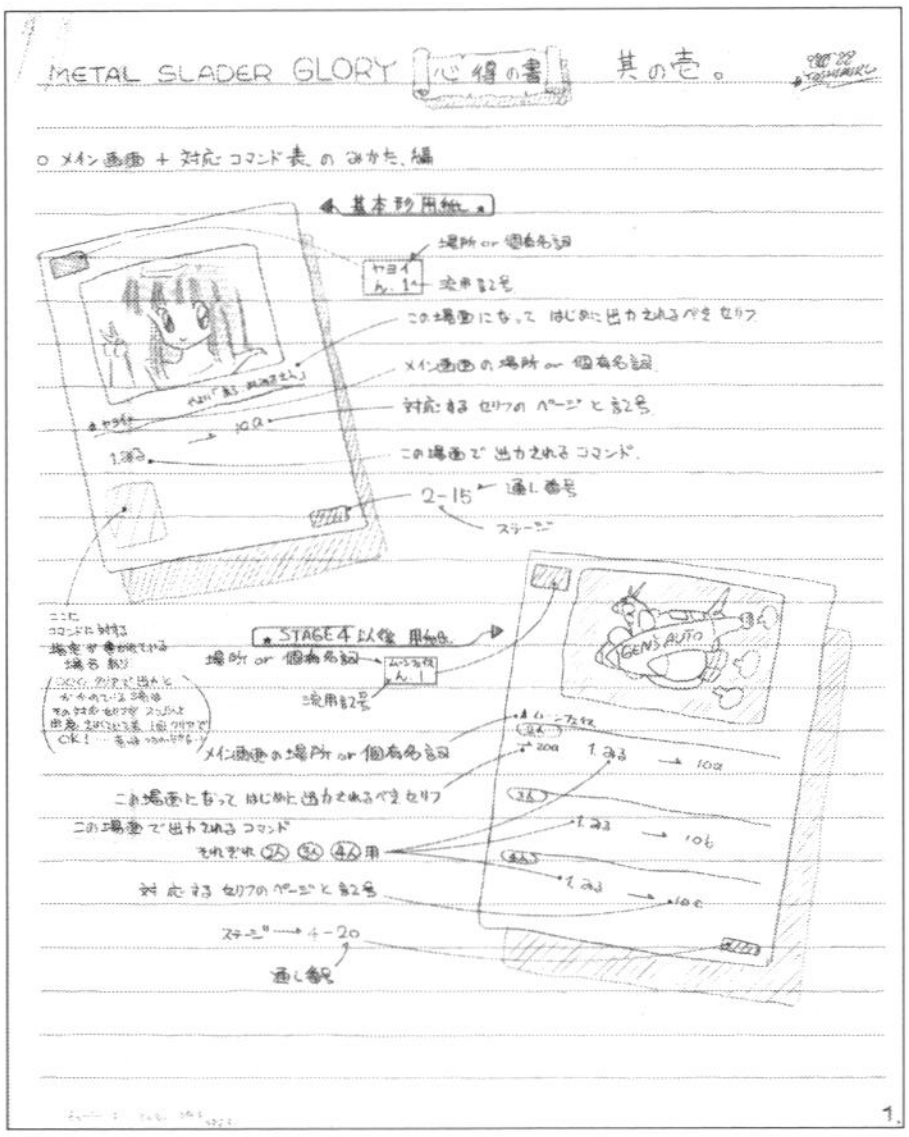

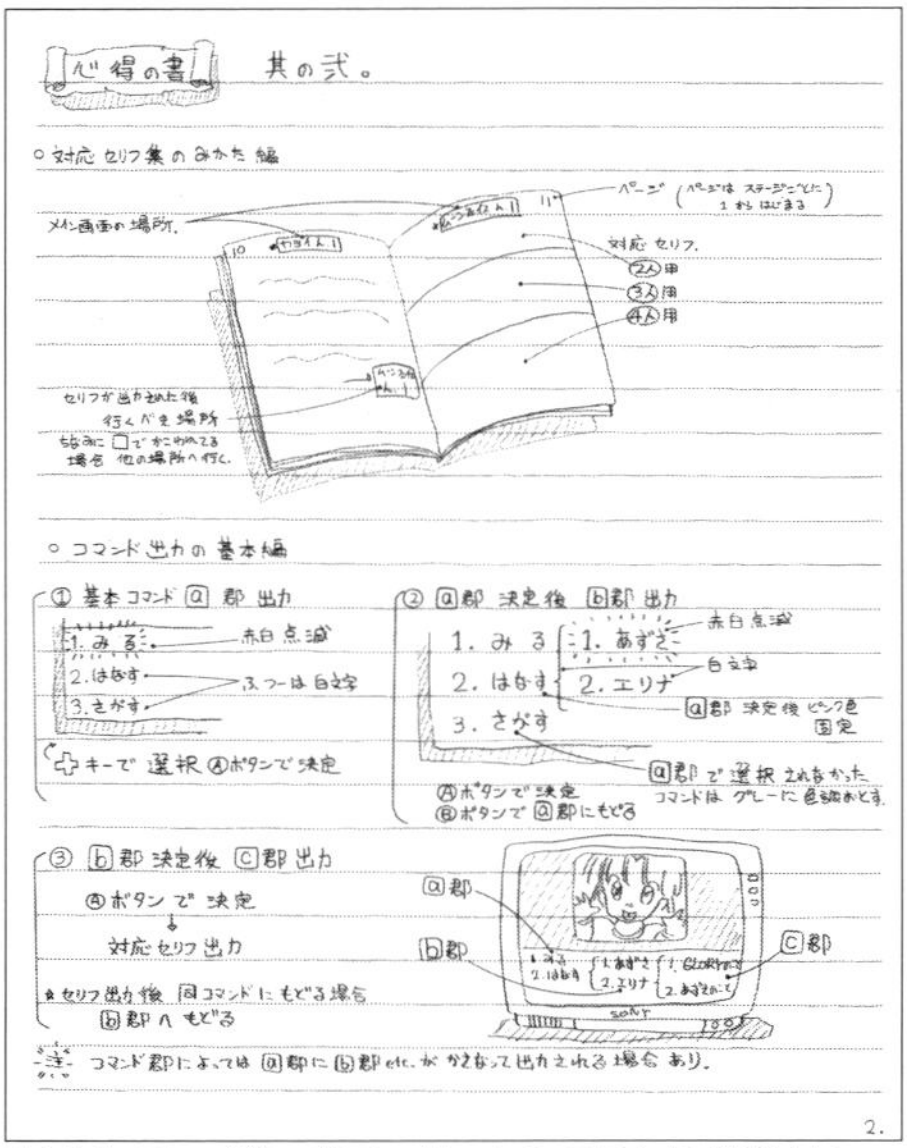

『メタルスレイダーグローリー』システム仕様書より

手探りで工夫しながらのスタートだった

何枚組かのディスクシステムになっていた可能性も

――『メタルスレイダーグローリー』は、1987年から開発プロジェクトがスタートして、ソフトの発売が1991年になります。でも、その前年の1990年にスーパーファミコンが登場したじゃないですか。焦りはなかったですか？

☆**よしみる**　いや、それまでにずいぶん時間を費やしていたんで、もうしょうがないというか。

――まあ、いまさら引き返すわけにもいきませんね。

☆**よしみる**　でも、いちおうは「スーパーファミコンのソフトとして出そうか」という話も少しだけ出たんですよ。

――あ、やっぱり出ましたか。

☆**よしみる**　スーパーファミコンの仕様が明らかになってきたときに、エミュレーターじゃないけれど、そのままどっこいしょと入れられる仕様だったものですから、移植というか、スーパーファミコンの企画として出すことも検討されたんです。

――グラフィックに凝っているゲームですから、よりグラフィック性能のいいハードが登場したら、そっちへ行きたくなりますもんね。

☆**よしみる**　そうなんですけど、これはぼくサイドの事情ではなくて、何かROM的な問題だったのか、価格的な問題だったのかわかりませんが、その話は途中でなくなりました。

――あら、残念。

☆**よしみる**　開発が進み、容量のバイト数が固まってきた時点でかなり大きなものになることがわかってきました。そのときに「何枚組かのディスクシステムにしようか」なんて話も出てきたりして、ファミコンかスーパーファミコンかというプラットフォーム選択だけではなく、アウトプットの仕方、どういう製品として出していくかという話も、実は二転三転してるんです。

――最終的には、特殊なMMC5というチップを積んで、けっこう大きなサイズのカセットになりましたよね。あれはやっぱり、このチップのためなんでしょうか？

☆**よしみる**　それもあったかもしれません。あとで聞いた話では、MMC3でも当初の企画を実現することは可能だったらしいです。ただ、MMC5だと画面を2分割できる、つまりラスター割り込みがしやすいという利点があって、それを目的にしてゲームの構成をしていくのがいいだろう、と。そんな説明を受けた覚えがあります。

家庭のテレビで映したときキレイに見える絵

――ドット絵の表現として、とくに重視したところ、こだわったところなんかはありますか？

☆よしみる　いまで言うところのアンチエイリアスには気をつかいました。ファミコンの少ない色数ですからやれることは限られてきますが、できるだけそれが可能な場所に対してはアンチエイリアスを入れるということをしています。

――アンチエイリアスというのは、ドット絵のガタガタを滑らかに見せるテクニックですね。

☆よしみる　ええ。そんな本格的なものではありませんが、濃い色と明るい色が隣接しているところでは、その境界に中間色を置くという。

――そうしたシーンで、とくに印象的なカットってありますか？

☆よしみる　けっこう随所に施しているんで、とくにここが！というのはないかな。まあ、キャラクターの輪郭とか、グラフィックの主線に影色が入っているものは、黒いドットの線の脇には必ず黒よりも少し明るい色を入れたりしています。

――人物の頬のところをアップで見るとよくわかりますね。

☆よしみる　黒とグレーのところだったら、その中間色にあたる濃さのグレーを入れてみたりとか、そういうのがほとんどです。

――そういうテクニックは独学で覚えたものですか？　あるいは誰かから習ったとか。

☆よしみる　独学ですね。ドットを打っていきながら、自然に身に付けていったんだと思います。

――アンチエイリアスなんて、紙で絵を描いているだけでは、なかなか思いつかないことですよね。きっと、画面がにじむテレビゲームではなくて、ドットがパッキリと見えるパソコンゲームを先に体験していたから、そのことに気づいたのかな。

☆よしみる　ああ、『メタルスレイダーグローリー』では、画面がにじむということも念頭に置いてグラフィックを描いてます。開発機材のモニターではなく、家庭のテレビ画面で見たときにちゃんとキレイに見えるか？　そういうグラフィックにすることも、開発目標のひとつに挙げていたので。

――ファミコンは家のオンボロテレビで遊ぶものですからね。

☆よしみる　開発時のモニター上の色と、家庭のテレビとで、発色が変わってしまうのは仕方ないとしても、RGBでがっちりドットが視認できることで見栄えのするドット絵と、テレビのブラウン管で少しにじんだくらいでいい感じに見えるドット絵って完全に別物だったんで、開発前にどちらを選択するかといったとき、迷うことなく「テレビ画面のほうを優先しよう」ということで描き始めました。

黒で描かれるべき線をどこまで活かすのか

――やっぱり、この『メタルスレイダーグローリー』には、奇跡的なものを感じます。もし、☆よしみるさんが筋金入りのゲーマーだったら、いろいろなゲームを見てくるなかで、自然とその作り方や表現方法を身に付けてきたでしょうけれど、今日、お話をきいた限りでは、そんなにたくさんのゲームをやっているわけではありませんでした。

☆よしみる そうですね。これは自然発生ですね。

――『メタルスレイダーグローリー』は、わたしの目には「ものすごくゲームをやり尽くした人がたくさんのゲームからヒントを得るとともに、フツフツと溜まっていた鬱憤を晴らしたような作品」に見えるんですよ。

☆よしみる ああ（笑）。

――だから、これが発表されたときは、一般ユーザーよりもゲーム制作者やゲームマスコミにいる人たちのほうが驚いたと思うんですよ。

☆よしみる そんなもんですかね。あの、グラフィックを描く際に、各要素の輪郭線を描く前に、まずは紙でこういう原画を描くんですね。

――ゲーム内に表示されるウインドウと同じサイズで原画が描かれていますね。

☆よしみる この原画を、いまのスキャナーほどの精度はないんですけど、当時はデジタイザーと呼ばれるものがあって、それで原画を読み込みます。本当に汚いジャギジャギなものだけどいちおう原画がグラフィックツール上に表示されるので、それをグラフィックの下絵としてドットを修正しながら絵を描いていきます。

――当時の技術で精一杯の作業ですね。

☆よしみる そのときに、輪郭線であるとか、髪の毛とか、そういう黒で描かれるべき線をどこまで活かすのかってことを、自分なりに追求していく。パソコンに比べて、ファミコンのドットは大きいですから、黒い線で描くと強すぎるんですよね。

――ドットの粒が大きいから線も太くなってしまう。

☆よしみる その強すぎる線をどこまで残しながら、絵の印象は変えずに調整していくか。影色とか中間色っぽいもので黒の両脇を補完してやったり、逆にドットを消して線の調子を弱めていったり。そういうふうに手探りで工夫していった結果が、いわゆる「アンチエイリアス」と呼ばれている技法だったのでしょうね。ぼくの場合は、たぶんそういうところがスタートだと思います。

――スタートにして、ドット絵の真髄でもあった、ということですね。

キャラクターのリアクション（芝居）を描く

複数のペンネームの使い分け

—ちょっとゲームから離れまして、絵を描くことについてのお話もお聞かせください。まず、マンガ家として、これまで描いてきたものでいちばん気に入っている作品は？

☆よしみる　うーん、各作品でそれぞれ気に入ってる部分はありますが、よくできたというか、いちばん納得のいく形で描けたのは、乙佳佐明（おとかさ・あき）名義で描いた『ねこもころ』という作品です。キャラクターの女の子たちがワイワイ、キャイキャイする話なんですけど、そのバックボーンには似非量子力学とかを持ち込んで、すごいSFとして作りましたが……、全然伝わらなかった（笑）。

—あれま。

☆よしみる　それはスクリーントーンやペン画という旧来の漫画技術の他に、『ねこもころ』から使い始めた3Dの表現があって、自分でモデリングしたものをトゥーンシェードしてからマンガの画面に読み込んで、背景なり建物として活かすという技法です。それがうまく定着したというか、画面の密度が異常に濃く描けていて、とても満足のいく形になりました。

—とくにお気に入りのページをあとで教えてください。

☆よしみる　わかりました（笑）。

—ペンネームは「☆よしみる」さんの他に、いまおっしゃった乙佳佐明など、いくつかありますね。それぞれ由来を教えていただけますか？

☆よしみる　ぼくは本名の下の名前をひらがなで書くと、わりと丸い表記の文字が並ぶんですね。

—そのご本名は非公開ですよね。

☆よしみる　ええ、いまのところは。なので、その印象を変えずにペンネームを作りたいなと思って決めたのが「よしみる」ですね。丸いひらがなの雰囲気を残しつつ、本名とは違う文字を4つ並べる形で。

—「☆」は？

☆よしみる　それは目立ちたかっただけ（笑）。

—他に「よしみる徳隆（さとを）」というのもありますね。

☆よしみる　それは『五霊闘士オーキ伝』というライトノベルがあって、その挿絵を担当したことと、コミカライズも描かせていただいたんですけど、自分オリジナルの作品じゃないので、ペンネームを若干変えた、という経緯です。

――そして先ほどの乙佳佐明。

☆よしみる これは、いままでの☆よしみるってSFロボットでガチガチのバトルものという印象が強いペンネームだったんですけど、たまたま『ねこもころ』とか、芳文社でガーリッシュっぽい作品の企画が通って描かせてもらうとなったときに、ちょっとペンネームとの印象がかけ離れすぎているので、名前を変えてみたということです。

――ということは、どのペンネームもまだ現役で使い分けているわけですね？

☆よしみる よしみる徳隆はもう使ってないです。いまは、☆よしみると乙佳佐明のふたつだけですね。ちょっとゆるめの、ふわっとした作品は乙佳佐のほうで描いてます。

――なるほど、そうでしたか。ペンネームからも『メタルスレイダーグローリー』の位置付けが見えてきました。

キャラも、クルマも、芝居をさせるのが好き

――マンガに限りませんが、絵を描く作業として、キャラクターを描くことと、背景を描くことでは、どちらがお好きでしょう？

☆よしみる ぼくは突き詰めると、芝居を描くのが好きなんですね。ですから、キャラクターだったら顔の表情だけじゃなく、身振り手振りであったり、動きみたいなことでそのシーンを表現するのが好きなんです。メインのキャラクターとサブのキャラクターがいたときに、メインのキャラクターが何か言っていることのリアクションとして、サブのキャラクターも何かの行動を起こす。そういう部分がいちばん描きたいところなんですよ。

――ああ、先ほどもおっしゃっていた、物語を構成する要素で世界を作っていく、ということにも通ずる話ですね。

☆よしみる その場の空気というか、メインの人の芝居を受けてまわりの人たちも芝居をする、みたいなものを描くのが楽しい。それは人間だけにとどまらず、クルマでも宇宙戦艦でもいいんです。クルマがスピードを出しているなら、そのときにクルマの動作（芝居）で〝走ってるぞ感〟を出したり、〝曲がってるぞ感〟を出したり。戦艦なら〝戦うぞ感〟を出させる。そういう芝居を描くのが、すごく好きなんです。

その芝居を表現する手段がまずマンガであり、さらにアニメーションになり、ゲームでもいろんなものが動くというのは、そのことにもつながってくるわけですね。

☆よしみる そういうことですね。やっぱり動きというのは重要なもの。

――『メタルスレイダーグローリー』も、背景にいる女の子に声をかけると、ふっと振り向いてくれたりとか、演技が細かいですよね。

☆よしみる メインのシナリオじゃないところにも、いろんなリ

アクションが仕込んであるというのが理想です。映画とかアニメを見ていても、そういう演出がされている作品は好きですね。
――リアクションといえば、あずさというキャラクターが宇宙ステーションでジャンプすると、スカートがめくれてパンツが見えるシーンがあるじゃないですか。あれって怒られなかったんですか？
☆よしみる　あれはねえ、他にもっとダメなシーンがいっぱいあったんですよ。
――ほう！
☆よしみる　まず最初に、やろうと思ったことを全部入れた仕様を作ったんですが、それは自主規制ということで1回見直しをして。それから、ビジュアルだけじゃなくテキストの内容も「さわる」なんてコマンドできわどいことができたりして、でも、そういうのをマイルドな表現に変えたりして、その修正作業の過程で「ここまでは大丈夫なんじゃないか？」というところで残したのがパンツだった（笑）。
――あれはべつにいやらしい意図はないんですよね。あずさの無邪気さを表現してるんですもんね。
☆よしみる　見えっぱなしじゃなくて一瞬ですし。
――その言い方！（笑）

『メタルスレイダーグローリー』のソシャゲを！

――ここでワークスタイルについても教えてください。仕事の必需品とか、仕事環境とか。
☆よしみる　パソコンは、ごく普通のデスクトップと、液晶タブレットです。それがメインのシステムで、サブのシステムにワコムから出ている13インチくらいの液タブPCがあって、オールインワンの持ち出せるシステムです。外で仕事するときはそれを持って行く。
――愛用している文具や、独自の道具なんてありますか？
☆よしみる　アナログではコピックですね、完全に。
――相変わらずアナログでも描いてらっしゃる？
☆よしみる　アナログが必要な状況はまだあるので、もちろん普通に使っていますし、あとサイン色紙なんかを描くときにもコピックは必需品です。
――紙で描くのとデジタルで描くので、どちらが好きとかありますか？
☆よしみる　描いてるときに気持ちが高揚するのは、やっぱりアナログですね。絵を描いているときって何がいいのかというと、紙からペンを通じて手に伝わる感触がやっぱりよくて。鉛筆だったらサラサラ描いている感触、ペン画だったらカリカリ引っかく手応え、スクリーントーンを貼ったらそのあとカッターで削るときの感覚。ああいうのは好きですね。液タブも便利ですが、そこが再現されていないのはある意味ぼくにとっては劣る部分なのかもしれない。

――では最後に、話せる範囲でけっこうですので、現在、あるいは今後のお仕事の予定を教えてください。

☆よしみる　基本は『メタルスレイダーグローリー』に関係するマンガを描かせていただいているのと、それとは別に『メタルスレイダーグローリー』を題材にした、ソーシャルゲームのアプリとか作ってみたいですね。とくに具体的な話が来ているわけではないんですが。

――それはいいですね。ここでもっとアピールしておきましょう。具体的にこんな感じ、というプランはあるんですか？

☆よしみる　基本的にはキャラクターをメインにして、キャラクターとリアクションを交わらせるようなタイプのものを考えています。『メタルスレイダーグローリー』の世界観を使って、アドベンチャーゲームでありながら、もしVRだったらリアクションを取ってもらえそうなやつ。……うまく伝わってますかね？（笑）

本当にVRでやれればいいんですけど、VRでこっちが動作をすると向こうもそれに対してリアクションを取る。そういうやり取りとか空気感、意思の疎通みたいなものが取れるシステム、というイメージです。

――ここでも、やはりキャラクターの芝居を描きたい、というところにつながりますね。どうもありがとうございました。

『メタルスレイダーグローリーファンブックリマスター』（2013年）より

YOULABO 04

ドット絵の新作ゲームを作り続ける ユウラボ 編

1974年、滋賀県生まれ。8bitライクなスマホアプリや、初期ファミコンを思わせるRPG『フェアルーン』シリーズで注目を集める。ゲーム作りを独学で覚え、ドット絵によるグラフィックはもちろん、シナリオやゲームサウンドまで自ら手がける。Nintendo Switch用ダウンロードソフトとして『神巫女 -カミコ-』、シリーズ2作とブラウザゲーム版のリメイク、シューティング版を収めた『フェアルーンコレクション』が発売中。

04 自主制作の『フェアルーン』が3DS版になるまで

ひとり、2週間で作ったFlash版『フェアルーン』

――本題に入る前に、ユウラボさんとスキップモアさんの関係について教えてください。名前をお呼びするときはユウラボさんでよろしいんですよね？

ユウラボ　はい。ユウラボは携帯Flashの投稿サイトに投稿するとき使っていたペンネームで、変えるタイミングを逃したままいまでも使っています。スキップモアというのは、ぼくの個人事業としての屋号ですね。

――そうでしたか。いま「Flashの投稿サイト」とおっしゃいましたが、Flashで『フェアルーン』を作ってみようと思った動機はなんだったのでしょう。

ユウラボ　それはもう『ハイドライド・スペシャル』の影響です。

――ファミコンの？

ユウラボ　ええ。あれが「ファミコンというプラットフォームのままシリーズ化されていたらどうなるか？」というコンセプトがぼくの中にありまして。PC用の『ハイドライド』はどうしても時代の流れでリアルな方向にグラフィックが進化していってたので、そうじゃないもの、ファミコンのポップなカラーで、『ハイドライド・スペシャル2』とか『スペシャル3』が存在してたら、きっとこうなっていたのではないか。それを形にしたものです。

――それは、なぜそういう考えになったんでしょう。『ハイドライド』シリーズがリアルな方向へ進むことに不満を感じていたとか？

ユウラボ　いや、不満はないですよ。それはそれでおもしろいし、リアルな表現も好きですけど、自分が作るとしたら2頭身のキャラクター、彩度が高いグラフィック、それで謎解きを多くして……って感じになるだろうと。

――ひとりで作るから作業量の制約もあるでしょうけれど、それだけじゃなくて、8bit風の2頭身キャラが元々お好きだったんでしょうか。

ユウラボ　うーん、なんでしょうね。作り始める時点で全体の容量を100キロバイト以内に収めることは決まっていたので、それが理由でもあったとは思いますが、でも、このスタイルで作りたいっていう気持ちが強かったのも動機としては大きいですね。

――開発期間はどのくらいでしたか？

ユウラボ　2週間ぐらいでしょうか。

――そんなもんですか!?　あのゲームがたった2週間で作られているって、ずいぶん早いんですね。

ユウラボ　画面数的には12画面くらいしかないですから。

――ゲームを作ろうと思い立って、まず全体の構想を立てるじゃないですか。そこから具体的な作業を割り出していく。そういう準備の時間も含めて2週間ですか?

ユウラボ　そうですね。

――いやあ、仕事の遅いわたしには驚きです。Ｆｌａｓｈゲームを作るのには、そんなに費用はかからないものですか?

ユウラボ　費用とかそういう意識はなかったですね。仕事が空いた時間を利用して何か作ろうかな、っていう感じだったので。あの頃はもう独立して家で仕事をしていたので、時間のやりくりは自由にできました。

――コンピュータ1台あればできてしまうなら、開発資金もそう多くは必要としないんですね。では、制作中に苦労したことは?

ユウラボ　プログラミングです。ぼくはプログラマーじゃないんで。

――それでもプログラムに挑戦された。

ユウラボ　ですね。自分の理解できる範囲のプログラミングだけでゲームを作りました。できないことはやらない。というスタンスですね。

――ＦｌａｓｈでＲＰＧを作る場合、どういうプログラミング技術が必要とされるのか、あいにくぼくにはわからないんですけれど。

ユウラボ　まあ、普通にボタンを押したらキャラクターが歩く、というくらいのもので。あとはアイテムを取ったらフラグ立てるとか、その程度で作れてしまいますよ。ただ、シナリオを書いた端から実装していったので、テストプレイで「このギミックはわかりにくい」と思っても、簡単には修正できないんですよ。

――そうか、本職のプログラマーじゃないから、複雑な事態になると対処が難しいんですね。

ユウラボ　ですから、そういうときはプログラムを修正するというよりも、わかりにくい部分を助けるヒントを入れて対処しました。

――その『フェアルーン』を、次にスマートフォン（以下スマホ）用へ移植しますよね。それはどういうきっかけで。

ユウラボ　スマホでもストレスなく遊べる仕様を思いついた的なことをツイートしたら、内藤さん（※内藤時浩＝『ハイドライド』の作者）からリプライをいただいてしまい、舞い上がってその勢いで開発を始めてしまいました。

――おお、すごい、内藤さん見てらしたんだ。

ユウラボ　それで、とりあえず売り上げなんかは度外視して、自分がやりたいことをやってみよう。でないときっと後悔するぞと思って。

――Ｆｌａｓｈ版は2週間で作ったとおっしゃられましたが、スマホ版を作るとなると、そんな簡単にはいきませんよね。時間はもちろん、開発資金もそれなりにかかったと思うのですが。

ユウラボ　開発資金は、それまでにスマホ用のミニゲームを何本も作っていたので、そこから得られる収益が多少はありました。潤沢ではないけれど、収益があるうちに作りたいものを作っておこうって感じで。

――こちらの開発期間は？

ユウラボ　スマホ版は2か月半ですね。このときはスマホでミニゲームを一緒に作っていたプログラマーに手伝ってもらいましたけど。

――えー、それでも早い気がします。あれを2か月半で作ってしまうのか……。グラフィックを過去作から流用していたりするのかな。

ユウラボ　してますね。色なんかを調整しつつ、使えるものは使いまわしで。

――ゲームを作っていて、いちばん時間がかかるのはグラフィック作業だと思うんですが、そこが軽減されるならけっこう時間を短縮することはできますね。スマホ版を作るとき、目指していたことはなんでしたか？

ユウラボ　先ほども言ったように、あとで後悔しないために作りたいものを作っておく、というのがありました。当時はスマホでカジュアルなゲームがたくさん出てきていて、逆にこういう『フェアルーン』みたいなゲームらしいゲームがあまり出ていなかったですから。

――そうですね。わたしも昔のファミコンとかスーファミくらいのゲームが大好きなので、スマホでもつい、そういうゲームがないか探してしまいます。だから『フェアルーン』を見つけたときはバンザイしたんです。

ユウラボ　きっと、カジュアルゲームに比べると収益（労力に対する見返り）が低いんですよ。だから作られないのかなと。

攻略に苦労した体験が思い出になる

――スマホ版を作る際に、仕様的にはどんな目標を立てられましたか？　たとえばマップの広さとか。

ユウラボ　マップは最初から１００画面へ広げよう、モンスターの数もこれだけ増やそう、と決めてしまいました。外枠をがっちり決めて、それを埋めていったら完成するだろうと。

――とても計画的ですね。わたしも過去にはゲーム開発の仕事をやっていましたが、ディレクター視点で仕事をしたことがないので、ユウラボさんのお話を聞いていると「すごいな」って感心してしまいます。スマホ版を発表したときは、Ｆｌａｓｈ版のときより反響が大きかったのでは？

ユウラボ　いや、Ｆｌａｓｈ版のときも当時はＦｌａｓｈ作品を紹介するサイトとかけっこうあって、それに海外のフリーゲームを紹介するサイトにも取り上げられたりしましたから。

――そうでしたか。たしかスマホの『フェアルーン』が出た頃が、スマホの普及率もピークに達した時期だと思うんです。スマホ版が出たからこそ、ぼくのところや、あるいは内藤さんの視界にも届いたのだと思うのですが。

ユウラボ　ああ、それはありますね。Ｆｌａｓｈだとパソコンの所有者とか、一定の年齢層であるとか、ユーザーを選んでしまうところはあります。でも、スマホなら持っている人口が多いから。

――さて、そこから次にニンテンドー３ＤＳ版が出ました。そこにはどういう経緯があったんでしょう。

ユウラボ　パブリッシャーさん（フライハイワークス株式会社）から、メールで「スマホの『フェアルーン』を３ＤＳで出しませんか」という連絡をいただきました。移植はフライハイワークスさんがやってくださるという話で。

――それはすごくいい話じゃないですか。

ユウラボ　そうですね。なのでふたつ返事で「お願いします！」みたいな。

――３ＤＳ版でもユウラボさんは何か実作業をされたんでしょうか？

ユウラボ　追加のダンジョンを入れたので、そのデザインをしました。それから追加のＢＧＭと、あとスマホと３ＤＳでは画面レイアウトが変わるので、そのためのグラフィック素材を作ったり。

――わたし、実はスマホ版のラスボスを倒せていないんですよ。あのー、ほら、ラスボスとの戦闘でいきなりゲームのスタイルが変わるじゃないですか。あれがスマホの操作だと難しくて。それで、３ＤＳ版はまだ遊んでいないんですけど、ラスボス戦はどうなるんでしょう？

ユウラボ　基本的にはスマホと一緒ですけど、３ＤＳ版では何回か死んだらイージーモードみたいなのが解放されます。

――わ、それは書いても大丈夫ですか？

ユウラボ　もう大丈夫ですよ。

――３ＤＳには十字ボタンがあるので、スマホ版よりは操作しやすいでしょうけれどね。スマホ版のときには、あのボス戦に苦情が来たりしませんでしたか？

ユウラボ　賛否両論ありましたね。でも、昔はああいうゲームが多かったでしょう。最後にゲームモードが変わったり、最後だけむちゃくちゃ難しかったりして。

――はい、いかにもあの頃のゲームの〝らしい〟感じです。

ユウラボ　「難しくてやってられん！」とか「おれはクリアできたぜ！」とかいった共通体験が、ゲームを遊んだ思い出として心に残るものです。いまはネットとかＳＮＳが、そういう体験を語り合う場になってるんでしょうね。

攻略本から発想したレベルデザイン

2倍のボリュームになった『フェアルーン2』

——そして『フェアルーン2』が登場しました。これについても、その開発に至った経緯を教えていただければと。

ユウラボ　同じフライハイワークスさんですけど、『フェアルーン』（以下『1』）を作っているときから『フェアルーン2』（以下『2』）も作りましょうというお話をいただきました。ぼくとしては、まだ『1』が売れるかどうかもわからないのにその続編をというのは、ちょっと待ってくださいと言ったんですよ（笑）。それで、『1』が発売されたらわりと好評だったので、これなら『2』を作ってもいいかなと。

——おそらくパブリッシャーさんとしては、『フェアルーン』が任天堂の携帯ゲーム機と相性がいいという確信があったんでしょう。きっと話題になるはずだと。

ユウラボ　そうかもしれません。

——でも、ユウラボさんとしては、『2』を作るなら当然ゼロから組み立てていかなければならない。グラフィックは多少流用できたとしても。ストーリーなり企画なりはイチから考えていかなければなりませんよね。『2』の開発期間はどのくらいでしたか？

ユウラボ　ほんのメモ書きから数えると2年弱くらいですね。

——ゲームの開発期間としては長いほうじゃないですか。

ユウラボ　ぼく自身の実務は9ヵ月くらいで終わってるんです。そのあとはプログラマーさんが完成に向けて仕上げていく時間ですね。ぼくはその間、他のアプリの企画書を書いたり、ゲームを作ったりしてました。

——『2』はご自分の思った通りのものを作らせてもらえましたか？

ユウラボ　だいたい企画はそのまま通っています。パブリッシャーさんからの要望は、『1』の2倍のボリュームにしてくれ、という程度です。あとはお任せっていう。

——外枠だけは決められたけど、中身は自由にやらせてもらえた。

ユウラボ　そういうことです。

——Ｆｌａｓｈ版やスマホアプリを作っていたときは趣味の延長だったと思いますが、ニンテンドー3DSで作るとなったら、これはもう完全に仕事ですよね。ちょっと下世話な話ですが、開発資金のことなども重要になってくると思うのですが。

ユウラボ　以前作っていたアプリの売り上げが毎月入ってきてい

たので、基本的にはそれをたよりに開発を進めていきました。

――じゃあこれに関してもとくに波風はなく。

ユウラボ　開発期間が長くなってしまったので、そうすると経済的にはやっぱりきつくなってきますよね。アプリの売り上げも、新作を出せなかったら当然下がってきますし。だから早く完成させるために頑張ったのですが、最終的に2年かかってしまって、そこは反省点としてありますね。

ダンジョンのようなフィールドマップ

――『2』の反響はいかがでしたか?
ユウラボ　まあ、続編というのは基本的に前作をやった人がやるものですから、『1』よりは売れないだろうとは思っていました。
――販売本数……は言えませんよね(笑)。3DS版の『2』は800円という、ゲームのクオリティを考えたら十分お得な価格だと思うのですが、スマホ版が無料だったたから、そこで購入をためらう人はいたかもしれませんね。
ユウラボ　だから作っているときは、『1』をやった人が楽しめるようにするということだけ押さえつつ、あとはもうこのチャンスにやりたいことをやってしまおうと。
――それはすごく感じました。ユウラボさんらしさが全開になってるというか。
ユウラボ　ちょっと難度の高い謎解きもありますが、いまは攻略サイトとかもあったりするので、そこを見てもらえば、クリアはできるでしょう。アクションが難しくてクリアできなくなるような要素は極力入れないようにしています。
――そうですね、わたしのような年配のゲーマーでも快適に遊べています。
ユウラボ　それでも、マップが広すぎたとか、道に迷って子供が泣いた、なんてツイートが流れてるのを見たりしました(笑)。
――自分がプレイした体験で言うと、作業量とかメモリ容量とかいろんな制約があるのでしょうけれど、フィールドマップが全体的に緑色なので迷いやすい、という気がしました。とはいえ、このフィールドを迷いながら探索していく感じが『フェアルーン』シリーズのおもしろさでもあるわけですが。
ユウラボ　これはブログでも解説しているんですが、『2』の地上マップは「地上」と言っておきながら、構造はダンジョンのような迷路になってるんですね。それで階段から地下ダンジョンへ降りていくと、こちらは逆に複雑な構造にはなっていないんです。
――3DSをひらいて、上画面がゲーム中のフィールドで、下画面にマップ表示されているのが、遊びやすくてよかったです。
ユウラボ　3DSで作るなら、下にマップを表示しようというのは最初から決めていました。上画面でプレイヤーの歩き回ったエリアが、マップとして下画面にどんどん表示されていけば、自分がどこまで話を進めているかの指標にもなります。

――行き詰まっても、マップに黒いところが残っていれば、そこへ行くことで道がひらけたりしますもんね。

〝間〟を省いた密度の濃いゲーム

――『2』で反省点というか、ここをもう少し作り込みたかった、というようなところはありますか？

ユウラボ　もう少しコンパクトに作りたかったですね。前作がおもしろかったのは、密度が濃かったからじゃないかと思ってるんです。適度な時間でエンディングまで行けるから。

――スマホの手軽さとも相性がよかったです。

ユウラボ　『2』は3DSだけど、800円でこのボリュームじゃなくて、もう少し下げて……たとえば500円くらいにして、いまよりマップの広さを減らすべきだったかもしれない。そのかわりマップひとつひとつの密度を上げれば、もしかしたら体験としてはより濃いものになったんじゃないかなと。

――やっぱりユウラボさんはコンパクト志向なんですね。グラフィックはファミコン風を維持しつつも、遊びとしてのスケールは大きくしていくのかなと思っていましたが。

ユウラボ　できるだけ余分なものを排除して、コンパクトに、密度の濃いものを作ろうと心がけています。

――そういう考え方が生まれた背景ってなんでしょう。何か思い当たることはありますか？

ユウラボ　うーん、ゲームの攻略って〝間〟がないじゃないですか。ここ行って、ここ行って、ここ行って、ボス倒してクリア。本当はそれぞれの行動の間に経験値稼ぎだったり、道に迷ったりという無駄な時間がある。

――そうですね、RPGではどうしても謎が解けなくて何日間も同じ場所で行き詰まっていたりします。

ユウラボ　でも、ぼくがゲームを作り始めた頃は学生でお金がないから、ゲームソフトが買えずに、攻略本だけ買ったりしていたんです。それで攻略本を読んでると、自分の中にそのゲームの体験というのが、先ほど言った〝間〟がない状態で残るわけです。

――ああ、寄り道しないから！

ユウラボ　そうした体験をそのままゲーム作りに反映させると、イベント↓イベント↓イベントの連続になっていく。あとはゲームブックからの影響もありますね。ゲームブックも「○○ページに移動せよ」とあって、移動すると「目の前に箱がある」↓「開ける」とか、「道がふたつに分かれている」↓「右」↓「ゴブリンがあらわれた！」みたいな。つまり、イベントの間がないんですよ。

――よくわかります。ゲームを構成する要素の、楽しい部分だけを凝縮した感覚が染み付いているんですね。ぼくはいま別件の仕事で『ドラクエⅡ』をやっているんですけど、ゆっくり楽しんでいるヒマはないから、攻略本を見ながら最短ルートで目的地を目指します。そうすると、ものすごくキツイんですよね。初めてプレイしたときは、あっちかな？　こっちかな？　ってウロウロしてるうちに戦闘を重ねて、レベルが上がっていくじゃないですか。

ユウラボ　それでちょうどいいバランスになるよう調整されてますからね。

――それで、いまおっしゃったように「攻略の間が抜けてる」状態を意図して作られた『フェアルーン』シリーズは、ぼくがいまが『ドラクエII』で体験してるようなキツさがあるのかというと、それは感じないんですよ。

ユウラボ　レベル上げの仕組みが違いますからね。レベルさえ上げればどこにでも行けるのではなくて、謎を解かないと先には進めない。逆の言い方をすれば、答えを見れば誰でもクリアできるようにしたかった、ということです。

――わあ、攻略本からの発想だ！

ユウラボ　結局、商業的なものだと30時間くらいは遊んでもらわなきゃいけないとか、そういう制約があったりしますよね。

――とくにRPGは、開発前に想定プレイ時間を決めますよね。「やっぱり50時間は遊べないと」とか。

ユウラボ　そうです。でも、ぼくの場合はほぼ個人で作ってるし、もともと無料とか低価格だからその辺の制約がゆるいんです。30時間、3時間、1時間、なんなら30分でクリアできてもいいじゃないかという。

愛読書である『チャレンジ！ RPG&AVG』を開きながら

父が遊びを作ることのおもしろさを教えてくれた

子供の頃は大工さんになりたかった

――子供の頃の話を聞かせてください。まずは生年月日とご出身を。

ユウラボ　１９７４年生まれ、いま42歳かな。出身は滋賀県。信楽と栗東のあいだくらいのところです。

――信楽はタヌキの焼き物で有名、栗東は競馬のトレーニングセンターがあるところですね。何歳くらいまでそちらにいらしたんですか？

ユウラボ　19歳で美術系の専門学校に進学するため大阪に来ました。

――滋賀県時代はどんな遊びをしていましたか。

ユウラボ　田舎だったんで、ゲームが登場する前は何も娯楽がなかったです。放課後になると友達と学校の裏山へ行って、ノコギリとかカナヅチで秘密基地作ったりとか、そんな感じ。ちょうど倒れた木があって、その下をくぐって屋根を付けたりして。いい感じにツタが下がっていて。アケビを採って食べたりもしました。

――典型的な田舎の男の子ですね。将来の夢、こんな仕事に就きたいというものはありましたか？

ユウラボ　大工ですね。

――えっ？　それは何かの影響で？

ユウラボ　いや、なんでしょうね、いつからかわからないけど、大工になりたいって言ってた記憶があります。

――家が工務店だったとか、親戚に大工さんがいたとか、そういうことではなく？

ユウラボ　違いますね。うちの親は公務員でした。子供の頃は職業の種類なんてあまり知らないでしょう？　小学2年生のときに家を新築したんで、そのときにいちばん近くで見てた職業だったんでしょうね。

――先ほど、美術系の専門学校に進学されたとおっしゃいましたが、どこかでそういう絵を描いたり物を作ったりすることへの興味が芽生えたはずだと思うんですが。

ユウラボ　絵を描くのは小さい頃から好きだったんで。

――それを職業にしようとは、子供の頃は考えませんでしたか？

ユウラボ　絵を描くことが職業になるというのが、わからなかったんでしょうね。マンガの本を読んでも、マンガ家さんが職業として描いてるということは意識してなかったはずなので。

中学3年、進路相談で「ドッターになりたい」と

ユウラボ　その後、ファミコンが出てきて、パソコンが出てきて、それでゲームのようなものを作るようになって、それを職業にしている人たちがいるというのを知って、じゃあ自分もそっちの道を目指そうかなと。

――そこからゲームデザイナーの道に進み始めた。いや、ユウラボさんの場合はグラフィックへの興味が先か。

ユウラボ　ドッターになりたいというのを、中学3年の進路相談のときに言ってました。先生には「ドッターって何?」って聞かれましたけど（笑）。「ゲームのドットを打つ人です」みたいな。

――その頃にそれを職業として認識していましたか。何から得た知識だろう。パソコン雑誌?

ユウラボ　そうですね。仲のよかった友達がMSXを持っていたので、ぼくも親に買ってもらったんです。『MSX・FAN』とか毎月読んでました。読者からの投稿プログラムを打ち込めば、雑誌代だけでゲームが10本くらい遊べるんで。

――ご自身でも投稿したことは?

ユウラボ　全然全然（笑）。その頃は遊ぶの専門で。掲載されている人たちに憧れてました。

――では、進路として美術系の専門学校を選んだというのは、ゲームのグラフィックデザイナーを目指したわけですか。

ユウラボ　そうですね、漠然としたものでありましたけど、ゲームのグラフィック関係に就きたいなと思って。

――それで卒業されて、ゲーム会社に就職……はしてませんよね。

ユウラボ　最初はそれも考えていましたが、あまり学校に募集が来ていなかったんです。何社か入社試験を受けたところもあるんですけど、面接で落ちたり（笑）。そういえば、ナツメ（現在はナツメアタリ株式会社）さんでバイトをしたこともありますね。末端の末端のバイトなんで、自分が何のゲームに関わっているのかもわからなかったですが。

――ナツメさんもファミコンの頃から長く続いている会社ですね。

ユウラボ　その後も携帯Flashの仕事でまた声をかけていただいたりしました。『メダロット』がヒットして、でっかいところに引っ越していて。

父の手作りのドライブゲーム

――ここまでお話をうかがった感じでは、ユウラボさんは絵を描くにせよ、ゲームを作るにせよ、ほとんど自己流ですよね。どこかの会社で上司に教わったとか、師匠のような人がいないわけですから。

ユウラボ　あのですね、昔、うちの父がこういうものを作ってく

れていたんですよ（と、ここで謎のロール紙を取り出す。そこにはクネクネと道路が描かれている）。

——あっ、懐かしい！　デパートの屋上とかにこういうドライブゲームありましたよね。え？　ということは、これをお父さんがクルクルと引き出しながら、ユウラボ少年に「はい、ここで道が二股に分かれています。どっち行く？」って言ったりするんだ！

ユウラボ　そうです。で、やり方さえわかれば自分でも真似できるので、いろんなバリエーションのものを作ったりして。

——これはすごい！　ユウラボさんの遊び作りの原点が、こういうところにあったんですね。

ユウラボ　他にも「タクシーゲーム」というのを作ってくれて、すごろくというか、ルール的には『桃鉄』に近いと思うんですけど。紙に簡単な道路地図を描いて「駅」とか「公園」「学校」「本屋」なんかを描き込む。そしてカードを引いて「公園」と出たら、みんな一斉にそこへ向かい、先に着いた人がお金をもらえる。また行き先のカードを引いて……というふうに繰り返して競うんです。

——ああ、まさしく『桃鉄』ですねえ。

ユウラボ　これをファミコンが出るよりも前に作ってくれていたんです。それで、やはりまた真似をしてカレンダーの裏に自分でマップを描いたりして。

——あのー、お父さんって何者なんですか。普通の公務員だっておっしゃってましたが。

ユウラボ　仕事は公務員なんですけど、趣味で絵を描いたり陶芸やったりしてました。ぼくが子供の頃は家の茶碗や箸置きなどは、父が焼いた物でしたから。

——うははは！　それ最高。でも、ファミコンと出会う前にこういう自分で何かを作ることのおもしろさを教えてもらったら、そりゃあこっちの道に進むでしょうね。

ユウラボ　だから、こういうことをいまデジタルでやるようになったのは、ぼくにとってはすごく自然な流れなんです。

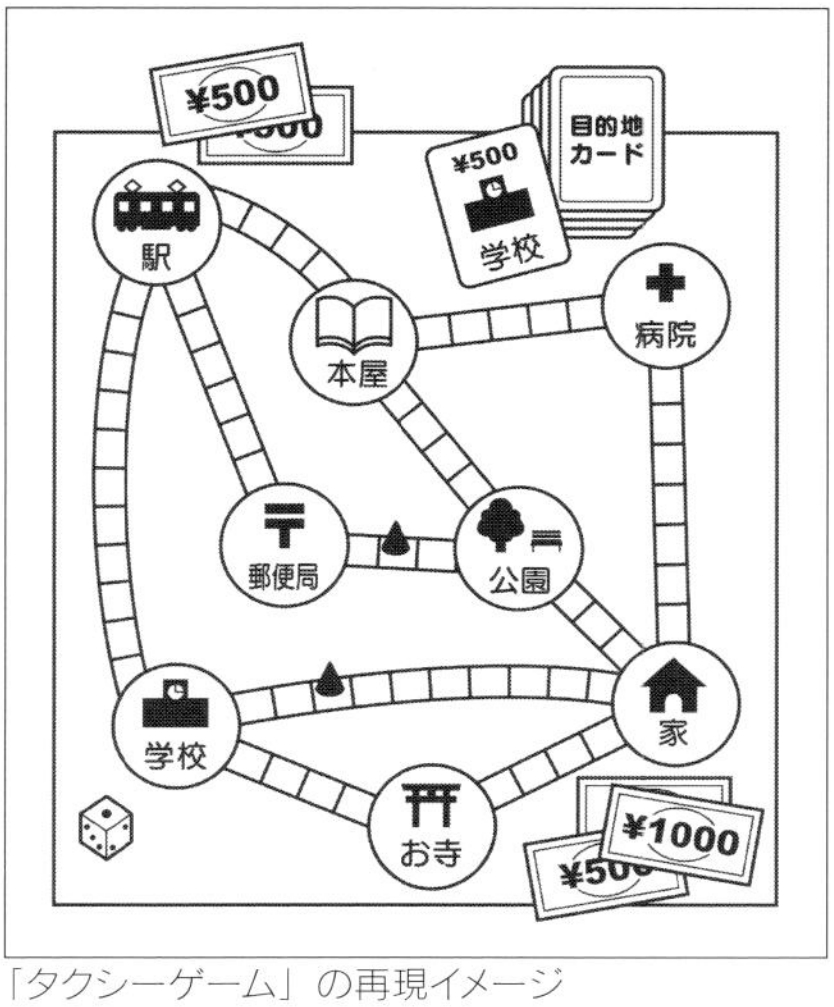

「タクシーゲーム」の再現イメージ

ゲームと出会い、作り手になっていくまで

自作のゲームブックをBASICで動かしていた

――ゲームとの出会いについて、もう少しお話を聞かせてください。初めて遊んでテレビゲームというと？

ユウラボ　テレビゲームではなくて、たぶん初めはゲーム＆ウォッチだったと思います。それはもう小学生とか。『パラシュート』が1980年か1981年に出たのかな？　それで遊んでいたのを覚えてるんで、それが電子ゲームに触れた最初ですね。

――ユウラボさんくらいの世代だと、ゲーム＆ウォッチがゲームの入口だったという方は多いでしょうね。

ユウラボ　そのあと、小3か小4の頃に任天堂のカラーテレビゲーム15っていう家庭用のゲーム機があって、テレビゲームはそれが最初ですね。それから小5のときにファミコンが家に来て、そのときに『スターフォース』を一緒に買ってもらいました。「コロコロコミック」とかで散々取り上げられていたので。

――あの頃の小学生にとって、ファミコン＝ハドソンだったかもしれませんね。

ユウラボ　ほんとにそういう感じでした。あとは小5のときにゲームブックにも出会ってるんですよね。ちょうど『ソーサリー』（スティーブ・ジャクソン作のゲームブック四部作）が出たのが小5のときで、買い物に行った本屋でたまたま見つけて買いました。ゲームなんだけど、小説の形をしているから、これなら学校に持っていっても怒られない！　と。

――わはは、エニックスのバトエン（バトルえんぴつ）が文房具だから学校に持っていっても怒られないっていうのと似てますね。

ユウラボ　それでゲームブックにハマって、大学ノートを買ってきて自分でゲームブックを書くようになるんです。大学ノートも学校に持っていって怒られるものじゃないから（笑）。

――やはりお父様の影響なのか、着々とゲーム作りの道へ進んでいってますね。

ユウラボ　それもありますし、小6のときに友達の影響でMSXに触れたことが大きいです。投稿プログラム打ち込んで遊んだり、自作のゲームブックをBASICで友達が動かしてくれたり。

――ご自分で書いた大学ノートのやつを？

ユウラボ　そうです。友達に大学ノートを渡して入力してもらうんです。それでふたりでゲラゲラ笑いながらプレイする。キャラ

クターが死んだときは画面を点滅させようぜ、みたいな。

——タイトルは覚えています？

ユウラボ 『デルモンテクエスト』です。トマトケチャップが好きやったんで（笑）。パラグラフは30個くらいしかない簡単なものだったんですけど。

——いやあ、自分たちが作ったものが動くなんて、たまらないでしょう。

ユウラボ ゲームブックだから絵はなくて文字が表示されるだけなんですけどね。それで、小6のときにはファミコンの『ハイドライド・スペシャル』を買ってますね。それが初めて触れた『ハイドライド』シリーズです。

優秀なプログラマーの友達とのゲーム作り

——そんな感じで、お友達と一緒にMSXでゲームを作り始めたわけですね。ユウラボさんご自身はプログラムの基礎というか、そういうものをどうやって学んでいかれたんですか？

ユウラボ その友達はプログラマーとしては優秀で、小学生とか中学生なのに普通にアセンブラとかマシン語とかを使いこなしてました。ぼくがBASICの本を必死で読んでる横で、友達のモニターにはよくわからない16進数が並んでる。その数値をいじるとキャラが変わったりして、ああこれはぼくには無理だ、もうプログラムはこいつに任せようと。そのかわり、それ以外の部分はぼくがやるよ、という感じですね。

——そのお友達は、いまは何のお仕事をされてるんですか？

ユウラボ ゲームではないところでプログラムをしてます。

——あら、もったいない。ゲーム業界に欲しいですね。

ユウラボ それで、その頃からドット絵とかも描き始めました。当時はグラフィックツールがなかったので、3ミリ方眼を買ってきてそこにドット絵を描いて、16進数に直して入力していくっていうアナログな方法で。

——ゲームの黎明期のグラフィックは、絵を「描く」のではなく「入力する」ものでしたもんね。

ユウラボ その後、友達がグラフィックツールを作ってくれて。

——中学生がグラフィックツールを作ってしまう!?

ユウラボ キャラの反転とか回転とかアニメーションがひと通りできる機能があって、最終的にはマップツールとも統合させて、ドット絵を描いたらそれがマップに反映されるという便利なツールを作ってくれました。なので、ずいぶん長いことそれを使ってましたね。高校3年くらいまではずっとMSXを使っていて、いろんなジャンルのゲームを作りましたよ。ロールプレイングや格闘ゲームもどき、アドベンチャー、落ちものパズル、3Dダンジョン、シミュレーションとか。

——すごいなあ、それは勉強になりますね。

ユウラボ とはいっても学生なので、最初だけ作って満足しちゃうんですよ。ゲーム全体の構成をキチンと考えていないのに市販のゲーム並みのものを作ろうとするから、どれもこれも完成しない。

——わかるなあ。ゲームを作りたいという欲望が暴走してるんですね。

ユウラボ　たぶん、それがいまのぼくのコンパクト志向につながってるんでしょう。ミニゲームをコンパクトにして、完成させないと意味がないっていう。その経験があるから、ゲームを完成させられてるんだと思います。

DTPデザイナーをしながらゲームを作っていた

——今回、ユウラボさんにインタビューできることになって、いちばん知りたかったのは、お仕事のことなんですよ。ネットで存在を知ったので、どういう方なのかまったくわからなかった。どこかのゲーム会社に勤務していて、副業でゲームアプリを作っているのか、あるいはゲームと関係ない本業が別にあって、趣味でゲームを作っているのか。

ユウラボ　美術系の専門学校に通っていて、卒業したらゲーム会社に就職したいとは思っていたんですけど、就職活動を始めるあたりでサターンとかプレイステーションが出てきて、世間が「これからは3Dだ!」という感じになってきた。

——ああ、そういう時期ですね。

ユウラボ　その影響もあって、学校に来る就職募集がドット絵じゃなくて「3Dのモデリングができる人」だったんですね。それはちょっとぼくがやりたいことと違うなと思って、ごく普通のデザイン会社に就職しました。

——じゃあ、最初は副業で?

ユウラボ　副業というか、会社の業務の一環でしたね。会社には広告のためのDTPデザイナーとして就職して、その仕事を8年くらいやりました。そのうちガラケーにFlashが搭載されるっていうニュースが発表されて、FlashならデザイナーFlashならデザイナー寄りのツールだから自分でもゲームくらい作れるかもしれないと。

——あ、最初のほうのお話とつながってきました。

ユウラボ　それで、パソコンほど大袈裟ではなく、ケータイ電話という手のひらに収まるような機械で自分の作ったものが遊べるというのは、とても魅力的ですよね。ゲームボーイなんかもそうですけど。

——ええ、わかります。

ユウラボ　じゃあ、そういうのをやろうって、会社に企画を提案して始めました。

——それは会社の業務として?

ユウラボ　そうです。会社でこういう仕事も取っていいですか?と聞いて。そんなに大きな会社じゃなかったので、その辺はわりと自由にやらしてくれたんです。本来の業務の合間にそういうアプリを作ってネットにアップして。それを見たところから「こういうのも作れますか?」という依頼が来たりもして。

――それは『フェアルーン』のFlash版を作るよりも前の話ですよね。

ユウラボ　そうです。で、その頃にケータイの公式サイトでFlashを紹介するところが増えてきて、企業からうちと一緒にやりませんか、なんて話もいただいたりしたので、じゃあ会社を辞めてこっち一本でやっていこうかな、ということなんです。

たくさんのゲームから影響を受けてきた

仕事場に飾られたサイン入り『ハイドライド』

――普段、どんな開発機材を使ってらっしゃるんですか?

ユウラボ　当たり前のものですよ。ごく普通のiMacとPhotoshop。

――フリーランスだと時間がルーズになりがちですが、仕事の時間配分はどのようにされてます?

ユウラボ　だいたい昼から、夜中の2時か3時くらいまで。ただ、プログラマーと組んで仕事をすることが多いので、そのときはコアタイムを3時間だけ決めておいて、その間はスカイプをつないでいます。それ以外は自由ですね。パソコンの前に座っていないとき――テレビを見てたり、買い物に行ったりしているときも、常に作っているゲームのことは考えていて。

――ゲームに限らず、ものを作る人はそういうもんですね。ご自宅が仕事場も兼ねている?

ユウラボ　はい。ここに仕事場の写真を持ってきました。

――わあ、すごいスッキリしてる!　『ハイドライド』が飾ってある……（笑）。ホントにお好きなんですね。

ユウラボ　これは内藤さんから直接もらったんですよ。チュンソフトの名古屋スタジオ移転の際に倉庫に眠っていたのを発見したらしくて、それを内藤さんが引き取って、サインと一緒にくれたんです。

――ユウラボさんが、数あるRPGの中から『ハイドライド』にどれくらい影響を受けたのか、そのあたりのこともお聞きしたいんですが。

ユウラボ　あの頃って、ファミコンには『ハイドライド』くらいしかRPGがなかったでしょう。ファミコン雑誌でも『ハイドライド・スペシャル』は見開きで紹介されていて。でも、当時小学生だった自分に買える値段じゃないんで、親に「これはすごいゲームだ」「ファミコン初のロールプレイングや」って熱弁して買ってもらったんです。それで、せっかく買ってもらったものは頑張って最後まで遊ぼうっていう。そういう体験のおかげで、より強烈に刷り込まれてる。

――でも、そのあと『ドラクエ』も出てくるし、『ファイナルファンタジー』も出てきます。たくさん優れたRPGが出てきて、それで興味が上書きされたりはしなかったんですか？

ユウラボ　正直言えば、中学校のときなんかは多少上書きされてましたね。『ハイドライド』タイプのものってそんなに出なかったので。近いものとしては『ワルキューレの冒険』かな。『ゼルダの伝説』はディスクシステムなので、持ってないから遊べないし。

――パソコンゲーム系のアクションRPGって、ザックリ言うと『ハイドライド』派と『イース』派に別れると思うんですけど、『イース』には行かなかったんですか。

ユウラボ　中学のときは『イース』でした。『イース』と『ハイドライド3』が同時くらいなんで、見た目のポップさというか、わかりやすさでは『イース』のほうが上でしたよね。『イース』って、ビジュアルが『ハイドライド』の1作目に近いんで。

液晶画面の残像に悩まされたことも

――『ハイドライド』からは絵的にも影響を受けました？

ユウラボ　そうですね。でも、中学時代に直接的な影響を受けたのは『イース』と『サーク』。

――『サーク』って、マイクロキャビンの？　なるほど、あのふたつは似てますもんね。

ユウラボ　MSX2は、ゲーム中にリセットを押したら電源を切るまではV-RAMの画像が残ってるんで、それを保存してカラーパレットをゲームと同じになるように調整して、それを参考に自分のゲームのドット絵を描いたりしてました。

――すごい子供！　あの、『フェアルーン』っていうか、ユウラボさんの描くキャラクターって輪郭に特徴があると思うんですけど、『ハイドライド』って輪郭ないじゃないですか。

ユウラボ　ファミコン版はないけど、パソコン版には輪郭あるんですよ。ただ、輪郭で影響を受けたのは『ハイドライド』よりも、『ファイナルファンタジー』と『がんばれゴエモン』ですね。それまでファミコンのキャラクターで黒い輪郭がついてるのはあんまりなくて。

――ああ、そうですね。『ドラクエ』にも輪郭はなかったけど、『ファイナルファンタジー』にはありました。ユウラボさん、ブログに『フェアルーン』の開発エピソードを書かれていて、そこでキャラクターの輪郭線の話をされてましたよね。輪郭線がにじんで苦労したエピソードとか。

ユウラボ　にじむというか液晶の残像ですね。あれは3DSに搭載されている液晶画面の特性だと思うんですけど、黒はその部分の液晶がOFFになるんで。

――つまり黒い色を表示しているのではなくて、そこだけ液晶をOFFにして、黒く見えるようにしているんだ。

ユウラボ　そうなのかなと。だから、キャラクターに黒の輪郭があると、移動させたときに液晶のON、OFF、ON、OFFが行なわれて、それが残像のように見えるんじゃないかなと思って。他にも、色の濃さが極端に違ったり、色の組み合わせによっては変化が遅くなって、やはり残像が出る。

――こういうのは3DSで作り始めてから気がついたんですか？

ユウラボ　スマホとかって液晶の性能がいいんで、黒でもちゃんと黒が光ってたから全然大丈夫だったんです。ところが3DSで作り始めたらすごい残像が出て。だけど、プログラム的には問題ないし、なんでやろう……って悩んで、まあハードウェアの仕様上そうなっているなら、違う色を入れてみようって、暗い紫を入れてみたら残像が軽減された。

――へえ、おもしろいなー。遊んでいる側にはわからない苦労があるもんなんですね。

ドット絵を描くうえで影響を受けてきたゲーム

――他に、ドット絵を描いていて自分なりのこだわりというか、独自のドットテクニックみたいなものがあれば、教えてください。ブログでは「できるだけ描き込まない」なんておっしゃってましたね。

ユウラボ　レトロなドット絵っていうのは、どうしても解像度が低いですから。昔のハードウェアは斜めの線や微妙なカーブを描画するのが苦手なので、ドット絵のカクカクっとしたデザインを優先させた方がキレイに見える。たとえば花を描くときも、丸みを表現しようとはせずに、直線をメインにしてデザインします。これはぼくの好みもあるんですが、作業工数を減らす効果もあります。

――そう言われてみれば、人物やモンスターも形は丸っこいけど、ディテールはシンプルですね。これらの可愛らしいキャラクターって、何かからの影響を受けてます？　好きなイラスト、マンガ、あるいはゲーム……。ご自身の美術的なバックボーンと言いますか。

ユウラボ　なんでしょうね。マンガも普通に流行ってるものを読むくらいで……。ゲームに関して言えば玉木さん。『ランドストーカー』とか『シャイニング』シリーズの。

——あっ、それだ！　玉木美孝さんとユウラボさんとの間には、何か共通するものを感じます。

ユウラボ　あの方の絵柄が好きで、真似して描いたりしてました。あとはドラスレファミリーですね、『ドラゴンスレイヤーⅣ』。あれのMSX2版のドット絵がすごく好きで。

——さっきからけっこう意外なタイトルが出てきます（笑）。『ゴエモン』とか『ランスト』とか『ドラスレ』とか。でも、言われてみると、どれも「ああ、なるほど」と納得です。

ユウラボ　ぼくの『魔物スレイヤー』なんかは、完全に『ドラスレ』へのオマージュですから。

——大好きなゲームを見て、独学でドット絵の描き方を覚えていったわけですね。

ユウラボ　コナミの『ガリウスの迷宮』も好きでした。

——『ドラスレ』も『ガリウス』も横から見た画面ですけど、俯瞰画面よりそっちのほうがお好きなんですか？

ユウラボ　いや、ゲームとして遊ぶ場合は、横画面って苦手なんですよ。ジャンプするのがあまり得意じゃないから。でも、ビジュアル的に見ると横画面のものには多重スクロールがあったりしおもしろいんですよね。

口絵にも掲載している仕事場の風景。好きなものがスッキリと飾られている

懐かしさを売りにするのではないゲーム表現

現代風の表現として脈々と続くドット絵

——ユウラボさんにとって「生涯これ1本!」というゲームはなんですか?

ユウラボ　うーん、ここは『ハイドライド』と答えるべきのような気はしますが、この1本っていうのが思いつかなくて。もちろん『ハイドライド』には確実に影響を受けてますけど。

——では、いま気になっているゲームは?　できれば「このゲームのドット絵がいいんですよ!」みたいな感じで答えていただけると嬉しいんですが。

ユウラボ　海外のＳｔｅａｍっていうサイトがありまして。ＰＣゲームをダウンロード販売しているプラットフォームサイトなんですけど、そこに上がっているドット絵のゲームが刺激的です。作者たちがツイッターにいて、彼らからも影響を受けてます。

——Ｓｔｅａｍでドット絵のゲームを探すのは、どうやって検索するんですか?

ユウラボ　ツイッターで作者たちをフォローしていると、作ってる過程を逐一見せてくれるので、そこから広がっていきます。彼らも元々は何かに影響を受けて、「いまならドット絵でこういう表現もできるよね」みたいな感じで作っているので、その辺で共感できる部分が多いんです。

——そうか、ユウラボさんみたいな人が世界中にいるんだ(笑)。ゲーム機の性能が上がって、ゲームのグラフィックはどんどんリアルで緻密なものに向かっているけど、それとは別にドット絵のゲームを愛してる人たちがいる。

ユウラボ　スマホが普及して、コンパクトなアプリならひとりでも作れるし、そこにドット絵っていうのは適してるんですよ。それは海外でも同じで、ドット絵が現代風の表現として脈々と作られ続けている。特定の誰かということではなくて、そういう現象そのものに影響を受けますね。

——それはとてもいい話ですねえ。わたしなんかは80年代のファミコンのドット絵に興味を惹かれてこの道に入り、しばらくゲームを遊んだり、作ったりすることにのめり込んだわけですが、ゲーム業界全体がリアル思考に向かっていくことに馴染めなくて、その世界から離れたんです。でも、ユウラボさんのお話を聞いていると、ちょっとまたこの世界にもどってみたくなりました(笑)。

ユウラボ　ただレトロなだけじゃないところもいいんですよ。あの当時にはあまり見かけなかったパーティクルとか、いまの技術表現もあって。みんな基準以上のすごいものを見せようという勢いで作っていて、見ていてすごく楽しいですね。

日本のゲームと海外のゲームのいいところを合わせる

――いまの話を受けて「いま海外でドット絵のゲームが人気！」なんて言い切っていいのかわからないけど、かなり驚きましたし、意外な印象を受けました。そのあたり、ユウラボさんご自身ではどう分析されます？　なぜ、いま海外でこんなにドット絵が人気なんだろうって。

ユウラボ　海外のゲームって、日本人には馴染みのなかった時期がありますよね。クォータービューで、人間が斜めに立っていて、8頭身で、色もちょっとくすんでいて、でも動きがリアル。

――はい、ぼくは気持ちわるくて苦手でした（笑）。

ユウラボ　いまはその「動きがリアル」という部分が残って、ビジュアル的なとっつきにくさはなくなってきています。日本のゲームのいいところと、海外のゲームのいいところが合わさっている。ドット絵もファミコンっていう縛りで作ったりせずに、グラデーション入れていいじゃん、光の表現入れていいじゃん、ってやってるんで。

――それは自由ですねえ。

ユウラボ　日本のひとって、ファミコンっぽいものを作ろうってなったときに、キャラクターが4個並んでたら1体消えたりせなあかんのかな、とか（笑）、そっちのほうに行っちゃうでしょう。でも、海外のひとはそっちへ行かず、もうキャラクターを大量に出す。それで動きも細かくつけていく。ドット絵のいいところだけをうまく汲み取ってるんです。

――レトロゲームの様式美を守ろう、っていうことじゃないんですね。

ユウラボ　そうなんです。海外はそんなの関係なしです。

――ということは、ユウラボさんも海外のそういった方々に近い考え方で、今後もゲームを作っていく感じですか？

ユウラボ　そうですね。様式美に縛られることなしに、そのうえでドット絵を描き続けていくつもりでいます。

自分が好きだと思うものを作り続けていく

――話せる範囲でけっこうですので、いまどんなゲームを作っているのかを教えていただけますか。

ユウラボ　いま作ってるのはＮｉｎｔｅｎｄｏ Ｓｗｉｔｃｈ用のゲームで、４月の中旬以降だったら写真も出してもらって全然ＯＫです（取材は２０１７年３月に行われました）。タイトルは『神巫女‐カミコ‐』といって、和をモチーフにしたアーケードゲームっぽいアクションゲームです。

――あ、このグラフィックは輪郭がないんですね。

ユウラボ　そうです。海外のドット絵って輪郭がないのがけっこう多いんですよ。最初は海外を意識して、外人名でツイッターのアカウントを作って、外人が日本っぽいゲームを作ってるよ、みたいなおもしろさを狙ったんですが、スイッチで出すことが決まってネタを仕込んでいる余裕がなくなって。スイッチはリージョンフリーだから、だったら思い切り海外受けを意識したグラフィックにしようと。

――見下ろし型だし、剣を振ってるし、ゲームとしては『フェアルーン』に近いですかね。

ユウラボ　謎解きもありますからね。でも、アクション性は強いです。

――いいですね、見てるだけでワクワクする感じの絵です。

ユウラボ　それから、こちらのはSteamで作ってる『ピコンティア』というゲーム。ホントはこっちを先に完成させるつもりだったんですけど、『神巫女‐カミコ‐』が先になっちゃった。

――『ピコンティア』はどんなゲームですか。

ユウラボ　まあ『牧場物語』系のものにファンタジー要素を足した感じでしょうか。キャッチコピーは「箱庭系スローライフRPG」です。

――こっちの発売はもう少しあとですか？

ユウラボ　そうですね。年内にはなんとかしたいです。まずSTEAMで出して、そのあとコンシューマなんかにも移植する予定です。

――いやあ、どちらもすごく楽しみです。ドット絵のグラフィックって、懐かしさをアピールしてるものだと受け取るユーザーも多いと思います。でも、ピクセルアートは現在進行形の技術なんですね。教えていただいたSteamを見て、そんなことをすごく感じました。ユウラボさんご自身も、懐かしさを売りにしてるつもりではないですよね。

ユウラボ　ないです。懐かしさを売りにするんだったら、それこそファミコン縛りとか、MSX縛りで、スクロールも8ドット単位っていうふうに作りますよね。でも、いまはそういうハード上の枷がないのに、自分がそこにこだわるのはあまり意味がない。あくまでも、自分が好きだと思うものを作っているんです。

INDIESZERO 05

こだわり過ぎる会社 インディーズゼロ 編

▲写真左から田中伸明さん、松本義一郎さん、鈴井匡伸さん

1997年、鈴井匡伸さんが株式会社バンダイ（現・バンダイナムコエンターテインメント）から独立して創業。ゲームの歴史とともに積み上げられてきた懐かしさを感じさせる味わいと、いまも変わらぬおもしろさを提供し続けるソフトハウス。少数精鋭のスタッフたちが、遊び心と好奇心にあふれた社風の中で仕事をしている。『ゲームセンター CX 有野の挑戦状』や『超回転 寿司ストライカー The Way of Sushido』などを手がける。

インディーズゼロという会社の成り立ち

作ったものをお客さんに届ける循環の中に入る

――まずは鈴井社長の経歴を教えてください。

鈴井 はい、ゲームに関わるところから言うと、大学在学中に任天堂・電通ゲームセミナーに参加しました。卒業後はバンダイ（現・株式会社バンダイナムコエンターテインメント）に就職して、そこで佐々木さん（このインタビューにも同席されている佐々木夕介プロデューサー）と出会います。当時は隣の部署にいらして、何かと良くしていただいたんですよ。

――数あるゲームメーカーの中から就職先としてバンダイを選んだのはなぜでしょう？

鈴井 それはまあ、子供の頃からすごくオモチャ……というか遊ぶことが好きで、子供なりにずいぶんお金を貢いできたんですね。ガンプラだったり、ゲームだったり、毎月「コロコロコミック」を読んでは、そこに紹介されてるものが欲しくなるとお小遣いを前借りして……。

――なるほど、テレビゲームに限らず、遊びとかホビーとかをひっくるめてバンダイという会社に興味を持たれたわけですね。

鈴井 それから独立して会社を作って、気がついたらもう20年が経ちました。

――この会社、インディーズゼロを設立されたときにどんなビジョンがありましたか？ 会社を設立した夢とか、目標とか。

鈴井 そうですね……、一般的なステップで言うと、バンナムさんのようなクライアントがあって、ぼくたちのような制作会社があったときに、まず自分たちで企画を考えて、プレゼンをして、それがクライアントに承認されて、プロジェクトのGOサインが出て、実際にゲームを制作して、それを売っていくっていう、そうしたサイクルがありますよね。

――はい。

鈴井 そこから先も、流通さんや小売店さんの人たちが宣伝してくれて、ポスターを貼ってくれて、お客様が手に取ってくれて、遊んでみたら楽しいという。この循環するルートに自分たちが入りたかったというか、そのきっかけになるようなソフトを作りたい、という想いがありました。

――コンテンツの中身以前に、それらが流通するルートを意識されていた。

鈴井 そういうことです。それで会社を作って、20年経ったいまもその根っ子のところは変わっていなくて、やっぱりちゃんと自分たちで作ったものをお客さんに届けて、たくさんの人に遊んでもらえればうれしいっていう、もう本当にそれだけです。

——ベンチャーっぽくないですね。

鈴井　お金を稼ぐとか、人をたくさん雇って会社を大きくしていくとか、そういうことが目標じゃないんです。なんでうちは会社のスタッフが増えないんだろう？　と考えるときもあるんですけど、原点がそこだから。そうした目標に合う人たちを、社内のスタッフにしても、社外の取引先にしても、そういう視点で選択してるからなんだな、っていうのを最近は感じます。

——では、わりと会社の設立当初に思い描いたとおりにきている。

鈴井　そうだと思います。ただ、原型は同じでも、この業界の情勢は刻一刻と変わっていますからね。いまならスマートフォンとか、ゲームを遊ぶ場所はどんどん変わっているので、将来的にお客さんがどういう環境でゲームを遊びたいと思っているのか、自分たちはそこでどんなモノづくりをしていくべきなのか、そういうことは常にアンテナを張って情報収集しているし、新しい環境を理解しようとする姿勢が大事だな、と思っています。

日報メールで〝いま〟のおもしろさを共有する

——いま鈴井社長はおいつくですか？

鈴井　44歳（取材当時）です。こういう年齢になると、つい油断して「それは他人事」と思ってしまう部分もなくはないんですよ。だけど、LOL（League of Legends、PC専用のオンラインゲーム）が流行ってるよと言われたら、やってみたいなと思わなければいけないし、eスポーツなんかにも好奇心を持たなければいけない。そうしたことを踏まえて、自分たちには何が作れるのかな？　って考えていくことが大事なんです。

——そういう好奇心を維持していくのに苦労はされませんか？

鈴井　幸いなことに、うちは毎年、新人が3〜4人くらい入社してくれまして、その新人たちがいつもネタを持ってきてくれるんです。「こんな遊びがいま流行ってるんですよ〜」とか、「これやりましょうよ〜」って。そういうふうにして彼らが若い世代の窓口というか、いろいろ見せてくれるので、ぼくも彼らを夢中にさせている遊びやイベントに出掛けていったりします。

——それは勉強会みたいな仕組みを会社として作ったりはしてないんですか？

鈴井　そこまではしてませんが、「リアル脱出ゲームに行きますけど、一緒にどうですか？」という感じで自然に声をかけてくれるんですよ。『ラブライブ』の応援上映をやってるんで、行きたいやついるー？」とか。

——若いスタッフ同士はそういうこともあるでしょうけど、社長も誘ってもらえるんですか？

鈴井　そうですね。うちは社内全員が日報を毎日メールで共有する仕組みになっていて、そこに最近気になったことなんかを自由に書いてもらってるんです。その中で、これがすごいおもしろかったとか、いまこれが流行ってるとか、じゃあおれも今度誘ってよとか。そういうきっかけの話題は日報の中にだいたい入ってるので、そこからお昼ご飯のときとか休憩時間に声をかけ合ったりしてるんです。

――それはすごくいい形で会社の仕組みが回ってますね。でも、社長ご自身のことで言うと、たとえばそういう記述を目にしても年をとることで感性が鈍ってくるというか、つい腰が重くなったりするんじゃないかと思うのですが……。

鈴井　ピンとこなかったものもあるけど、みんなと一緒にやるとハマる感じはあるんですよ。スマホゲームも最初はあまりやらなかったんですが、『クラッシュ・オブ・クラン』が流行ったときに「鈴井さんもクラン団に入りましょうよ」なんて誘われて、「やるやる！」って入ってから3年経ちますけど、いまでも2日に1回は対戦してますからね。

――それは素晴らしいですね。なんでこの話題をしつこく続けたかというと、平均年齢が若い会社で孤立する経営者の悲哀、みたいなものが引き出せないかと思ったからなんですが。

鈴井　うちにそれはないですよ（笑）。

――インディーズゼロという会社に勢いがある理由がわかってきました。話をもどしますけど、参加してみたらおもしろかったっていう成功体験が蓄積されているから、好奇心が維持できているのかもしれませんね。

鈴井　さすがに「ついていけない……」って思うのはなんだろうな。400時間かけて遊ぶとか、そういう世界までいくとさすがについていけませんね。みんなゲームのクリア速度も速いし。『ゼルダの伝説』（ブレス オブ ワイルド）も、みんながもう終わってるのにぼくだけまだ最初の神獣のところだよ、とか。

――それはおそ～い。

鈴井　速度差はすごい感じますけど、そこはもうちょっとあきらめてます。以前は「悔しいっ！」とか思ってましたけど、もう勝てないです。尊敬しますね。新しく入社してきた若者から「ぼく、ルービックキューブはだいたい1分で解けますよ」なんて言われても、「ほ～ん」としか言えませんし。

――ほ～ん（笑）。

鈴井　ねえ、なんでもそうですよ。『スマブラ』だって若い人にはぜんぜん勝てないですよ～。

若いスタッフにベテランのメンバーがプレゼン

――番組内で有野さんからのインタビューを受けて、社内にファミコン好きが多いっておっしゃってましたね。

鈴井　はい。あれからすでに10年経ってます。

――あ、そうか。

鈴井　でも、うちにファミコン好きが多いことは変わりませんし、実際そのあとに任天堂さんの『ファミコンリミックス』（ファミコンの名作のキャラや背景をリミックスして新しいおもしろさを模索したソフト）の開発に関わらせていただいたりもして、継続的にそういう場――若者もファミコンをいまの現役の遊びとして理解するような機会――がありますので。やっぱりファミコンってぼくたちがエラそうにできる唯一のハードですからね。

――鈴井社長あたりの年代が、ちょうどファミコン全盛期の頃に子供時代を過ごされていましたよね。それより若いスタッフでも、ファミコン好きはけっこういるんですか？

鈴井　たまにいますよ。ドット絵が好きでこの会社を選びましたとか。『ファミコンリミックス』に興味を持って入社してくる人とかもいますから。

――ゲーム業界に入ってドット絵を描きたいけど、それを受け入れてくれる会社は減ってきています。まあ、当たり前の話ですが。そうすると、インディーズゼロさんのような会社は貴重ですね。

鈴井　いや、うちだって普段はドット絵の仕事なんかないですよ。ごくたまにあるくらいです。会社の20周年のときに社名のロゴをドット絵バージョンで作ったりとか、そんな程度。でも、そういうドット絵が主流の時代に培われた技術が、いまの仕事にも活かせているはずだし、ちゃんとその辺も知ったうえでものを作るのはいいことです。新卒で入ってくるプログラマーの中には、メモリ管理とか知らない人もいたりする時代なので。

――ああ、いまは容量を気にしてゲームを作ることって、ほとんどないんですね。

鈴井　そう。『ドラクエ』で使用頻度の少ない平仮名を削っていって容量を節約した、なんてエピソードをいまの人に聞かせても、なんなんだろう？　って。

――そういう昔のファミコンソフトの思い出というか、思い入れみたいなものも社内で共有しているんですか？

鈴井　まさに『有野の挑戦状』を作り始めたときのことですが、社内の若いスタッフにベテランのメンバーがプレゼンをしたんですよ。それぞれお気に入りのソフトをとりあげて、それのどこがおもしろかったのかと。みんなで会議室の床に座って、目の前にファミコンとテレビを置いて「おれがどんなにこのゲームを愛してるか」っていう。これを買ったときはどんな時代で、『Zガンダム　ホットスクランブル』だったら、これは限定の金色の特別バージョンがあって、それが欲しいがために買ったのに誰にも当たらなくて……っていうような話を、2～3日かけて朝から晩まですーっと。

――うわー、めんどくさい先輩たち（笑）。

鈴井　そういう時代の空気感ですよね。ハドソンの『迷宮組曲』だったら、これこれこういうことがあって、ファミコン神拳で「あたたた」がついたから買っちゃったんだよ～とか、「コロコロコミック」がめっちゃ推してたから買ってみたら、むっちゃ難しかった、とか。そういう話をたくさんして共通の知識がついたところで、『有野の挑戦状』の世界にはこういう架空の歴史を用意して、いまのユーザーにも同じような体験をしてもらいたいんだ、っていう。

――へぇ〜。それは『有野の挑戦状』を作るために役立つのはもちろんですが、スタッフ育成という意味でもすごく勉強になったでしょうね。

鈴井　なってくれたらうれしいんですけどもね。そういう話をする側はひたすら楽しかったですよ（笑）。話す内容が云々というよりも、「この人は昔にこんな楽しい思いをしてきたんだな」っていうことが伝わったんじゃないかな。

――いまの鈴井さんのお話からもすでに伝わってきてますよ。

鈴井　このプロジェクトのあとにバンナムさんで『タッチ！ダブルペンスポーツ』というゲームを作ったときも、スタッフ全員で何度もラウンドワンに行っていろんな競技をやりながら、ビデオカメラで撮ったりしてました。ゲームの中で9つくらいのスポーツを扱うから、みんなで体験しに行こうよって。最初にそういうことを1回やっておくだけで、そのあとの仕事の進み方は全然違ってくる気がしますね。

『ゲームセンターCX 有野の挑戦状』を作るべき会社

『マイティボンジャック』クリアの奇跡を目撃

――では、『ゲームセンターCX 有野の挑戦状』のお話をうかがいます。そもそも、あのゲームは『ゲームセンターCX』という番組の中で企画が立ち上がったんですよね。

鈴井　そうです。いちばん最初から話しますと、『オシャレ魔女ラブandベリー DSコレクション』の開発が終わって、セガさんに次の企画のプレゼンをしに行きました。その帰り、どしゃぶりの雨の大鳥居の喫茶店で反省会をしていたら携帯が鳴って、出てみたらバンナム（株式会社バンダイナムコエンターテインメント）の内山さん。「ゲームセンターCXっていう番組があるんだけど、それのゲームを作ってみない？」と。

――内山さんというのは、鈴井社長がバンダイに勤めておられたときの先輩ですね。

鈴井　そうです。じつはその1ヶ月くらい前に内山さんとは食事をご一緒していて、そのときに「いまこんな感じで会社をやっていまして……」って話をしていたんですね。そうしたら、「まだインディーズゼロという会社は、バンダイナムコと仕事するには早い」なんて言われまして。

——あらま、辛辣な。

鈴井　さらに「もっと組織力を高めて、これこれこういう風にしていかなければうちとは仕事できないよ」って言われたんです。

——先輩から愛のあるムチですね。

鈴井　その1ヶ月後に「どうも〜、内山で〜す。いまライン空いてる？　仕事しない？」って。「ゲームセンターCXって知ってる？」って言うから、「見てます。好きですよ」って答えたら、それをゲームにするんだけど、一緒にやろうか？　みたいな、そんな電話でした。

——わはは、ちゃんと先輩は気にかけてくださっていたんですね。

鈴井　それで勝手に妄想がふくらんだだけの企画書というか、落書きみたいなものを描いていったんですね。DSの上画面でレトロ風のゲームをプレイして、下画面にはそれを遊んでいる少年たちの姿が映っていて、ゲームしながらツッコミを入れたりボケたりするという。

——あ、でもこの妄想段階からかなり完成形に近いですね。

鈴井　そういうことがあってから、バンナムの佐々木さんから連絡をいただいて、まずは番組の皆さんにご挨拶しに行こうよ、と。それで「ちょうど『マイティボンジャック』に生挑戦するイベントがあるから見に行かない？」って言われて。

——それって、あの伝説のイベントじゃないですか！

鈴井　そう、一ツ橋ホールで満員の観客を前に有野さんがライブで挑戦したというあれ。最初はうまくいかずにグダグダしてたんですけど、だんだんうまくいきはじめてグワーッと会場中のテンションもあがって、最後、劇的にクリアーするところを見ちゃったんですね。

——あの奇跡を生で見ましたかー。

鈴井　それで、イベントが終わって楽屋までご挨拶に……と思ったら、佐々木さんに「今日は皆さん忙しそうだからこのまま帰ろう」なんて言われて。「ええ〜っ!?　ご紹介いただけるんじゃなかったんですか!?」って。

——わははは。でも、あの会場の一体感を味わったうえで、この『ゲームセンターCX 有野の挑戦状』が作られたのだと思うと、また味わいが深くなりますね。

インディーズゼロという会社に合ってる仕事

——プロジェクトがスタートしてから、番組内企画として、有野さんをはじめとする番組のスタッフ、バンナムさん、それにインディーズゼロの皆さんで企画会議を開きますよね。

鈴井　そうです。番組でも放映されていましたが、まずは番組側とか有野さんがどういうふうにしたいのか、ご希望をうかがいながら方向性を固めていきました。そんな始まり方でしたね。

——「つっぱり大名」とか「ハイブリッジ名人」とか、無茶なアイデアがいろいろ出ていました。実際にゲームを作らなきゃならない側としては困ったでしょう。

鈴井　番組が盛り上がれば、それは全然かまわないんです。うちとしては最初にお話をいただいたときから迷いはなくて、インディーズゼロという会社に合ってる仕事だなと思いました。ファミコンでゲームの開発を経験してきたメンバーが何人かいたので、ファミコンの内部構造を知ってるし、どういうデータで動いてるかも知ってる。当時を現役で仕事してきた人間が自分も含めて何人かいて、『ゲームセンターCX』の番組も見ていた。

——そりゃもう作るしかない。

鈴井　うちの田中（シニアグラフィックデザイナーの田中伸明さん）なんかは全話見てるんですよ。ご意見番としてこれ以上の人材はいないです。それで、なおかつ先方から要望はあるんだけど、ぼくたちからの提案も好意的に受け止めてくれた。最初からどこにも断る理由がないんです。チームとしてもみんなの力が生きるし、完成形のイメージも想像がつくし、唯一のネックは予算があまりにも安いことだったんですけど（笑）。

——有野さんご本人が何度もこちらに来ていたようですね。

鈴井　そうなんですよ。番組の収録も兼ねてはいましたが、それだけじゃなくて内容の確認とか、キーワードとして「これは入れたい！」っていうアイデアを持って、何度も来てくださいました。

——ただの仕事を越えた何かがありますね。

鈴井　常識的な無茶振りをいただきました（笑）。あまりにも非常識なやつはスルーしたり、ものによっては相談したりもしましたけど、でも、この無茶振りをどうやって実現してやろうか、みたいな気持ちではありましたね。

——まさに、有野さんから挑戦状を受け取ったようなもんじゃないですか。

鈴井　ほんと、そんな感じです。逆に、ぼくらの方からも、きっと有野さんはこういうの好きだろうなっていうアイデアを提案したりして。ツーコンふーふー（2P用コントローラのマイクを吹いて何かをするような裏ワザ）とか。企画を固めていく作業を通じて、そういう対話ができたというのは、非常によかったなあと思ってます。

——鈴井社長としては、古巣であったバンダイの先輩への恩であるとか、今後のお付き合いをさらに深めるためであるとか、そういったこともこの仕事の動機にはあったのではないですか。

鈴井　それもあるし、やっぱり単純に企画の内容が以前からやりたかったことでもあって、それはぼくだけじゃなくて、田中とか松本（デザインディレクターの松本義一郎さん）とか、社内の人間もみんなやりたかったんですよ。王道というか、ゲームらしいゲームというものを作る仕事がしたい。そんな欲求があったんですね。現場のみんなはそういうことに飢えていたと思うし。

誰もが喜べる仕事にこそ、いちばん力が出る

――田中さんは番組の中でも、『ゲームセンターCX』の大ファンとして登場されてましたね。あれを見て思ったんですが、最初に社長から「次はこういうプロジェクトをやるよ」ってきかされたとき、かなりうれしかったんじゃないですか？

田中　実際に第一報をきいたときはまだどんなソフトになるのか自分の中ではつかめていなかったので、驚きと困惑が両方あったという感じですね。あの『ゲームセンターCX』に関われる！　っていう喜びと、どうなるんだろう……っていう不安。そこのゆらぎはありました。その後、だんだんと企画意図が明らかになって、ゲームinゲームっていうスタイルでファミコンっぽいものを作るんだ、ということがわかってきたときはもう「うおお～、やったあ～！」って感じです。

――ですよねえ（笑）。

鈴井　開発の現場もうれしい、お客さんもうれしい。そんなふうにみんなのテンションが上がるものを作れるというのは、いちばん力が出るんです。

――鈴井さんたちもテレビに出るっていうのは、最初から決まっていたんですか？

鈴井　そうですね。あの企画会議もそうですし、制作過程を逐一番組で見せていくことはもう決まっていました。それは我々にとっても会社の宣伝になるから、メリットがありました。

――逆に、人気番組のゲーム化ということで、プレッシャーもあったのではないかと思うのですが。

鈴井　それはまったくありませんでしたね。むしろ、自分たちが作るものをお客さんは絶対に喜んでくれると思い込んでいて、プレッシャーとか、これがおもしろくないとか、全然疑っていませんでした。だって、自分も含めて当時の子供たちが最高に熱を上げていた時代そのものを作るのだから、それはおもしろくなるに決まっていると信じてました。

――開発スタッフはどういう編成で取り組んでいったのでしょう。

鈴井　当時は社内に2チームあって。

――1チームあたり何人くらいですか？

鈴井　だいたい10人、10人ずつだったと思うんですが、そのうちひとつのチームは別のタイトルの制作をしていたので、残りのもう1チームが引き受けたという感じ。

――では、その『ゲームセンターCX 有野の挑戦状』を作るチームは最初から決まっていた、ということになるんですかね。わたしは社長がみんなを集めて「これやりたい人～？」って志願者を募ったのかな、なんてイメージしていたんですが。

鈴井　そういう感じではなかったですね。別タイトルのほうもちゃんとクオリティの高いものを作らないといけなかったし、それぞれのプロジェクトに適性の合うスタッフを振り分ける、そういう人選にはすごく神経を使いました。

――すると、田中さんが『ゲームセンターCX 有野の挑戦状』の開発メンバーに入れない、なんて可能性もあったのでは？

鈴井　さすがにそれはないよね（笑）。

田中　他のプロジェクトの進行状況によってはそういう可能性があったかもしれませんが。

――田中さんが『ゲームセンターCX』の大ファンだというのは、社内で知れ渡っていました？

田中　いや、とくにそういうわけではなかったと思います。

鈴井　我々は、ほんとに狭い小さな会社ですので、そういう話が出たらすぐに「あ、それぼく大好きで！」という会話が発生しちゃうような距離感なんですよ。ぼくがメーカーさんから仕事の相談をもらってきて、こんな話が来てるんだけど……って社内で話したら「おお、何々？」ってみんなで考えるっていう。

――朝礼で「今期はこれこれこういうプロジェクトがありまして……」とか、そういう上意下達の感じではないんですね。

鈴井　社内じゃ誰もぼくを社長と呼びませんから（笑）。ぼくが決定事項を伝えるというよりも、まず「こんな話が来てるよ」っていうところから話しちゃって、その時点でみんなの反応や空気を見ながら、これはいけそうだなとか、これはちょっとやめた方がいいのかなとか、そういう仕事の進め方をしているんです。

――『ゲームセンターCX 有野の挑戦状』は、そういう社風ともピッタリ合っていたんですね。

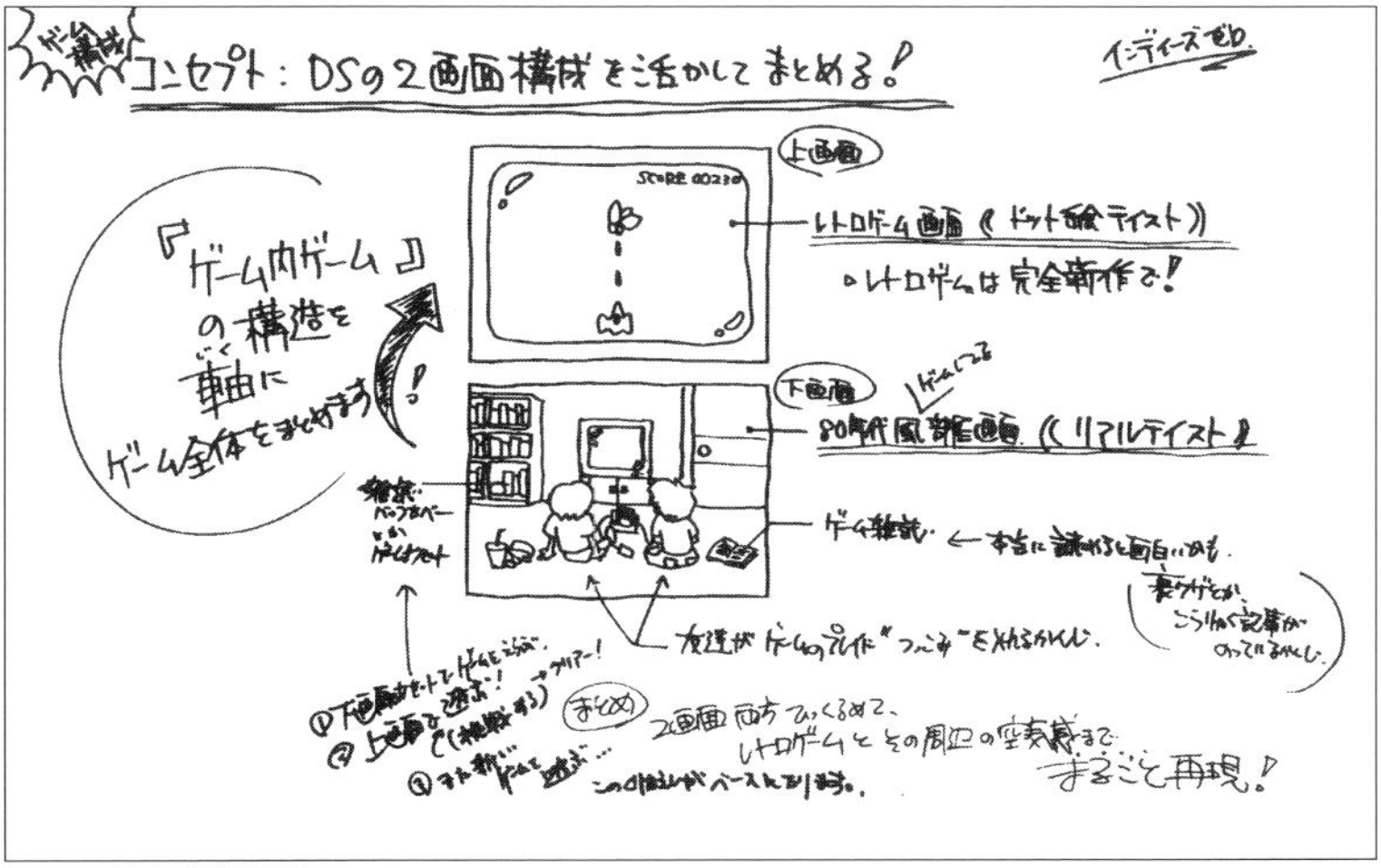

ゲーム企画妄想段階のスケッチ

あの頃のゲーム状況を再現した6ヶ月間

ミニゲームではなくて、しっかり遊べるゲームが10本も収録されている、というつもりで作りましたから。

――たしかに。全然ミニゲームじゃないですね。

鈴井　それぞれ普通に何十時間も遊べるし、エンディングもありますし。「ゲーム-i-nゲーム」って名称は佐々木さんが発案者でしたね。誰かが「ゲーム内ゲーム」って言ったら、佐々木さんが「ゲーム-i-nゲーム」って言い換えて、おお〜なんかいい響きじゃない？　って。

――1本1本のゲームがよく出来ているということもあるし、部屋の中で2人がゴローンとしていて、棚にゲームカセットを取りに行ったり、ゲーム雑誌を見たりとか、ゲームの枠組みがカチッと作られているから、ボリュームが少ないなんて印象はまったく受けません。

鈴井　そういう風に必死に作りました（笑）。

――こういう構成のゲームだと、つい、家の外に出るとか、ショップに新作ゲームを買いにいくとか、そういうイベントのアイデアも入れてしまいがちですよね。

鈴井　そこをグッと我慢して、部屋の中での出来事の密度を上げていくことで、完結するように努力したんです。部屋に置いてあ

しっかり遊べるゲームが10本も収録されている

――企画会議の様子を番組で放送していたとき、「ミニゲーム集はどう？」という提案に対して、佐々木さんが「ミニゲーム集にすると開発期間が延びますよ」と。そんなふうに返答されていました。でも、結果的に『ゲームセンターCX　有野の挑戦状』はミニゲーム集に近いものになりましたよね。それはなぜでしょう。

佐々木　それはミニゲーム集という言葉をどういう意味にとらえるかだと思います。パーティーゲームで100本近く収録されているものなんかがあるので、ミニゲーム集にするって言うと、それくらい入っていてもおかしくないんじゃないかって見られたりすることもあるので。

鈴井　たとえばそれが30〜40本だったとしても、それだけの数のミニゲームを作るのはそんなに簡単なことじゃないです。そういうゲームをあらかじめ作っている会社だったら、流用できる部分もあるかもしれませんが、当時のうちはゼロベースだったので。

――10本っていうのが現実的なセンだった？

鈴井　10本でも精一杯やったつもりだったんですけど、そもそも

るゲーム雑誌に裏技とか小ネタを入れたりしてね。

あの頃のゲームの平均値を作る

──それぞれのゲームの出来もいいのですが、その取扱説明書がまたよく出来ていましたね。

鈴井　うちの会社には、ぼくの私物なんですけどファミコンの取説とか、当時のものがすっごいたくさんあるんですよ。だから、何年頃の取説はまだ2色刷りだったので、このゲームの取説もこんな感じの色にしようとか、当時の質感まで再現して。で、あとから出てくるゲームの取説は色数が増えたりして。

──パッケージゲームの進化の追体験ができる。

鈴井　最初に、収録するゲームのタイトル名と、こんな要素を入れたいって概要だけ決めたら、あとは歴史年表というか、あのゲームの中の世界でどんな時間軸があって、現実の世界と比較したらどんなふうに時代が進んでいくのか、そういうところをけっこう作り込んでいったんですよ。シナリオだとか会話の流れを作ったのはそのあとですね。

──収録されてるゲームも、いかにも「あの頃こんなゲームあったよね」って感じのものになっています。わたしが具体名を出して言ってしまうのはいいことじゃないかもしれませんが、ああ、これは『ギャラクシアン』だな～とか、そういうふうに元ネタを探す楽しみもあります。

鈴井　開発現場での統一見解としては、1つのゲームに、少なくとも3つはオマージュしようって決めてました。何か1つのゲームにだけそっくりなものはやめようと。たとえば『ハグルマン』だったら、『忍者じゃじゃ丸くん』にも見えるし『影の伝説』にも見えるし、っていうハイブリッドな感じですね。それでいて、ゲーム性自体はちゃんとオリジナルなものを作る。

──ある写真家が、たとえば日本人の女性の顔を何十枚も撮って、それを透過させて重ねるとボンヤリとした日本人女性の平均的な顔が出来るという、そんな作品を見たことがあるんですけど、それに似たものを感じます。80年代にたくさん作られた横スクロール忍者アクションゲームの平均値、みたいな。

鈴井　ここも具体名は伏せますが、ある有名な作品をモデルにしたゲームを作ったときは、ちゃんとそのオリジナルの作者にシナリオチェックをしていただいたんですよ。あまりにも似すぎることがないように。それと、ゲームの中に登場するゲーム機だってファミコンではないし、セガマークⅢでもない。

──色が赤と白で、形が横に長い。ファミコンとセガの中間をとった感じですね。

鈴井　基本はあの頃のゲームを作ってきた人たちへのリスペクトで出来ていますから、各方面になるべく迷惑がかからないように。

──現場の開発も大変だったとは思いますが、プロデューサーもいろいろと気を揉んだ仕事だったようですね。

鈴井　ひとつひとつ確認は入れていきましたね。『トリオトス』も、先行する同種のゲームの特許に抵触しない、限られたルールの中でおもしろくするっていう条件で企画を練りました。

やりたいことをやりきった6ヶ月

――開発期間のことも教えてください。最初にプロジェクトはどのくらいの期間を想定してスタートしたんでしょう?

鈴井　たしか最初は9月に出したいって言われて、でも、それはスケジュール的に難しいからギリギリまで延ばしてほしい。でも、年末商戦にかかると大変だから、それより少し前には売りたい。それでバンナムさんと相談した妥協案が11月でした。ということは、開発にかけられた時間は6ヶ月くらいですかね。

――短いなー。

鈴井　その中でベストを尽くすためには、当初、作るつもりだったゲームの本数を絞り込んでいって、本当はベルトスクロールアクションの『ヤッタロウ』っていうのも作りたかったんですけど残念ながら早めに諦めて、それでもかなり粘って様々なモードを入れて単独でも遊べるようにして……っていうことをずいぶんやりました。

――ゲームがたくさん入っているとデバッグも大変でしょう。

鈴井　マスターアップの寸前にですね、『スタープリンス』っていうシューティングゲームで重大なバグが見つかっちゃったんですよ。異常に得点がいっぱい入っちゃうみたいな。

――それは困りますね。シューティングはスコアが命みたいなところがあるから。

鈴井　さすがにそれは直したいって現場のプログラマーが言って、もう明後日には工場にROMを入れなければならないというようなタイミングだったんですけど、佐々木さんが「とにかく1ヶ所だけ直させてください!」ってお願いしてくれて。「直してもいいけど、そのあと何十人かが24時間セルフチェックした、っていう動作実績がないと工場には入れられないんで、あなた方も徹夜でチェックをしてくるなら直してもいいですよ」って言われて、「しまーす!」って。

――最後の粘りどころですもんね。

鈴井　それで、みんな和室で転がりながら延々と24時間ゲームをやってたのは覚えてます。発売から逆算すると、9月にはマスターアップしなきゃいけなくて、でも9月ってことは、3月からスタートしてやっぱり6ヶ月しかない。

――そんな短期間でこのボリュームはすごいです。

鈴井　もう二度と作れない。これ、当時のカレンダーですけど、ゲームショーの日程とか、スタッフ割当てとかも全部ビッシリ書いてあって、これぐらい緻密にスケジュール管理しないと終わらなかった。ただ、すべては「やりたいことをやってるんだからしょうがないや」って感情で、ひたすら楽しかったですね。

ゲームが作られ流通するまでを閉じ込めたゲーム

昔のゲームの嫌な部分を真似しても意味がない

――ここでドット絵というか、グラフィック全般に関するお話をきかせてください。たとえば、この『課長は名探偵』は『有野の挑戦状2』の方に収録されているゲームですが、皆さんの似顔絵がすごくいい味を出してるんですよね。

鈴井　これが内山さん、佐々木さん、(バンナム当時の)石川社長もいるし、(番組プロデューサーの)菅さんもいるよ。みんな似せるように一生懸命描いたよね。

田中　これをファミコンでやれと言われたら、制約があって厳しいんですけど、ニンテンドーDSはV-RAMの領域が広いんで、技術的にはそれほど大変ではありませんでした。

鈴井　そこは楽だったよね。半分嘘っていうかね。

――嘘?

鈴井　ニンテンドーDSのカラーパレットを使いながらも、ファミコンのときのような色数の少ないパレットをベースにしよう、ということです。スポイトで抽出した色のデータ値をベースに、ちょっとDS用の発色の調整をするけれど、実際のファミコンの52色だけを使ってグラフィックを描く、っていうふうにやったんです。

田中　手間はかかるけど、絵を描くには余裕があるので、ファミコンのハードで開発していたときよりは、ずっと仕事がしやすいんです。

――それであのファミコンらしさが出た。

田中　いちおう言い訳としてはファミコンではなくて、このゲームの世界で流行している「ゲームコンピュータ」っていうオリジナルのハードなんです。通称は「ゲーコン」。

鈴井　だからぼくたちもそれ用のゲームを作るときに、昔のファミコンソフトの嫌な部分まで真似しても意味がないでしょう。たとえばスプライトがたくさん並ぶとキャラクターがチカチカして見えなくなるとか、操作性が無駄に悪いとか、そういうマイナスの部分まで再現するのではなくて、楽しかった部分だけを美化して、思い出の中の8bitっていうものを作ろう、と。

――ゲーム開発の作業工程の中で、グラフィック作業が占める割合って大きいですよね。ゲームinゲームという形式をとると、企画も複数考えなきゃいけないし、グラフィックもゲームの数だけ描くことになります。だから、グラフィックチームの作業量が膨大だったのではないか、と思うんですけど。

鈴井　まあ、田中はファミコンのチップだとどのくらいの絵を描けばいいのかを知っていましたし、松本もゲームボーイアドバンスの時代からずっとドットを打っていた人間なんで、このくらいはやってくれるだろうなって期待感もありましたし、もうひとり、すでに退職していまはフリーになってるんですけど、シューティングが得意な武田ってやつがいまして、彼ならシューティングはこれくらいの仕事をこなしてくれるだろうな、とか。もっと言うと武田は絵を描くだけじゃなくて、元々ディレクターをやってたんですよ。だからレベルデザインまでやってくれる。松本もその点では同じ能力がある。

――昔はそうでしたね。少人数で開発するので、絵を描く人がプランニングもやったり、プログラマーが音楽も作ったり。

鈴井　そうですそうです。これまでぼくらは下請けのソフトハウスとして、ゲームの中のドット絵を作っていればよくて、取説とかパッケージ周りのアートワークはメーカーさんがやってくれたりしました。でも、『有野の挑戦状』では、そうした部分まで自分たちの仕事としてやるので、正直「キツイなあ……」とは思いましたが、ゲームが出来て、パッケージも作られて、ゲーム雑誌で紹介するためのレイアウトのことまで考えて、という工程をすべて自分たちで体験できたのはおもしろかったし、とても有意義でした。

ゲーム進化の歴史を再現したグラフィック

――『有野の挑戦状』には、すでに『からくり忍者ハグルマン』がシリーズ『1』『2』『3』と3本も入ってますね。これは作業を軽減するためでしょうか?

鈴井　というよりも、ゲームの進化の歴史を体験してもらうために、あえてそうしてるんです。

田中　グラフィックは見た目にもわかりやすい部分なので、『ハグルマン』の数ヶ月後に『2』が発売されるなら、当然、前作よりもグラフィックが少しゴージャスになってるはずだよね、って。

――ああ、そういうことか!

田中　『1』の段階では背景のチップも2色くらいしか使わないでおいて、次にパワーアップした『2』が出たぞ！　みたいなことを企画の最初の段階で決めておきました。だから『1』では簡素に描かれていた歯車が、『2』ではもっときれいになる。あのー、ファミコンは時期が経つと黒の使い方がおもしろくなってくるんですよ。

――それはどういうことでしょう?

田中　たとえば『悪魔城ドラキュラ』とか上手かったですね。それまでのゲームは、背景を1枚のタイルで普通にパタパタとやっていたのが、黒のヌキ色を活かした、より重厚感のあるものになってるんです。その後、他のメーカーでもそういう作品が増えていった時期がありまして、その雰囲気を『ハグルマン2』でも再現してみたわけです。

鈴井　そのへんは最初に全部決めてたね。それを実現するためには、こういうふうに絵を描いてほしいって。そうすると、先ほどとみさわさんがおっしゃった「作業を軽減する」ことにもつながります。

――少しずつグラフィックが豪華にはなるけれど、流用できる部分もある。

鈴井　そうです。これとこれのデータは共有できるから、両方合わせても3ヶ月半あれば作れるだろう……とか、パズルのようにやってました。

田中　『ハグルマン』なんかは……これはいまならもう言えることだと思うんですが、プログラム的には『1』も『2』も同じもので動いてるんですよ。で、『1』はあえて横方向へのスクロールしかさせていなくて、『2』では高さ（縦方向へのスクロール）もある。そういうところでまったく別の2本のゲームが入っているように見せておいて、実は開発の労力的には1本分だという。

鈴井　当時のゲームは、そういうものが多かったんです。ある有名なアクションゲームでも『2』は『1』のマップを変えただけ、なんていうのがありました。それはあらかじめ想定していて、逆順で作ったっていう話なんですけど、田中とかはそれをいちいち説明しなくても、1言えば5くらいわかってくれる。だから、これほどのスピードで作れたというのもありますね。

実際のレトロゲームよりレトロっぽく見えるように

――このプロジェクトで、田中さんはおもにどういう作業を担当されました？

田中　『ハグルマン』では、『1』『2』『3』のドットを描いています。あとは『ガディアクエスト』の背景とキャラクター。モンスターデザインは松本です。

鈴井　あと、松本はパッケージの絵なんかも描いたよね。

田中　基本の『ハグルマン』のキャラクターと、背景のチップは全部自分でやりました。

鈴井　それ以外にも、田中はドット側のチーフみたいなことをやってくれていて、他のゲームで使うアルファベットフォントも、これを用意して共通でこれ使おうぜとか、基本パレット用意したからみんなこれ使って、みたいなまとめ役をしてくれたので。

――それは頼もしい存在です。

鈴井　ゲーム外のUIデザインとか、外側の世界とか、それぞれのタイトルでこんなことをしたいっていうのを伝えながら、一緒に作っていった。みんなが自分の担当以外のゲームをかなり遊んで文句を言い合って、「こうしたほうがよくない？」とか、流動的に口出しをしながら全体をみんなで作っていったんですよ。

――ファミコン時代よりもいまは格段にゲーム作る作業が専門化、細分化していると思うのですが、お話を聞いていると、まるで別の世界のようです。開発機材が発達して、作業の風通しが良くなった、ということはありますか?

田中　そうですね。たとえばマップを作るにしても、当時の環境だったら1画面1画面を作って、つなぎ合わせて、みたいに面倒なことをしていたんですが、いまはでっかいビットマップをベースに、Windows上でバタバタと当たり判定つけて……というふうに作業が軽減できたり、歯車の回転アニメを作るのも、以前ならひとつひとつ角度の違うドットを打っていったんですが、いまはPhotoshopで複製して角度を変えたものをグラフィックツールに落とし込んだりとか、簡単にできます。

鈴井　当たり前だよね。当時の機材の制約や開発の苦労までは、お客さんも求めてないですから（笑）。

田中　制約の再現をしたとすれば、色数と、解像度と、雰囲気と、みたいな。

鈴井　『ハグルマン』は、パレットひとつにプラス赤を重ねたオブジェで持ってるっていう設定で。他のキャラより1色多めに入ってるとか、そういう自分たちのお約束を作って。

――設定で（笑）。

田中　ファミコンだから、1スプライトは3色まで。でも、主人公だけは特別に1色、1スプライト多く持ってる。他のキャラクターはそれがないのでみんな3色で描かれている、みたいな設定。

鈴井　そういうことの積み重ねが、実際のレトロゲームよりも、よりレトロっぽく見えるような仕上がりにつながっているんだと思います。

――むしろ、余計にひと手間かかってますね。そうした作業工程をお聞きすると、やっぱり半年でこれをよく仕上げたなあと（笑）。

鈴井　1ヶ月に1本ゲームを作ってるようなもんですからね。いちおう2ヶ月かけて作って、3ヶ月目にバランスをとって、というくらいの感覚ではあったんですが、3チームに分かれて、企画は兼務とか、そんな感じでギリギリのスケジュールを引いてまとめました。

年月日	分類	できごと
1986年		
3月21日	ハード	『ゲームコンピューター　フロッピードライブシステム』 発売。
3月	雑誌	ゲーファン86年4月号でガディアクエスト最初の発売日が発表。
春ごろ	ソフト	小梅ファンクラブ入会特典ゲーコン用ソフト『からくり忍者ハグルマン小梅版』(ACT) 店頭に登場。
6月3日	ソフト	ゲーコン用ソフト『スタープリンス』(STG) 発売。
6月	雑誌	ゲーファン86年7月号でガディアクエストの発売延期が報じられる。
7月	雑誌	ゲーファン86年8月号にてササノ編集長退任。
夏ごろ	話題	昨年その名前が知られるようになったアベ名人が、 TOMATOのゲーム大会「スタープリンス甲子園」にて14連射を披露。一躍子供たちの人気者に。
7月ごろ	話題	スタープリンス専用連射コントローラー発売。周辺機器としては異例の大ヒット商品に。
9月26日	ソフト	ゲーコン用ソフト『デーモンリターンズ』(ACT) 発売。
9月	雑誌	ゲーファン86年10月号にてウラカワ編集長就任。
夏ごろ	ソフト	大会用特別版ゲーコン用ソフト『ラリーキングEX』(RCG) 店頭に登場。
夏ごろ	ソフト	大会用特別版ゲーコン用ソフト『スタープリンスSA』(STG) 店頭に登場。
秋ごろ	ソフト	懸賞で当たるゲーコン用ソフト『ラリーキングSP』(RCG) 当選者に発送。
秋ごろ	話題	ギアーズからキベ名人が登場。 アベ名人と一文字違いのため、アベ名人がやってくると勘違いしてガッカリする子供が続出。
12月10日	ソフト	ゲーコン用ソフト『からくり忍者ハグルマン2』(ACT) 発売。
12月	雑誌	ガディアクエストの発売延期がゲーファン87年1月号で報じられる。同時に訂正した発売日も発表される。
12月ごろ	話題	ハグルマンがまさかの実写で映画化されると報道。
冬ごろ	話題	ありの少年のオカン、ハグルマン2にハマる。

年月日	分類	できごと
1987年		
4月	雑誌	ゲーファン87年5月号でガディアクエストの発売延期が報じられる
4月2日	ソフト	ゲーコンFDS用ソフト『課長は名探偵　前編』(AVG) 発売。
4月ごろ	雑誌	ゲームファンマガジン誌上でコントリーラTシャツプレゼントの懸賞開始。
5月25日	ソフト	ゲーコン用ソフト『ガンデュエル』(STG) 発売。
5月ごろ	雑誌	コントリーラTシャツプレゼントの懸賞にありの少年が当選。
6月27日	ソフト	ゲーコンFDS用ソフト『課長は名探偵　後編』(AVG) 発売。
夏ごろ	話題	TOMATO主催の「ガンデュエル甲子園」が開催。スコアアタック大会の他、 アベ名人と協力プレイできるサービスデーに人が集まり前年以上の好評を博す。 過酷な連続プレイの影響で腕を負傷したアベ名人は14連射がままならなくなり、徐々に表舞台から姿を消す。
9月11日	ソフト	ゲーコン用ソフト『ガディアクエスト』(RPG) 発売。
秋ごろ	話題	ガディアクエストのウソ攻略情報が流れ始める。
1988年		
1月	雑誌	ゲーファン88年2月号でアメリカから帰ってきたトージマ編集長が登場。
1989年		
5月27日	ハード	『ゲームコンピューターmini』 発売。
6月14日	ソフト	ゲーコンmini用ソフト『トリオトス』(PZL) 発売。
6月	雑誌	ゲーファン89年7月号では、社会科見学で編集部を訪れた小学生が一日編集長に。
6月	雑誌	ゲーファン89年7月号でガディアクエストサーガの情報初出。ゲーコンミニでの発売が報じられる。
7月21日	ソフト	ゲーコン用ソフト『からくり忍者ハグルマン3』(ACT) 発売。
7月	雑誌	ゲーファン89年8月号にてイノコMAXが編集長に就任。
7月ごろ	話題	ハグルマンチョコ(シールのおまけ付き)が発売。後にチョコ菓子の処遇を巡って大もめに。
秋ごろ	話題	ありの少年のオカン、トリオトスにハマる。
12月31日	話題	80年代最後の日。挑戦状1のプレイヤー、未来に帰る。

開発にあたって作られた架空のゲーム年表

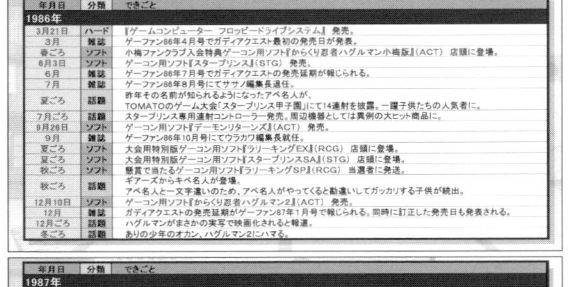

現実と似ているパラレルなゲームの歴史

ゲームソフトを買ったときの喜びを追体験する

鈴井　これはCEDECで講演したときのパワポ資料なんですけど、ノスタルジックなゲームの現代的パッケージング手法ということで、『ゲームセンターCX 有野の挑戦状』の開発事例を話しました。制作課題がどのようなものだったか、こんなだったよ、と。あったあったリストを作って、そこから何を入れようか、とか。

——あったあったリストって、なんです？

鈴井　ノスタルジーをテーマにしているので、あの頃のゲームの思い出ですね。たとえばバックアップ電池が切れるとか、猫にリセットボタン押されるとか。

——ここに「世界一有名なヒゲのおじさんに友情出演してほしい」とか書いてあります。

鈴井　それはたぶん有野さんが言ったんですけど、有野さんの要望はできるだけ入れてあげたい。さすがにヒゲのおじさんは無理でも（笑）、ヒロインは必ずさらわれるとか、（土管で）ワープしまくるとか。そういう思い出の共通体験を集約していこう、っていうコンセプト。

——それがあの下画面の〝部屋〟に集約されている。

鈴井　母親とか友達との雑談、攻略本、電話っていう、当時のメタなネタが全部入ってる。そういう構成にしました。先ほども言いましたが、取説も時代ごとに色の感じが変わっていくような部分まで再現することで、あの頃ゲームソフトを買ったときの喜びとか楽しさが追体験できる。

——収録ソフトのラインナップにもそのへんのことが表現されていますね。

鈴井　そうです。『ラリーキング』はSPバージョンも入っていて、ようするに懸賞ソフトですよね。『スーパーマリオブラザーズ』にはオールナイトニッポン・バージョンがあったし、『グラディウス』にもアルキメンデス・バージョンとかあったじゃないですか。

——あったあった！

鈴井　そういうのがこのゲームの中にも出てくることで、プレイヤーに「あったあった！」と思ってほしい。

——わたくし、思うツボです。

鈴井　『スタープリンス』とか『ガディアクエスト』はあの頃らしいRPGの再現で、『ハグルマン』はシリーズを重ねるごとに進化していく様子の「あったあった感」をやりたかった。さらに言うと、『有野の挑戦状』1作目の全体テーマは「ソフトの進化」で、2作目は「ハードの進化」だったんです。だから2作目に収録した『ウィズマン』はゲーコン用ソフトだし、『無敵拳カンフー』はゲーコンのライバル機（という設定）のENTER-M2000用のゲームだったりするんです。

田中　だからドットの発色もゲーコンとはちょっと違うし、音源も違うんですよ。

鈴井　『ガディアクエスト』とか『トリオトス』はコンピュータミニ（ゲームボーイのようなものという設定）の白黒機用ソフトからカラー機用ソフトになって、最後はスーパーゲーコン（スーパーファミコンの……以下同じ）になりましたよ、っていうハードの進化の変遷をストーリーで追いかける構成にしてね。

――現実とはパラレルな歴史を作ってしまった。

鈴井　この時期にこういう出来事が起きたよね、っていうのを全部年表にして、それを元に各ソフトの発売日とか、ソフト同士の関係性みたいなものをシナリオとして起こしていって、そこに例の「あったあった感」を盛り込むことで、ゲームに詳しいユーザーが遊んだら「これはあのゲームのことじゃない？」なんて推理できるような、そういう整合性が取れるように。

――ひゃあ、それは大変な作業だったでしょう？

鈴井　でも、楽しかったです！

――ですよねえ～。

架空なんだけど本当にあったような気持ちになる

鈴井　楽しくなかったら、こんな手間のかかることできないですよ。自分の中学時代、『ファミマガ』とか『ファミ通』とか買ってきて、蛍光ペンでソフトの発売日リストに色をつけて、友達と「来週これ出るんだぜ～」って言ってた、あの感じ。それを思い出しながら作っただけなんで、なんかもう本当に、自分が楽しかったことを年表に書き起こしたっていう感じですよね。

――でも、懐かしさだけで作られているわけでもなくて、下画面のゲーム部屋の役割りとか、チュートリアル的な部分、つまり遊びやすさにもすごく気配りがされたゲームだ、という印象を受けました。

鈴井　ありがとうございます。そのいちばんわかりやすい例が「アリーノーからの挑戦」だと思うんですが、有野さんをモデルにした「魔王アリーノー」っていうキャラクターを立てて、これにチュートリアルとしての役割りを持たせるようにしています。

――アリーノーからの4つの挑戦をこなしていけば、ゲームの遊び方が自然に身についていく。

鈴井　昔のゲームは知ってるから親しみやすいけど、新しいゲームはおもしろさに気づく前にやめてしまうことがあるんですね。それではもったいない。だから、まずはこの4つの挑戦をやればゲーム性がだいたい理解できて、あとは自由に遊べるようになってストーリーが進んでいく、そんな構造にしました。

——レトロゲーム風とはいえ、遊ぶのはこれが最初なんですもんね。

鈴井　あとは……架空の会社のロゴも作りましたし、各ゲームの広報戦略まで決めましたね。ゲームを開発して、それに対するリアクションまで作って、裏ワザと攻略法があって、それをパッケージにして流通させて、そういう実際にゲームが世の中に広がっていくリアリティを感じさせるような情報量を詰め込んでいく。

——いや、ほんと〝あの頃〟の詰め込みっぷりがハンパではないです。

鈴井　この『課長は名探偵』なんかも、グラフィックを見ると『ファミコン探偵倶楽部』っぽいかもしれないけれど、必ずしもそれだけを再現しているわけではなくて、『さんまの名探偵』だったり、『探偵神宮寺三郎』だったり、『オホーツクに消ゆ』だったりというように、同じジャンルのゲームがきれいに混ざり合ったようなものにしたいな、っていう思いで作っています。

——『トリオトス』なんかもそうですね。

鈴井　ええ。『テトリス』は4じゃないですか（テトリスの語源となった「テトラ」はギリシャ語で「4」の意味）。だったらぼくらは「3」で勝負しようってことで、ブロックのピースを3つにして、なおかつ『コラムス』でもなく『テトリス』でもないゲーム性で、気持ちよく爽快感もあって、しかも既存の作品の特許を侵害しないようなゲームシステムを作る。そんな条件を全部クリアしたっていう。

——また、ずいぶんとハードルの高いことを（笑）。

鈴井　難問ですよねえ！　でも、架空なんだけど本当にあったような気持ちになるっていうところを目指して、そのためにはゲームの中身も大事ですが、その外側を取り巻くパッケージ構造がすごく大事だったと思ってます。……これもね（と『無敵拳カンフー』の開発資料を指差しながら）楽しかったよねえ。『カラテカ』でありながら、『スパルタンX』でありながら、他のゲームでもあるみたいな。斜めに飛ぶところはあのゲームにあったけど、それを使って他の敵も吹き飛ばせるのはこのゲームのオリジナル要素だとか、とてもただ単に既成のゲームを真似ただけっていうようなものではなくて、ちゃんとこのゲームならではの気持ちよさが入ってる。

——いやあ、10年も前にやった仕事をいまでもこうして生き生きとお話されていることに、驚かされます。それだけ鈴井さんというか、インディーズゼロという会社にとって重要なプロジェクトだったのでしょうね。

人生でシューティングを作るチャンスがあるとは！

佐々木　『無敵拳カンフー』って、疑似対戦できた？

鈴井　できます。佐々木さんが「対戦させてくれ」って言ったんですよ（笑）。2P VERSUSモードでありの少年と対戦できますね。あと、『トリオトス』も疑似対戦できる。

――あれは本当にありの少年と戦ってる感じがしますね。

鈴井　有野さんの声――ボイスが入ってるからね。これぜーんぶゲームの中のデータとして、この場合にはこのセリフ、この条件を満たしたらこのセリフ、というふうに全部埋め込んであるんです。なのでゲームが完成したからそれで終わり！　じゃなくて、そのあと判定条件を全部埋め込んで、ボイスと対応させていったりして……どうやってぼくたちこれ作ったんだろうね？

――自分たちでもわからない！（笑）

鈴井　この『ウィズマン』だって、待ってるとデモグラフィックが流れるようにしようって言って、ちゃんと流れるようになってるし、あそこのコーヒーブレイクタイムの演出も何種類も入れたもんね。これなんかはテクモさんの『忍者龍剣伝』とか、他のゲームでもやってたようなちょっとシリアスなストーリー表現とか、そういう感じを出そうとして、でも、ラストにどんでん返しがあったりとか。

――『ハグルマン3』ではいきなりハグルマンレディが出てきたり。

鈴井　そうです、裏切り者でした。『2』は背景がビューって上がっていくんだよね。そこだけちょっと『ロックマン』的な。あらゆるものが混ざっていく。そんな感じで、中も外も含めておもしろくなるといいなっていう。

――これは発売から時間が経ってるから、これだけいろいろ教えていただけるんだと思います。

鈴井　そうですそうです。発売直後のプロモーション・インタビューでは、こんなことまでは言えません（笑）。

――とにかく『ゲームセンターCX 有野の挑戦状』と『ゲームセンターCX 有野の挑戦状2』、この2本を作ったことで、会社としてもかなり経験を積まれたんじゃないですか。

鈴井　そうですね。短期間にいろんなジャンルのゲームを作る機会を得たのは、ありがたかったですね。他社さんでアクションパズルを作ったりもしていたので、そういう経験は若干ありましたが、いまどきシューティングゲームなんて、こんな機会がなかったらまず作れないですよ。

――ああ、シューティングはいまはジャンルとして主流じゃなくなってしまいましたもんね。

鈴井　開発当時、みんな口々に言ってたのは「人生でシューティングを作るチャンスがあるとは、夢みたい」ってこと。パズルゲームも、特許があるとかそういうのを乗り越えて、どうやって作ればいいかということを学びましたから、とにかくお金には代えがたいものを得られたと思っています。

ゲームが好きな気持ちを次の世代に継承する

当時の再現ではなく、美化を目指す

――ゲームの仕上がりを見て、番組スタッフの皆さんはどういう感想を持たれていましたか。

鈴井　喜んでいただいてたと思いますよ。有野さんもすごい遊んでくださったようですし。ただ、ひとつだけ残念なのは、1作目での『ラリーキング』がちょっと難しかった。ぼくらは開発中にすっごいやり込んでるから、簡単に感じてしまうんですね。

――アクションゲーム開発の「あるある」です。

鈴井　いまだに申し訳ない気持ちでいっぱいで。裏ワザとして無敵モードとかも入れてあるから、それを使えば絶対にクリアはできるはずなんですが、APの飯田さんや、カメラの阿部さんに「あそこでやっぱり詰まっちゃいました～」って言われると、そのたびに落ち込んで。

――万人が満足のいく難度というのはあり得ませんから、仕方ないですよ。

鈴井　それで、海外版を作る際に、方向キーを入れたとき1フレームで曲がる回転度を1度足したんです。そうしたら誰もが気持ちよく遊べるようになった。たったの1度！　2だったのを3に変えただけで。ああ、最初から1度足しておけばな～、と。それで2作目に収録した『ラリーキングex』では海外版と同じ数値を設定したので、遊びやすくなりました。そういう反省は全部2作目に活かされています。

田中　有野さんが、番組で『忍者龍剣伝』を攻略していたときに、何度も鳥に当たって死んでいたので、『ハグルマン3』でもそれと似たような状況が起こる敵キャラ配置になってるんですね。嫌なところに鳥が出てくるように。

鈴井　田中が思いの丈をぶつけたマップ設計になっている。その作業はけっこうパズルっぽいですね。当時『悪魔城ドラキュラ』とかでもあったでしょう？　「うっ」てなるやつ。

――ありました！　シモンが「うっ」てなるやつ（笑）。

田中　それを再現したら、いまのユーザーには難しすぎるって言われてしまって。

鈴井　かなりユルめにしようよ、って。当時の再現ではなくて、もっと美化するべきなんですよね。それを目指して易しくしたつもりだったんだけど、それでもまだ足りなかった。それだけが10年経っても心残りで。

――逆に言えば、いまでも心残りが続くほどおもしろかった、ということかもしれません。

鈴井　ちょっと前の年末にお台場のレゴランドへ行ったんですけど、そうしたら主婦の人かな？　行列に並んでる女性が『有野の挑戦状』をやってたの。ちょっとびっくりした。いま何年だと思ってるの？　って。ほんとにありがたいことです。ここまで話をしてきたらもうお気づきかもしれませんが、同じような仕事をまたやれって言われてもできないと思う（笑）。あのときだからできたんでしょうね。

VR技術で有野さんの部屋を再現したら？

――『ゲームセンターCX』のゲーム化は、3作目に相当する『ゲームセンターCX 3丁目の有野』というのがありますね。これの開発をインディーズゼロさんが請け負わなかったのは何か理由があるんでしょうか？

鈴井　タイミングが合わなかったというのが、いちばん大きな理由ですね。「3作目も……」というお話はいただいていたんですが、そのときは別のタイトルの制作が進行していて、どうスタッフをやりくりしてもお引き受けすることができなかった。

――そうか、少人数の会社ですもんね。

鈴井　いろいろと考えてはいたんですよ。前2作でソフトとハードの歴史をやったんだから、次は何やるかっていうと、じゃあ有野さんになりきるためのトレーニングをするソフトはどうだろうとか、番組で有野さんが挑戦したゲームを『ファミコンリミックス』みたいな感じで遊ぶとか。でも、やはりスケジュール的にどうしても無理だった。

――ゲームに限った話ではないと思いますが、こういう何かが生まれるときって、ほんとタイミングが大事なんですね。

鈴井　もしもチャンスがあるなら、VRでありの少年のゲーム部屋を再現する、なんてやってみたいですね。VR空間の中でゲームをプレイしていると、ありの少年がツッコミを入れてくる。「ガメオベラ！」って（番組中でGAME OVERをそう読んだ有野さんのギャグが、ゲーム中でも再現されていることから）。

鈴井　架空の有野さんの部屋でレトロゲームをプレイしながら、かたわらには有野さんがいてちょっかいを出してくる……というシチュエーションはグッときませんか？

――いいですねえ、VR技術の無駄づかいっぽくて！

悩み抜いて作ったものはお客さんに伝わる

――では、最後になりますが、会社としてこれから目指すところをお聞かせください。たしか、何かのインタビューで鈴井さんは

「ぼくらの作ったゲームが、子供たちがモノ作りに興味を持つきっかけになったら最高です」とおっしゃっているのを読みました。今回のインタビューでも最初にちょっとそのへんのことに触れていただきましたね。

鈴井　ぼくはあんまり嘘がつけないんで、「人狼」でも狼ができないんですけど（笑）、逆に言えば自分がやってきたことはいくらでも喋ることができる。それは誰でもそうだと思いますが、やってないことは話せないじゃないですか。

――ええ、そうですね。

鈴井　やっぱり自分たちがいいかげんな気持ちで作ったゲームはいいかげんなものにしかならないし、細かいところまで思い入れを込めて作ったものは、「ここはなんでこうなってるの？」って聞かれたら、ちゃんと答えられる。当たり前のことなんだけど、それくらい自分たちでちゃんと悩み抜いて作ったものは、きっとお客さんに伝わると思っています。

――作り手の志は、作っているゲームに反映される。

鈴井　そういうのを子供たちが見てくれて、ゲームっていいよね、おもしろいね、って感じることで、いつか大人になったときに「子供の頃に遊んだあのゲームみたいなものをぼくも作ってみたい」って思ってくれる。そういう気持ちが継承されていったらいいなあ、と思っています。実際、ぼく自身も子供の頃にバンダイのおもちゃとかファミコンを楽しんで育ってきて、それが自分のモノ作りの原動力になっているわけです。

――そうですね。ゲームを作っている人たちって、少なからずみんなそういう気持ちを持っていると思います。

鈴井　だから、いまの子供たちにも同じように……、まあ時代は違いますからぼくらのときとやり方は変わるでしょうけれど、ゲームを楽しんで、将来はぼくもゲームを作るぞ！　って思うような、そういうことに少しでも協力できたらいいなという気持ちは本当にあります。

――自分がおもしろいと思うものを作る。おもしろいと思わないものは作らない。先ほどのプレゼン資料からも、それは十分伝わってきました。鈴井さん、めっちゃめちゃ楽しんで仕事してるんだな、と（笑）。

鈴井　そうですねえ。ま、わからないもんを、わかる努力をして作るのは全然アリなんですけど、ぼくは恋愛シミュレーションを作ってくれって言われても作れる気がしません（笑）。人から言われた仕事はやらないよとか、そういうつもりじゃなくてですね、受け入れるつもりはたくさんあるんですが、不得意な分野を「仕事だし」「お金になるし」って引き受けてしまうと、どうしてもそれが製品の完成度にも表れてしまう。もちろん、そういうジャンルが大好きで、得意なメンバーがいるなら、そういうものも作って全然かまわない。でも、とりあえずいまうちの会社は、ぼくたちがゲームを大好きな気持ちを次の世代に継承していく。そんなものを作っていきたいと考えています。

KEN SUGIMORI 06

『クインティ』そして『ジェリーボーイ』杉森建編

1966年、福岡県生まれ。ゲーム攻略同人誌『ゲームフリーク』を手にしたことから田尻智氏と出会い、同人誌制作を手伝う中、ゲーム制作の道に入る。現在は株式会社ゲームフリーク常務取締役。同社の代表作『ポケットモンスター』ではアートディレクターを務めながら、持ち前のセガ愛を活かして『セガ3D復刻アーカイブス』（セガゲームス）シリーズのパッケージイラストなども手掛けている。

マンガからゲームへ興味が広がり、やがてプロの道へ

マンガへの興味を持ちはじめた頃

——まずは、杉森さんとマンガとの関わりから教えてください。そもそもは、お父様がわりとマンガを好きだったそうで。やはり、その影響が大きい？

杉森　そうですね、はい。

——お父様はどんなマンガを読んでいましたか？

杉森　雑誌では「ビッグコミック」とか。でも、そういうの（青年誌）は手の届かないところに置いてあって……。

——手の届かないところというのは、つまり子供（杉森さん）に読ませたくないと。

杉森　そういうことでしょうね。それで、雑誌の他に何冊かコミックスもあって、印象に残ってるのは手塚治虫の『どろろ』。あと『魔人ガロン』っていうのもありました。あんまりメジャーな感じではないんですけど。

——たしかに手塚作品の中では、なかなか渋いセレクトですね。

杉森　あとは『巨人の星』。その3作品が、ぼくにとってのマンガの原点ですね。

——ええと、これはわたしの勝手な印象かもしれませんが、その3作品のイメージと、その後に杉森さんが好むようになるマンガの方向がちょっと違いますよね。杉森さん、少年サンデー派だったりするでしょう？

杉森　そうですね。まあ、でも、それは。

——あんまり関係ない？

杉森　うーん、それはなんて言うんですかね、やっぱり誰もが通るっていうか、思春期はラブコメが読みたくなったりするじゃないですか。

——ああ、わかります。このわたしでさえ、柳沢きみおの『月とスッポン』とか『翔んだカップル』とか読んでましたから（笑）。

杉森　幼なじみの女の子が屋根づたいに来ないかなーとか、窓がガラッと開いて「起きろ、ねぼすけ！」みたいな。中学生くらいのときって、そういう世界に憧れるじゃないですか。

——わかるわかる（笑）。それで、そこから見よう見まねで自分でもマンガを描くようになっていったわけですか。

杉森　そうですね。まあ小学3年生くらいのときから『巨人の星』を模写したりはしてましたけどね。

——以前、別件でインタビューさせていただいたときに、中学時

代に友達と合作したマンガを豆本のような形でまとめたものがある、とおっしゃっていましたね。

杉森　ああ、それ持ってくればよかったな。

——いまでも残してあるんですか。

杉森　あります。全部でたぶん60冊くらい。

——ちなみに、どんな内容のものですか？

杉森　いま残ってるのは、中1から中3のあいだに友達とリレーして描いたやつです。『機動戦士ガンダム』のパロディとか。

——ああ、なるほど。杉森さんは『宇宙戦艦ヤマト』もお好きですよね？

杉森　『ヤマト』の頃は、ぼくがひとりで『宇宙戦艦トマト』っていうパロディマンガを描いてました。

——トマト（笑）。

杉森　まあ、ヤマトをトマトっていうダジャレは、当時の小学生が100万人くらい考えたと思うんですけど。

——真っ先に思いつくでしょうね。

杉森　いまでも描けますよ。描きましょうか（と、ここでホワイトボードに描きはじめる）。まんまトマトの形状の上に艦橋がのっていて。（→P151）

——この松本零士さん特有のロゴも、みんな真似してましたよね。いや、いいなあ。これが宇宙を冒険していくんだ。

杉森　そうですね。詳しいことは覚えてないですけど。

——絵を見れば、だいたいどんなマンガか想像はつきます（笑）。

ゲーム喫茶でインベーダーを初体験

——次はテレビゲームとの出会いについて。初めて『スペースインベーダー』を遊んだのは中学1年だったとうかがっていますが、そのときの状況を詳しく教えてください。
杉森　どうやら世間では『インベーダー』っていうものが流行ってるらしいという。
——ああ、まず情報が先に入ってきた。
杉森　テレビなんかで「これは社会現象だ」って言われていたでしょう。ただ、ぼくはまだ子供だったし、お金もないから、現物を見たことはなかったんです。ゲームセンターなんて子供からは遠い世界だったし。
——薄暗くて、不良もいるし。
杉森　そう。近所にちょっと悪〜い感じの子がいたんですよ。悪いといってもたいしたことはないんですけど。ぼくはわりと内気な子供で、それに比べればちょっとヤンキー寄りな友達で、彼が「近所のゲーム喫茶に『インベーダー』があるから、行ってみようよ」って。
——ゲームセンターに行くよりゲーム喫茶のほうがハードル高くないすか。
杉森　ですよね。いま思えばたしかにそうなんだけど（笑）、でも、ファーストコンタクトはそれでした。

——遊び方なんかは把握してました？

杉森　ある程度はわかってましたけど、やっぱり思うようにいかなくて、すぐ１００円（１プレイ）が終わってしまいました。「難しいなー！」って感じでしたよ。

——それから、ゲーム喫茶へ通うようになる？

杉森　いや、通ってないです。しばらくブランクがあって、その後、駄菓子屋とかおもちゃ屋さんの店頭にミニ筐体のようなものが置かれるようになって、そこに『パックマン』とか『ギャラクシアン』が入るようになる。

——ああ、ゲーセンでインカムの落ちてきた基盤が駄菓子屋へ……。

杉森　そうです。そこで1回50円とかで遊べるようになって。ぼくらにとってはそこからが本番ですよね。

——わははは、わかります。その頃は山梨に住んでいたんですよね？

杉森　山梨の甲府です。

——そこで何かゲームマニア的な活動はしていませんでしたか？

杉森　その駄菓子屋に行ってたメンバーが、さっきのリレーマンガを描いていたやつらと一緒なんですよ。『パックマン』『ギャラクシアン』、あと『ムーンクレスタ』。そういったゲームにみんなでのめり込みました。

——たとえば、『宇宙戦艦ヤマト』にはまって、ヤマトのパロディマンガを描いたように、ゲームのパロディマンガを描いたりしなかったんですか？

杉森　ゲームそのものではないけど、そのリレーマンガがなんでもアリだったんですよ。だからそのとき起きたことがすぐに反映されるという……。

——昨日、見たばかりのことをマンガにする。

杉森　昨日見たアニメの展開がそこに反映されたり、『ギャラクシアン』でちょっとスーパープレイをやらかしたりすると、それもすぐマンガに反映されて、主人公がものすごい反射神経で敵の弾をかわすシーンが描かれたり。そんなことをしてました。

——おもしろいなー、自分たちの新聞みたいなイメージですね。そうか、以前インタビューさせていただいたときは、杉森さんの中でマンガへの興味とゲームへの興味がどう融合していくのか、いまいち掘り下げきれなかったんですが、そうやって近況報告的にマンガを描くことで、両者が自然と結びついていったんですね。

プロの漫画家としてデビュー

——そして甲府時代を経て、東京に移られる。

杉森　東京に引っ越すのは高校1年だったかな。

——そこで出会ったのが斉藤むねおさん（漫画家。杉森さんとは高校で同級生だった）。

杉森　そうですね、はい。

——その頃は、ゲームよりマンガを描くことに生活の時間を割くようになっていくんでしょうか？

杉森　まあ、当時は家庭用のゲーム機なんてほとんどないので、家ではゲームやんないわけですよ。

——ああ、そうですね。では、学校が終わって、帰りにゲーセンに寄り、家に帰ってきたらマンガを描くという感じ？

杉森　そうですね。切り離されてるんですよ。ゲームは外に行かないとできないものだったので、自分の中ではゲームとマンガは別の文化として、ちゃんと分かれていた気がします。

——高校時代には、斉藤むねおさんと一緒に漫画劇画部という、いわゆる漫研のようなところに所属していたそうですね。その頃のことを教えてください。

杉森　漫劇（漫画劇画部）は、創始者が秋本治先生なんですよ。それで、歴代の部員には原哲夫さんとか藤原カムイさんとかがおられて。

——ええっ、錚々たるメンバーじゃないですか！　あの……、一般的に高校生くらいの漫研だと、部室ではマンガを読んでるだけで、誰も作品を描いたりしてないイメージがあるんですけど、それほどのメンバーを輩出してる漫画劇画部だったら、さぞかし創作活動も活発だったんでしょうね。

杉森　いや、部室で描いたりはしてなかったですね。部室は描く場所ではなくて、もっぱら雑談する場所。みんなでマンガをカリカリ描いてるような感じではなかったです。

——先輩たちが描いたマンガが残っていたりしました？

杉森　それは部誌の形で残ってましたよ。名前は「コピーシ」っていうんです。

——コピー誌？

杉森　全部カタカナで「コピーシ」。

——そのネーミングは……秋本先生？

杉森　誰ですかね。そこはよくわかんないですけど。

——それで、なんと斉藤さんは在学中にマンガ家デビューされますよね。杉森さんとしては、焦りみたいなものは感じました？

杉森　そうですねえ、焦りはないこともないけど、ただ、彼が上手いのは知ってたんで。

——「やっぱりデビューしたか」って感じですかね。当然、杉森さんだっていつかはプロになりたいと思ってたわけでしょう？

杉森　思ってましたけど、かなりボンヤリとしてました。プロになるといっても、どうしたらいいのかわからなかったし。だけど斉藤くんはもっと明確にマンガ家になるっていう目標があって、そこへ向かって邁進していたから、ぼくからすると「なるほど、そういう道筋で行くんだ……」というのがわかって、ありがたかった覚えがあります。

——身近にデビューする人がいると、ふたつの面があると思うんですよね。悔しかったり嫉妬したりするかもしれないけど、その一方で「これは夢の出来事じゃない」とも思える。

杉森　そうですね。そういう感じです。マンガ家になるって、叶わない夢じゃなくて、現実味があるんだっていうのが感じられましたから。

――その頃、マンガを描くのに影響を受けた作品とか作家って、具体的にありますか。

杉森　当時は江口寿史さんのマンガが人気を集めていた頃で、ぼくは『巨人の星』とか好きだったんですけど、あの泥臭い感じは80年代には失われていて、もっと細い均一な線でポップに描くのが流行ってたじゃないですか。だから、ぼくもそっち側に行こうとして頑張ってた時期ですね。

――逆に江口さんなんかは『巨人の星』的な泥臭さや、ど根性ものをパロディとしてギャグに昇華していましたね。

杉森　そうですそうです。いまでもそういうところはあるんですけど。

――デビュー当時の杉森さんの作風って、線が細いですもんね。何ペンで描いてました？

杉森　あの頃は何ペンだったんだろう。基本的にGペンで描いてるはずなんですけど、たぶんGペン一本やりだったんじゃないかと思います。

――道具へのこだわりとか、探求心とか、そんなにない？

杉森　ぼくはそういうのはあんまりないですね。

――ともかく、その後に念願かなって杉森さんも少年サンデーの新人賞を獲りました。『超少女 奈夢子』でしたっけ。

杉森　そうですね。そのキャラクターは『ゲームフリーク』（アマチュア時代に田尻社長が創刊したゲーム攻略同人誌）にも4コママンガを描いたりしてますね。

ゲームの同人集団「ゲームフリーク」に参加する

同人誌ショップで手にした『ゲームフリーク』創刊号

——田尻社長（田尻智。株式会社ゲームフリーク代表取締役であり、『ポケモン』の発案者でもある）と出会った頃のことを教えてください。

杉森　社長と出会ったのは高校在学中ですね。

——あら、杉森さんがマンガ家デビューした後かと思ってましたが、そんな前からでしたか。

杉森　サンデーの新人賞を受賞したときは、もう出会ってます。

——ということは、一人暮らしをはじめる前ですね。これまでに何度も話してることだとは思いますが、出会ったキッカケは新宿の「ふりーすぺーす」というところで。

杉森　そう。新宿3丁目と新宿御苑のあいだくらいに、ふりーすぺーすという同人誌専門店があって、そこで『ゲームフリーク』の創刊号を見つけました。

——社長自らイラストも描いていたという、伝説のミニコミですね。第一印象はどうでした？　「ヘタな絵やなあ」とか。

杉森　いやいやいや（笑）、とりあえず異彩を放ってたわけですよ。ゲームの同人誌なんて他にはない時代ですから。

——ナンダコレ？　ってなりますよね。

杉森　表紙が『ディグダグ』のドット絵で、ゲームに詳しくない人が見てもピンとこないと思うんですけど、ぼくはやっぱりひと目で「ゲームの本だ！」ってことがわかったから。

——いくらでした？

杉森　３００円だったか、２５０円だったか、そんなもんですね。創刊した頃のはコピーをホチキスで綴じた程度のものでしたから。

——それで連絡をとって、スタッフとして参加した。

杉森　スタッフというか、社長の絵があまりにもヘタだったので、ぼくが描いて送りつけたんですよ（笑）。最初の頃の表紙は、社長がゲームのキャラクターをドット絵で描いていて、まあ、それは、いまならクールだと考えることもできるんですが。

——オシャレでね。

杉森　でも、ぼくは「こういうんじゃなくて、アニメ絵にしたほうが売れるぞ」ってアプローチをして、そっちに寄せていったわけです。

——まだドット絵がクールだなんてセンスが生まれる前ですもん

ね。時代的にはアニメ絵の方が訴求力がある。

杉森　だから、ぼくはドット絵を語る資格がない（笑）。

——わはは！　それはでも、ゲームのことをよく知らない人にアピールするためですから。

杉森　良く言えばそうなんですが。

——ともかく、そこで『ゲームフリーク』をより多くの人に届けたい社長と、そこに参加して力を発揮したい杉森さんと、お互いに利害が一致する。

杉森　そういうことです。

——それからしばらくして、杉森さんは町田にアパートを借りるんですよね。高校を卒業して、新人賞も獲ったことだし、プロのマンガ家を目指すぞ、と。

町田で借りた部屋がゲームフリークの溜まり場に

杉森　でも、マンガ家を目指そうとして一人暮らしをはじめたわけではないんですよ。高校卒業して、進学も就職もせずにプラプラしてたら親に怒られて、家を追い出されたの。

——それもまた考えてみたらすごい話ですね。収入のない息子なんだから、家に置いといてやればいいのに。

杉森　本人のためにならないと思ったんじゃないですか。

——ライオンが崖から……。

杉森　そうそう。梶原一騎イズムだったんですよ。

——そうか、そこにつながるのか（お父様は『巨人の星』の愛読者でした）。

杉森　マンガ家になるならなるで、ちゃんと編集部に新作を描いて持ち込むとかすればよかったんですけど、ぼくは怠け者なので、そういうことをまったくせずにゲーセンばかり行ってプラプラしてた。それを見かねた親が「そんな好き勝手したいなら、一人でやっていけ！」と言って放り出された。

——露頭に迷うじゃないですか！

杉森　そのとき頼りになったのが、新人賞の佳作入選でもらった賞金の10万円だったんですよ。

——そのお金でアパートが借りられた。家賃とかいくらでした？

杉森　いくらだったかなー。

——たとえ30年くらい前だとしても、敷金・礼金で10万なんてすぐなくなっちゃうでしょう？

杉森　なくなりますね。だから先にバイトを決めてから部屋を探したはず。あのアパートって、とみさわさん来られたことあります？

——その頃はわたしはまだ杉森さんと知り合ってないですね。

杉森　町田の駅から徒歩20分くらいで遠かったけど、部屋は広かったんですよ。2部屋くらいあって、たしか家賃は4万弱くらいだったんじゃないかな。

——その頃、社長は町田のご実家に住んでいましたよね。ということは、社長の家の近所に引っ越した、ということになるのかな。

杉森　そうですね。

——だとすると、当然のごとく杉森さんのアパートがたまり場になっていくでしょう？　そこが事実上『ゲームフリーク』の編集部みたいになったりして。

杉森　なりましたね。いつも誰かしらが寝てたりしました。

——将来への不安はありませんでしたか？

杉森　ないですね。何も考えてない（笑）。その日たのしく暮らせりゃいいや、みたいな。

町田時代の意外な同居人

——アルバイトはゲームセンターの店員だったそうですね。なんていう店だったか覚えてますか？

杉森　いちばん最初は「いこい」。タイトー系列だったので、他にも「今日からこっちの店に行ってくれ」みたいな感じで系列の店に行かされて。「いこい」の次が……「キャッスル」だったかな？　あと「ポパイ」とか。

——ゲーセンでバイトをしてれば、タダでゲームができたり……？

杉森　あんまりそういうことはやらなかったですけど、でも、ほんとゲームが好きだったんで、筐体をピカピカに磨くとか、そういうことが嬉しかったんですよ。中もちゃんとメンテナンスして、このゲームをきれいな画面でちゃんと見せたいっていうか、ゲーム愛に任せてブラウン管をいつまでも磨いていて感電したり（笑）。

——ろくに調整もしてないゲーセンとかありましたもんね。

杉森　音が絞ってあってきこえないとか、画面が帯磁して真っ青になってたりとか、そういうことが嫌だったんですよ。「このゲームのサウンドは素晴らしいから、ちょっとボリュームを上げとこう」みたいな、ぼくはそういうことばかりやってましたね。

——しかし、バイトを終えて帰っても、誰かがいたりするわけですよね。自宅アパートがたまり場になってると、プライバシーがなくて困ったりしませんか？

杉森　いや、あの頃はとくにプライバシーというほどのものはなかったですから。べつに女の子と付き合ってるわけでもないし。

——後に、田尻社長が下北沢にゲームフリークの事務所を借りますよね。そこにはわたしもずいぶん入り浸ってました。

杉森　そんな感じで、いつも誰かがいるっていうのは、むしろ楽しかったんですよ。町田のアパート時代は山根くん（山根ともお。『イース』や『天外魔境』などのドット絵を担当したグラフィックデザイナー）が一緒に住んでましたからね。

——えっ、本当？　彼も一緒だったの!?

杉森　そうですよ。知らなかった？

——町田時代のことは、ほとんど知らないんです。それは初耳だなあ。

杉森　先ほども言ったけど、町田のアパートはそこそこ広かったので、山根くんと二人で借りてたんですよ。

——いまで言うシェアハウスだ。

杉森　でも、途中で彼は日本ファルコムに就職することになって、アパートを出ていってしまったの。だから、ぼくが一人で家賃を払わなくちゃいけなくなって、ちょっと経済が破綻したんですよね（笑）。

杉森さんが所持されていた『ゲームフリーク』

『クインティ』を作っていた頃のこと

自分の絵が動くゲームが作れたら……

――そうこうするうちに、ゲームフリークという集団で「ゲームを作ろうぜ」っていう話が浮上してきますよね。最初に社長からはどんなふうに聞かされました？

杉森　「どうもゲームというのは自分たちでも作れるらしい」と。そういう話が急に出てきたっていうか。社長はパソコンを持っていましたから。

――最初はパソコンゲームを作ろうと考えていたそうですね。

杉森　パソコン用に、なんか縦スクロールのシューティングゲームを作ろう、みたいな話でした。あの頃、ゲームを作れる環境といったらパソコン用のソフトしか選択肢がなかったわけですよ。なので、パソコン向けにアーケードライクな、ぼくらが理想とするシューティングゲームを作ろうぜ、って盛り上がって。アイディアを出し合ったり、機体のデザインを描いたりしてました。

――ところが、そこにファミコンブームがやってくる。

杉森　でも、ぼくら（当時の）素人にファミコンでゲームが作れるなんて、考えられなかったんですよ。

――そうですよねえ。それが常識でした。

杉森　ところが、あの頃のゲームフリークは全国各地に会員（読者）がいて、その中に優秀なプログラマーもいました。その彼らが、ファミコンのハードウェアを解析すれば、自分らでもファミコン用のソフトは開発できる、と。そういうことを言ってきたわけです。そこからプロジェクトの方向が変わっていきました。

――それで、ファミコン用ソフトを開発するために必要な機材を秋葉原で揃えて、開発に着手していった。開発スタッフは、当時のゲームフリークのメンバーだけですか？

杉森　だいたいそうですね。

――そのときに、ゲームそのものはツギハギの機材で作ることが可能だけれど、ソフトが完成したからといって、ファミコンソフトはアマチュアが勝手に流通させるわけにはいきませんよね。そのところはどのように考えていたんでしょう？

杉森　おそらく社長にはそれなりのビジョンがあったんでしょうけど、ぼくはその辺はぼんやりとしてましたね。

――ただ、ゲームが作れることがうれしい？

杉森　そう。ぼくはもう自分の絵が動くゲームが出来たらうれしいな～っていう、ものすごくお花畑な感じでしたけどど、社長はほんと、どこかのメーカーに持ち込んで、ちゃんとビジネスにしようって、その頃から考えてたんだと思いますよ。

——杉森さんは、自分からゲームを作りたいって思ったことはありますか？　社長から提案される以前に、という意味ですが。

杉森　いやいや、そんなもの自分で作れるものだなんて思ったこともないです。

——じゃあ、あり得なかったはずのことが、ゲームフリークに参加したことで現実になってしまったわけですね。

アニメーションの知識とゲームからの体験

——さて、パソコン用シューティングゲームだったものが、ファミコン用のソフトに方向転換し、紆余曲折を経て床のパネルをめくる『クインティ』というゲームになっていきます。そのあたりの経緯はとりあえず省くとして、ここでは『クインティ』を作るうえで、どのようにドット絵に取り組んでいったか？　そのへんのお話を聞かせてください。わたしが初めてゲームフリークの事務所に遊びに行ったのが、１９８８年か１９８９年くらいで、下北沢の代沢アルスというアパートでした。

杉森　よくこんな写真（代沢アルスの外観写真）を残してありましたね。

——去年、近くまで行ったついでに撮っておいたんです（笑）。で、この部屋っていうのはゲーム開発のために借りたものなんでしょうか？

杉森　どうだったかなー。正確には覚えてませんが、おそらくそのためだったような気はしますね。

——最初にわたしが遊びにいったときは、すでに机の上にパソコンが並んでいて、杉森さんがグラフィックエディターのようなものでドット絵を描いてました。

杉森　そうですね。地方からプログラマーの人が上京してきていたので、彼らが集まれる場所にしたんだと思います。あの頃はもう（ミニコミとしての）『ゲームフリーク』はほとんど作ってなかったですかね。

——わたしが参加してから最後の1冊を作りました。『ダライアス』の攻略本。

杉森　そうか、それが最後だ。それで『クインティ』の開発に集中していったんですね。

——もしかしたら、『ダライアス』の本はゲーム開発のための資金作り、という意味もあったんじゃないですかね。

杉森　資金になったのかなー。

——だって、そこそこ売れたでしょう。ほら、『ゲームフリーク』のバックナンバーも一挙に放出して、コミケで完売させたじゃないですか。山根くんが売り子をやってくれて。

杉森　そんなことも、ありましたね。

——話をもどします。『クインティ』を作るにあたって、杉森さんはグラフィックを担当するわけですが、そうした役割り分担はすんなりと決まりましたか？

杉森　そうですね。人数も少なかったし。

——わたし、いまでも覚えてますよ。杉森さんがパソコンの画面に向かってバレリーナ（『クインティ』の中でもひときわ特徴的な敵キャラ）を描いている姿を。1ドット描いては修正して、アニメーションを確認してはまたドットを打っていく。

杉森　あっ、ほんとですか。

——だって、ぼくもそんな作業を見るのは初めてでしたから。「なんだこの人たち、ものすごくおもしろいことしてるじゃないか！」って。

杉森　実際、おもしろかったですもんねえ。ちょっと修正した絵が、すぐアニメーションに反映されるっていうのは、たいへんな興奮でした。もう夢中でやってましたよ。

——今回のインタビューでは、杉森さんとアニメーションとの関わりについてはとくにうかがっていないんですが、当然アニメもお好きだったわけでしょう？　となれば、当然、ゲーム作りでもキャラクターの動きにはこだわってしまいますよね。

杉森　そうですね、ほんとアニメが好きだってことから得られた知識と、あとはゲームを遊んでいく中から学んだドット絵の知識もあるし。ここをこうしたらもっと滑らかに見えるんじゃないか？　みたいな、自分の思いつきを足していったりとかして。

——ゲームのドット絵って、2つの側面があると思うんです。1つは、アニメーションとしての表現、ゲームは動くことが前提になっていますから。もう1つは、グラフィックというか絵画的な表現。たとえば特定の何か——りんごでもロケットでもいいんですけど、それをドットの集合でどのように描写するか。そのための技法。そういうことを杉森さんは独学で習得していったわけですよね？

杉森　まあ誰かに教えてもらった覚えはないので、独学と言えるでしょうね。

——既存のゲームを見てドットによる描写を覚え、様々なアニメーションを見てキャラを動かす演出技法を覚えていった。

杉森　たしかに、走るときのポーズを何コマで割って……みたいなことは、テレビアニメから得た知識ですね。

開発ツール上でダイレクトに絵を描いていった

——あの頃、下北沢のアパート時代には、どんな感じの時間割りで作業をしてましたか。会社じゃないから、勤務時間も決まってないでしょうけれど。

杉森　そうですね、よそで仕事をしてる人もいたし、全員が常駐してるわけじゃなかったんで。

——手が空いた人が事務所に来て、自分の作業をする。

杉森　そんな感じですね。

――コアタイムとかもなかったですか？　月曜日の夕方だけはみんな集まろうぜ、みたいな。

杉森　どうだろう。あの頃はネットも携帯電話もないし、どうやって連絡を取り合っていたのかな……。

――あのアパートは田尻社長のフリーライターとしての事務所でもあったはずですから、社長は基本常駐してましたよね。

杉森　まあ半分くらいは住んでたかな。お風呂もあったし、社長に限らずみんな床でゴロゴロ寝てました。

――はい。わたしもよく泊まりました。そんな話はさておき、ドット絵の描き方についてもう少し教えてください。当時、杉森さんが使っていたグラフィックツールがあったでしょう？　あれはなんですか。

杉森　あれは……ゲームフリークの自作ツールですね。

――プログラマーさんが作ったもの？

杉森　そうです。

――『クインティ』は各キャラクターの動きのおもしろさが売りのひとつですけれど、他にも様々な敵キャラがいて、あれらのアイディアはどうやって出していったんでしょう？

杉森　それはみんなで知恵を絞って、ですよ。最初は社長が何体か考えたけど、そのあとバリエーションはみんなで考えていきました。コサックダンスで床のパネルをめくるやつとか、太っていて重いやつとか……。

――杉森さんが出したアイデアはありますか？

杉森　どうだろう……。太ったやつ（プランプ）はぼくが考えたような気がするけど、それをどうゲームの仕組みに馴染ませるかは、みんなで煮詰めていったものだから、誰かひとりのアイデアとは言えないです。

――その頃は、どういう手順でドット絵を描いてました？　まずは紙にスケッチするのか、いきなりツール上で描きはじめるのか。

杉森　スケッチはしてないですね。直にパソコン上で描いてました。

――それはいまも変わらず？

杉森　いや、いまはさすがに下絵から描きます。あの頃はファミコンで、キャラのサイズも小さかったからできたことだと思うんですよ。細かく描き込むほどの解像度もなかったでしょう。

――人物キャラなんて16×32ドットくらいでしたね。

杉森　だから、まず最初に裸の人形みたいなものを描いて、その素体である程度の動きをつけてから、帽子や服で肉付けをしていく。バレリーナなんかは逆に、あの素体での動きがおもしろかったから、そのままを活かして作りました。

――当時の資料なんかは残っていませんか？

杉森　開発機材の上で直に描きながら作っていたゲームですから、『クインティ』に関しては仕様書ってほとんど残ってないんですよね。

『ジェリーボーイ』を作っていた頃のこと

いいドット絵とダメなドット絵

――次は『ジェリーボーイ』についておうかがいします。これは、ゲームフリークが株式会社となってから最初の製品ですよね。

杉森 そうです。会社として本格的にゲームを作っていこうとなって、まずはメーカーさんと契約を結んで、作り始めました。

――ただ、これに関しては、プロジェクトをまるまる請け負うのではなくて、最初、ゲームフリークでは企画だけを担当していたそうで。

杉森 そうですね、まだ会社にスタッフが少なかった時代ですから。

――そのへんのことは田尻社長がインタビューなどでも語っておられますが、ようするに企画だけを請け負ったり、あるいはプログラムだけを請け負うことで、社内に複数のプロジェクトを走らせる。そうやってリスク回避を図っていたわけですね。でも、『ジェリーボーイ』では企画だけを請け負って、プログラムはもちろん、ドット絵さえも外注に出したわけですが、絵を本業とする杉森さんとしては嫌ではありませんでしたか？

杉森 その時点ではとくに嫌だという感情はなかったですけど、正直「どうなるんだろう？」とは思いました。

――その結果どうなったかは、わたしも当事者だったので知ってるわけですが（笑）。

杉森 そうですね、ぼくらが思い描いて仕様書にしたものとは、ずいぶんテイストの違うグラフィックが上がってきて、びっくりしました。

――え、あれがこうなっちゃうの？ っていう。

杉森 まあ文化が違うとしか言いようがないですね。『ジェリーボーイ』でグラフィック作成とプログラミングを請け負ってくれた会社は、パソコンゲームの世界で実績を積んできた会社でした。パソコンゲームの文化と、コンシューマーゲームやアーケードゲームの文化は、同じ〝ゲーム〟でもちょっと違うんです。

――とくに、あのときのプログラマーさんは、物理演算に命をかけてるタイプの方でした。

杉森 それはそれですごい才能だとは思うんですが、ぼくらが理想とするゲームは、物理法則をシミュレートすることよりも、遊びとして楽しい嘘をつこうぜ、みたいな感じでした。ところが、先方から上がってきたのは、その正反対のものだった。

――主人公ジェリー（丸いスライム状の生物）のドット絵は、妙に透き通った……なんていうのかな、日本のテレビゲームのキャラクターって、マンガ的なデフォルメが施されているものが一般的じゃないですか。ところが、そういうものとはまったく正反対な、やけにリアルなものを見せられましたね。

杉森　ぼくの絵はマンガ絵ですから、やっぱり外側には輪郭線がほしいとか、もっと塗りはパキッとしたアニメっぽい感じがいいとか、そういうイメージでいたし、それは仕様書にも盛り込んだつもりだったんですけどね。

アイデアが頭の中にドット絵になった状態で浮かんでいる

――それで全部やり直しにして、ゲームフリークというか、杉森さんがすべてのドット絵を描き直すことになるわけですが、それってすんなりいったんですかね。よく先方の会社もそんなわがままを聞き入れてくれたなと。

杉森　ですよねえ。だから（当時のぼくらは）何も考えてなかったんじゃないですかね。いまだったら、ドット絵を描いてくれた人のことを気づかったりもすると思うけど、あのときはすごい腹を立てて、お前らには任せておけん！　みたいな気分だった。ずいぶん尊大な態度で接してしまったなと思います。

――世間から見れば、あの頃のゲームフリークはアマチュアに毛が生えた程度のものだったでしょうからね。

杉森　なんの実績もないのに、自信だけはありましたからねえ。ともかく、ドット絵を修正するために、ぼくはエピック・ソニー（『ジェリーボーイ』の発売元）の本社に1年くらい通いました。

――あ、そうでしたか。それは覚えてないな。

杉森　1年くらい毎日ソニーへ通って、向こうの機材でドットを全部打ち直した。会社（ゲームフリーク）ではあの仕事はやってないんですよ。開発ツールも来てなかったし。

――ああ、そうか。

杉森　ゲームフリークにとっては、初めて手掛けるスーパーファミコン用ソフトでしたからね。

――杉森さん、『ジェリーボーイ』ではキャラクターのアクション仕様とかも書いてるじゃないですか。そういうアイデアを考えるとき、もう頭の中にドット絵になった状態も浮かんでいたりするんですか？

杉森　……そうですね、浮かんでます。

――すると、おもしろいアクションのアイディアを思いついたけど、それをグラフィック的に表現するのは難しそうだからアイデアの方を少し修正しようとか、そういうこともあるわけですか？

杉森　ありますよ。逆に、実現が可能そうなことしか考えなくなってしまうという欠点もあると思うんですけど。

――あの頃のゲーム機では、やれることと、やれないこと、っていうのがわりと明確でもありました。

杉森　アイデアを考えるときに、それを技術的にどう実現させるかを同時に考えているのは間違いないです。こうすれば出来そうだな、っていうことを常に考えながら絵も描いてますから。

――それは、最初に『クインティ』で手探りしながらゲームを作ってきたことも影響してるのではないですか。

杉森　それはあるかもしれません。後に『まじかる☆タルるートくん』や『スクリューブレイカー 轟震どりるれろ』ではディレクターもやったのですが、そういうアイデアとその実現方法を同時に考えるという習慣は、ずいぶん役に立っていると思います。

絵画的なニュアンスを足していった

――『ジェリーボーイ』の中で、ご自身で気に入ってるキャラクター表現はどこでしょう？

杉森　うーん、ジェリーがパイプに入るところですかね。なんか「ニョロッ」って入っていく感じがいいんじゃないかと。

――あの動きはよかったです。

杉森　そもそも『ジェリーボーイ』はスライム状のキャラクターが主人公で、それが冒険していくというところから発想していきます。そのキャラクターならではの仕掛けがうまく決まると、やっぱうれしいです。このキャラクターでないといけないような動きを思いついて、それがマップの仕掛けにきれいにハマると、やっぱりゲームがビシッとするというか。

――『ジェリーボーイ』は主人公の設定から逆算して作っていったゲームだと。

杉森　まあ、スライムとは何か？　ということを突き詰めていくとああなる、ってことですよね。

――『ジェリーボーイ』では、当時ゲームフリークに在籍していたわたくしも背景をちょっと描かせてもらいました。で、この機会に「いまだから言える、とみさわ、あそこの絵はダメだったゾ！」っていうところを教えてください。こっそりオレが直しておいたのだ！　みたいな（笑）。

杉森　わははは！　あのう……やっぱりキチッとしすぎてるところはあった気がします。なんというか、絵のテイストが均一的すぎるというか。

――ああ、そのご指摘は当たってます。わたし、元は製図屋でしたからね。

杉森　たとえば『ジェリーボーイ』の背景には、よくレンガブロックが出てきたと思うんですけど、普通、レンガっていったらこう……（と言いながらホワイトボードに描き始める）こういうパターンを組み合わせて表現するじゃないですか。

――そうですね。16×16ドットのパーツを描いて、それを並べてマップを表現します。

杉森　ところが、とみさわさんの描くブロックはキチッとしすぎていたんですよ。こういうところ（ブロックの輪郭線の一部）をボカしたりすると、いい質感になったりするんですが、そういうことはあんまりしてもらえなかった。

——あははは。非常に納得できるんで、反論のしようもございません。

杉森　ちょっとしたニュアンスなんですけどね。製図をやっていたとのことなので、キチッとしたドットは描いていただけたと思うんですが、絵画的なニュアンスみたいなところは弱かったのかな、と。そこをぼくがちょこちょこっと足していったりしたことを覚えてます。

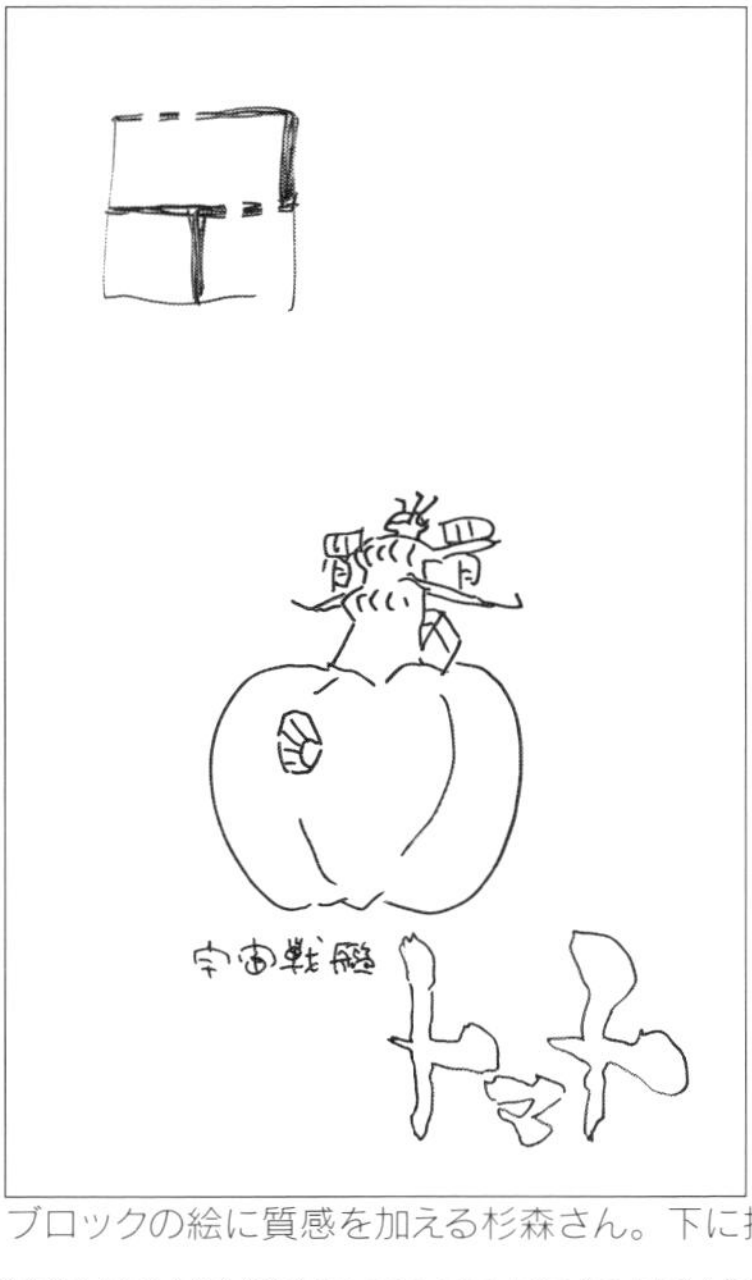

ブロックの絵に質感を加える杉森さん。下に描かれたのが「宇宙戦艦トマト」（P.136参照）

既成のキャラクターをドット絵にすること

どうせやるなら最高のマリオを描いてやろう

——続いて『マリオとワリオ』、それから『まじかる☆タルるートくん』についてもお聞きします。まず、『マリオとワリオ』は紆余曲折あった末、最終的にあの迷路の断面を見るようなスタイルのゲームになりました。でも、最初の企画段階ではマリオシリーズではなくて、ゲームフリークによるオリジナル・キャラクターのゲームだったじゃないですか。

杉森　そうでした。ヒヨコのようなキャラクターを歩かせてましたね。

——あの頃のゲームフリークにとって、任天堂から自分たちのオリジナル・キャラクターのゲームを発売できるかもしれないというのは、夢のあることでしたよね。ところが、途中からキャラクターをマリオに差し替えることになった。そのときの忸怩たる思いというか、杉森さんとしてはどんなお気持ちでしたか?

杉森　売り上げ的には、そうした方が確実に売れるし、会社のことを考えたら絶対に正しいと思うんですよ。それはぼくもわかってましたけど、ただやっぱり絵を描く者としては、「えっ?」という困惑はありました。

——あのマリオシリーズを手がけることができる、というのもゲームクリエイターとしては誇らしいことですが、出来ることならオリジナルで勝負したかった?

杉森　そうなんですけど、でも、マリオにすることが決まってからは気持ちを切り替えて、ポジティブに考えるようにしました。どうせやるのなら最高のマリオを描いてやろう、みたいな。

——ゲームフリークのオリジナル・キャラクターとしては、あのカーソル役の女の子。

杉森　妖精のワンダちゃんね。あれだけは残してもらいました。当時、任天堂に在籍しておられた小田部羊一さん(伝説的アニメーター。『アルプスの少女ハイジ』など数々の名作を手がけた後、1985年に任天堂へ入社。約20年にわたって開発アドバイザーを務めた)が、ぼくの描いた妖精ワンダをデザイン画に起こしてくれて、ぼくがまたそれに合わせてドット絵を直したりしてるんですよ。

——小田部さんがリファインしてくれていたんだ。それはそれで嬉しいですよね。

杉森　とても名誉なことだと思います。

――あれがオリジナル・キャラクターとして採用されたことで、開発のモチベーションを保ち続けられた、ということはあったのではないですか？

杉森　そうだと思います。

――『マリオとワリオ』の開発は、ゲームフリークとしてはルーツに帰った感じがあったのではないかと推測してるんですが。

杉森　それは、どういうところが？

――パズル的なステージを全100面とか作ったわけですよね？　その制作過程は『クインティ』を作っていたときと似ていたのではないか、と。

杉森　ああ、なるほど。それはあるかもしれませんね。みんなでいろんなギミックを考えて、ステージごとの個性を出していって……。

――『マリオとワリオ』では、森本さん（ゲームフリークの森本茂樹氏）がマップ作りに張り切っていましたね。

杉森　彼は迷路のギミックを論理的に積み上げていくのが得意なんですよ。

ゲーム向きの題材だった『まじかる☆タルるートくん』

――『まじかる☆タルるートくん』の開発は、たしかセガさんから既成のキャラクターをゲーム化するというプロジェクトのオファーを3種類ほどいただいて、そのなかの1つが『まじかる☆タルるートくん』だったんですよね。

杉森　そうです。

――それを選んだのは、杉森さんでしたっけ？

杉森　だったのかなあ……。この3つのうちなら、これじゃね？　みたいなゆるい感じだったと思うんですけど。原作のマンガも読んでましたんで。

――あれは最初から『まじかる☆タルるートくん』、つまり「江川達也さんの絵をゲームにする」というプロジェクトでした。漫画として、すでに人気のある絵柄をゲーム化、ドットに置き換えていくという仕事で、いろいろと苦労もあったのではないかと思うのですが。

杉森　そうですね、メガドライブがわりと表現力のあるハードだったので、やりようによっては本当にアニメの画面みたいなゲームが作れるんじゃないかっていう野望（笑）がありまして。ちまちました、いかにもゲーム然とした画面ではなくて、もっとアニメのキャラクターがそのまま動いてるような、いわゆる〝キャラゲー〟としてアタマ1つ飛び抜けた存在、そういうものが作れるかもしれないとは思いました。

――『まじかる☆タルるートくん』では、杉森さんはグラフィックだけでなく、初めてのディレクションも担当されています。それをするにいたった経緯は？

杉森　社長から「きみ、セガ好きでしょ？」みたいなのがあったと思うんですけど。

――そんな理由で！（笑）

杉森　あの頃、メガドライブでよろこんでいるの、ぼくだけでしたからね。

――ほぼ同時期に『マリオとワリオ』を作ってますから、社長はそちらのディレクションにかかりきりだったのかな。

杉森　あとは『ジェリーボーイ』のときと同じで、社内に2ラインを走らせるというか、労力を分散するっていうのもあったかもしれないですね。

――江川達也先生の原作をドット絵にするのはどうでした？　難しくはなかったですか？

杉森　まあ『まじかる☆タルるートくん』に関しては日常系ＳＦというか、江川先生ご自身がそれまでの絵柄ではなく、キャラの頭身を小さくした児童向けっぽい作風に変えてきましたからね。

――ゲームにしやすくもあった？

杉森　うん、しやすかったですね。色もカラフルだったし、ゲーム向きの題材だったと思います。

原作の要素を活かしてゲームを作る

――原作からは、様々なものにペンで絵を描くと命が宿る、という要素を取り入れてます。

杉森　まあ、疑似的なものですけどね。

――あれをメインのアクションに採用したのは、なぜでしょう？

杉森　うーん、あの頃はキャラゲーって、あまり原作の設定を活かしてないものが多かったように思うんです。

――ああ、既成のゲームのスタイルにキャラクターを当てはめただけだったりとか。

杉森　そうそう。キャラクターの能力に関係なくパンチとキックで戦うとか、どこからかわからないけど弾が出る、みたいな。そういうものが多かったんですよ。でも、ぼくらはそうじゃなくて、ちゃんと原作で主人公がもってる能力を使って戦うようにしたいなあと思っていて。原作のコミックスを全巻買ってきて、それを読み込んでアイディアを出したりしてました。

――その結果、発売された『まじかる☆タルるートくん』は高評価もいただきました。

杉森　はい。商品としてそれなりにヒットしたし。

――それが次の『パルスマン』にもつながったわけですね。『パルスマン』も杉森さんがディレクターでしたっけ？

杉森　いちおう、ぼくということになってます。ちょっと開発の後半では外部の人なんかも来て、いろいろ手伝ってくれたりもしたんですが。

――変な質問ですけど、『ポケットモンスター』が世界的なヒットになって、いま、その続編を作っていたりすると、『マリオとワリオ』や『まじかる☆タルるートくん』を作っていたときのような気持ちになったりはしませんか？　自分たちの作品なのに、誰かの作品の続編を作っているような気持ちというか……。

杉森　ああ、言わんとしていることはわかります。

――わかっていただけますか（笑）。それだけ『ポケモン』が大きなものに成長していった、ということなんでしょうけれど。

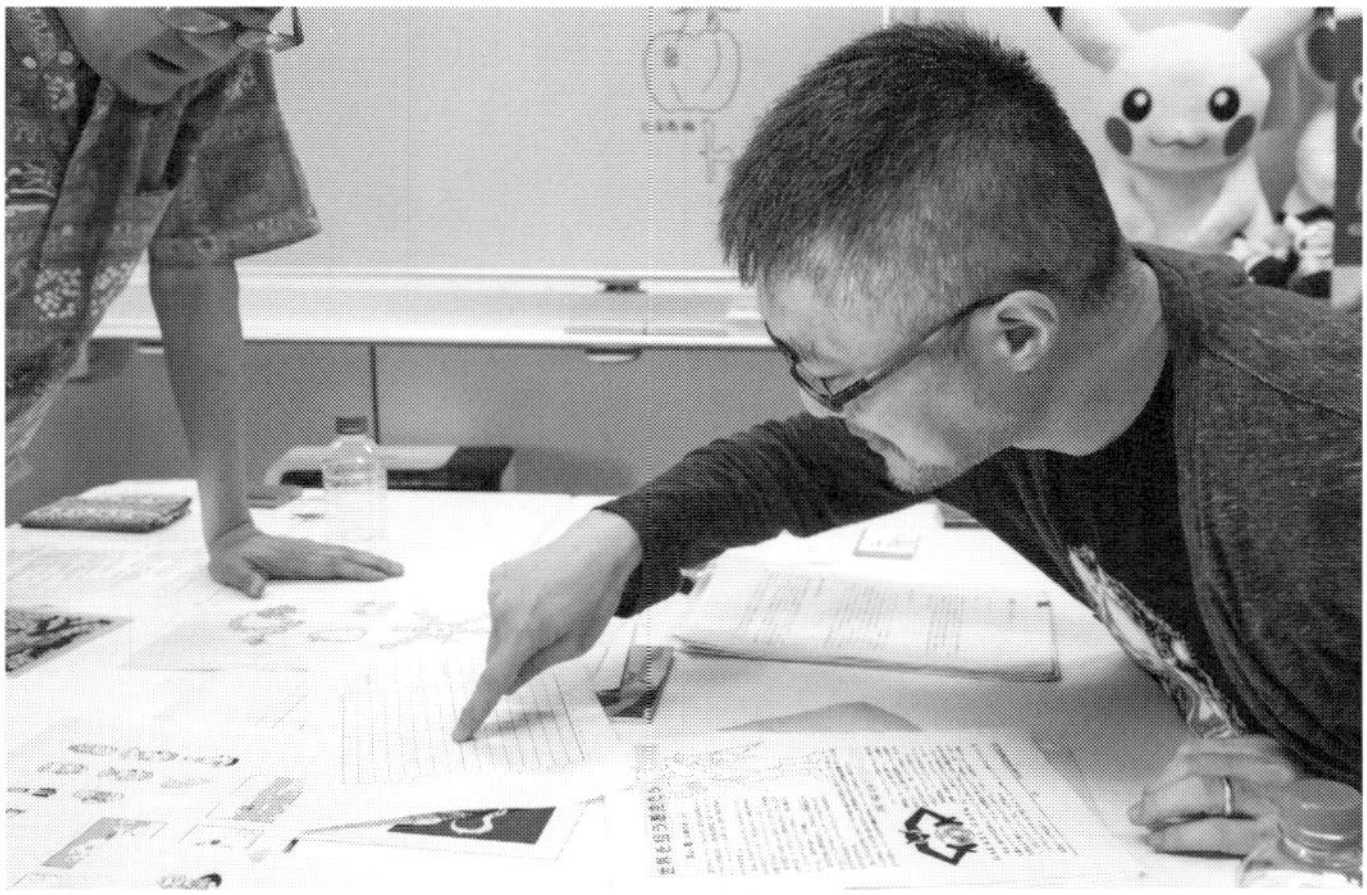

指差しているのは開発に使用していたドット絵デザイン用の自作方眼用紙

死ぬまでに作ってみたいゲームのこと

ドット至上主義というわけではないんです

——わたしの勝手な考えで「杉森さんはドット絵好き」だと思っているのですが、それは間違ってないですよね？

杉森 ええ、もちろん。

——そのことをご自分ではどう分析されます？　ドット絵に限らず、それを含めたレトロゲーム的なもの、ということでもかまいませんが。

杉森 無駄のなさ、みたいなところがカッコいいというか。

——なるほど。ノスタルジーはどうですか？　それこそアマチュア時代にゲームフリークの仲間でワイワイとやっていた頃への郷愁とか。

杉森 それもありますよ。そういう16ビット感のあるゲームは、いちばん多感な時期に吸収したものですから、いまでも変わらず好きです。

——最近の3Dゲームというか、やけにCGが滑らかな、ほとんど実写のようなゲームについてはどう思われます？

杉森 ああ、ぼくはそういうのを受け付けないかっていうと、そんなことはないです。古いのも、新しいのも、両方やるタイプなので。ドット至上主義というわけではないんです。

——杉森さんに限らず、いまはゲームレジェンドというイベントなんかもあったりして、レトロゲームを愛でる人たちが増えてますよね。そういう動きに関してはどうですか？

杉森 そうですね、おもしろいことになったなあと思ってますよ。それこそ若い人がドットの粗いゲームを作るようになったりしていて。

——ファミコン時代を知らない若い人たちが。

杉森 そう、世代じゃないのに作るでしょう？　その流れは非常におもしろいことだなと感じます。

——ドット絵のゲームで、生涯これ一本！　というのは何かありますか？　ゲームタイトルでなくても、愛着のあるキャラクターとか。

杉森 うーん……、すぐには出てこないな……。

——ウケることを言おうと考えてますか。

杉森 いやいや（笑）、そういうわけじゃなくて。

——やっぱりパックマンのこのデザインがカッコいい、とか。

杉森 いや、あの4色しか使えなかったような時代のドット絵の表現はすごいんですけど、ぼくが好きなのはもう少しあとの時代。16色くらいのドット絵が、ちょうどいい感じがして好きなんです。色が多すぎてもよくないし、少なすぎても寂しいっていうところが。

ぼくは遊びながら集中するタイプなんです

――ちょうどいい、という感じはよくわかります。わたしもメガドライブやスーパーファミコンの初期の頃のグラフィックが好きです。

杉森　スーパーファミコンも後期になってくると、グラフィックが写実的になったり、実写の撮り込みなんかが出てくるようになったりして。

――ハードウェアの研究が進んで、性能を限界まで引き出せるようになったからでしょうね。では、ここで杉森さんの仕事のスタイルと、今後のことについても教えてください。

杉森　仕事のスタイル？

――いま、一日の仕事の進め方って、どんな感じですか。わたしの記憶では、広いフロアーの一角に杉森さんの席があって、その周りには他のスタッフがいる。それはいまも変わらず？

杉森　変わらないですよ。

――そこで終日作業をしている？

杉森　そうですね。ぼく個人の作業もありますし、人の描いたものをチェックするっていう作業もけっこうある。

――若いころとは立場も違ってきてるでしょうから、絵だけを描いていればいいわけではないんですね。

杉森　アートディレクターとしての役割りがあるので、グラフィック・スタッフが描いたものチェックしたり、修正の指示を出したり、そういう仕事が比重としては多いですね。

――出社時間は11時くらいでしたっけ？

杉森　そうです。11時に出社して、夜10時過ぎくらいに帰る感じでしょうか。

――その間は、ひたすら仕事をしている？

杉森　まあ、けっこう、ダラダラしてますよ。ぼくは遊びながら集中するタイプなんです。

――知ってます（笑）。

杉森　ハタから見れば遊んでいるのと変わんないでしょうけど、けっこうゲームをやりながら頭の中でいろんなことを考えてるんですよ。あのデザインはこうしたらいいんじゃないか、とか考えていて、テンションが上がってきたらコントローラをパンって置いて作業に取り掛かる、みたいな。

女の子が主人公のアクションゲーム

――では、具体的なタイトルは挙げなくてかまわないので、今後のことについて教えてください。

杉森　そうですね。よく「これから作ってみたいゲームはなんですか?」ときかれることが多いんですけど、そういうのはもうなくなってしまったなあ、と思っていたんですよ。

――そうなんですか?　まず、ここまで大きくなった『ポケモン』を守り続けていくという役割りは大前提としてあるでしょうけれど、まさしくいま伺いたかったのは、その『ポケモン』以外に作ってみたいものとは?　ということだったのですが。

杉森　それが、意外となくなってしまっていたんですよ。でも、最近ちょっと思い出したことがあって、それは「女の子が主人公のアクションゲーム」。昔、そういうのを作りたいねって話をしていたのを思い出しまして。

――えっと……『振袖ファイターお京』だ!

杉森　それそれ!　あの頃、サンプル画面を描いたじゃないですか。

――あの夢はまだ捨ててませんでしたか!

杉森　そう、あの夢があったぞ、って。

――わたしも今日までそんなこと忘れてましたが、言われて一瞬でタイトルを思い出しました。

杉森　あのサンプル画面って『マリオペイント』で描いたんですけど、プリントアウトしたものが、まだどこかに残っているはずです。

――見つかったら、ぜひ送ってください。

杉森　それをいつか作れたらいいな……と思ってます。

――会社の立場的には、やろうと思えばできるんじゃないですか?

杉森　ちゃんと黒字になるという保証があればできるんですけど、まあ難しいでしょうね。

――杉森さんがディレクションした『スクリューブレイカー』は、女の子が主人公のアクションゲームだったじゃないですか。

杉森　そうなんですけど、あれはぼくがキャラクターデザインをしていないですからね。いつかは、自分でプレイヤーのドットを打って、よく動くアニメーションのゲームが作れたらいいな、と思います。まあ、死ぬまでになんとか、って感じです。

――わたしも、いつかそれを遊んでみたいです。

『振袖ファイターお京』のサンプル画面

07 JUMP GAME

ドットに込めたキャラクターのチカラ
少年ジャンプゲーム 編

【田中 庸介（上)】1967年、大阪府生まれ。京都にある株式会社トーセに入社。下請けとしてバンダイ（当時）のゲーム開発業務を経たのち、東京のバンダイへ移籍。現在は株式会社バンダイナムコエンターテインメントにてコンシューマーソフトの事業管理を務める。

【中里 尚義（下)】1959年、東京都生まれ。デザイン会社D&Dでグラフィックデザイナーとして活躍するうち、バンダイの仕事を通じてゲームデザインの世界へ。株式会社スクウェアエニックスでシニアゲームデザイナーを務め、現在は株式会社Luminous Productionsに在籍。

別々の会社にいた二人が共にゲームを作るようになるまで

何もわからないままゲームの世界に入った

——今回取り上げるジャンプゲームは、当時、バンダイ（現・バンダイナムコエンターテインメント）の下請けでゲーム制作をしていたトーセが開発していました。お二人とも、最初に就職されたのがトーセだったということでしょうか？

田中　わたしはトーセですね。学生時代は大阪に住んでいて、美術系の学校を出て就職するというときに、京都にあるトーセを選びました。ちょうどファミコンがブームになってきた頃ですね。美術系の学校を出ても、京都だとどうしても太秦映画村の美術セットだとか、あるいは着物関係とか、就職先の選択肢がそういう感じになってくるんですよ。その中で、トーセはゲーム開発をやっていて、ドットを使ってデザインするというのがおもしろそうだと思って選びました。

——それは何年頃のことですか？

田中　ぼくが19歳ですから……もう30年くらい前。１９８６～7年ですかね。

——その頃だと、まだゲーム業界って就職先としてそれほどピンとこない時期ですよね。

田中　そうですね。京都だと任天堂さんがいちばんに挙がるところですが、それ以外ではほとんどなかったかもしれません。

——選択肢としてはそう多くはなかった。

田中　多くはなかったですね。ちょうどファミコンが世の中に出てきて、一般の方たちも気軽にゲームを遊べるようになって、わたしもゲームを楽しんでいるタイミングで就職することになったので、はい。

——ゲームが好きで、絵を描くことも特技にしていたから、自然とこちらの道へ、と。

田中　そういうことですね。

——その頃、ゲームのために絵を描く人のことは、社内でなんと呼ばれていましたか？

田中　普通に「デザイナー」ですかね。

——グラフィックデザイナー、ということですね。

田中　まだ「ドッター」っていう言い方は全然なくて、普通に「デザイナー」として来てくれと。でも、デザイナーといったら鉛筆や絵の具でイラストを描くイメージがあったので、入社してみて驚きました。

——だいたい何をするか、ゲームの絵を描くんだということは、わかっていました？

田中　それはわかってましたけど、あくまでもユーザーとしてしかゲームを見たことがなかったので、まさかこういう形で仕事をするとは思っていなかったです。

——ゲームの作り方や、ドット絵の描き方なんて、それを教えてくれる学校もなければ、テキストさえもなかった時代ですもんね。

田中　ファミコンは出てきていたけど、それでもまだ主流はゲームセンターで、アミューズメントのほうを自分たちで遊ぶっていうのが普通でしたよね。

——そうか、ゲームは遊び場（アミューズメント）に行ってそこで遊ぶものであり、自分たちで作るものというイメージは希薄だったわけですね。

グラフィックデザイナーからゲームデザイナーへ

——中里さんはいかがですか？

中里　自分は、東京の美大を卒業して、D＆Dというごく普通のデザイン事務所に就職しました。

——それはゲームとか関係なく、いわゆるデザイン会社？

中里　そうです。就職した事務所のクライアントのひとつにバンダイがあって、そこでバンダイさんの仕事をするようになりました。ぼくのときはまだファミコンが登場していなくて、任天堂さんだったら「ゲーム＆ウォッチ」とかの頃です。だから当時の仕事はゲームのグラフィックとかではなくて、ほんとに純粋なデザイナーとしての仕事。

——ああ、外側の。商品パッケージのデザインとかですね。

中里　それから、おもちゃの企画会議なんかにも呼ばれるようになって、ブレーンとしていろんなアイディアを出したりしたのが最初のきっかけですね。

——バンダイは会社の規模が大きいですから、いくつも下請けのデザイン会社や企画会社がありましたね。わたしもそのうちの一社でゲーム制作のお手伝いをしたことがあります。

中里　その頃に、バンダイさんが「RX－78」というパソコンを発売します。そうしたら会社から「お前、シャープに行け」って言われて。

——RX－78はシャープとの共同開発でしたね。ということは、RX－78用の何かをデザインすることになった？

中里　立ち上げのときに使うグラフィックを描くことになりました。それが初めてドット絵を描いた仕事ですね。

——そのグラフィックはどういうものでしたか？

中里　ええとね、タイトル画面とか、バンドルされてるグラフィックソフトで「こんなことが描けますよ？」というサンプル画像ですね。自分はエンゼルフィッシュかなんかの絵を描いたかな。当時はまだ他社のパソコンもPC－8801とかPC－9800

の時代なんで、色数がほとんどない。それに比べてRX-78はかなり色数があったんで、けっこうカラフルなエンゼルフィッシュを描いた覚えがあります。

――まだ記録媒体がカセットテープかフロッピーディスクだった時代ですね。

中里　自分はセーブ、ロードの意味すら知らないで出向しましたよ。

――そこからゲームのグラフィックが仕事の中心になっていくわけですか？

中里　その中で作るゲームの企画を立てたり、さらに絵も描けるということでドット絵も描き、じゃあパッケージもデザインして、取扱説明書も作って、というのを全部やらされましたね。まあ最初はいい加減なもんですよ。

――このインタビューシリーズでも、ゲームの黎明期からお仕事をされてきた方々は「最初はなんでもやらされた。いろんな仕事をした」とおっしゃいます。

中里　あとはもうプログラマーとマン・ツー・マンで仕事をしてました。プログラマーが音も出せれば、仕事はその二人で完結してしまうんで。それで、こうしてこうしてああしてっていう感じで作っていった。

――そんなに明確に仕様書とかを作らないで仕事を進めていったんですね。

中里　ないない。誰も見る人いないし、チェックする人もいないし。

『神龍の謎』の開発で二人が出会った

――中里さんは、どういった経緯でバンダイでのゲーム開発に参加するようになったのでしょう？

中里　これはジャンプゲームじゃないんですが、バンダイさんが『オバケのQ太郎』をファミコンソフトにするとき、開発をトーセさんが請け負って、そこにぼくも企画とデザインで入っていきました。

――それはトーセに移籍したわけではなく、D&Dからの出向で？

中里　トバされて（笑）。企画から関わったので、ほとんどトーセさんに行きっぱなしでしたね。そのプロジェクトのために一室空けて、ぼくのための機材も用意してくれて、というのが始まりです。

――では、今回のインタビューの趣旨でもある、ジャンプゲームを最初に手掛けたのは？

中里　『オバQ』が終わったあとで、『ドラゴンボール　神龍の謎』ですね。本来、自分は担当ではなかったのですが、途中からそのチームに加わって。

田中　ぼくは新入社員として『ドラゴンボール　神龍の謎』の開発に加わりました。

――そこでトーセの新人だった田中さんと、D&Dから出向の中里さんが出会うわけですね。お二人の年齢差は、どれくらいなのでしょう？

田中　ぼくはいま50歳になったばっかりです。

中里　自分は58歳です。（ともに取材当時）

田中　ぼくよりずっと先輩ですね。

――ということは、バンダイの仕事は中里さんのほうが先にやっていたということですね。

中里　そうなります。自分は橋本さん（橋本名人＝橋本真司さん。現・スクウェア・エニックス第3ビジネス・ディビジョンディビジョンエグゼクティブ）の、さらにその先輩の頃からバンダイさんと仕事をしていて、途中から新人として入社してきた橋本さんが仕事を引き継がれました。あの方が名人になった経緯も全部知ってるんですよ（笑）。

中里さんの描いたエンゼルフィッシュのグラフィック

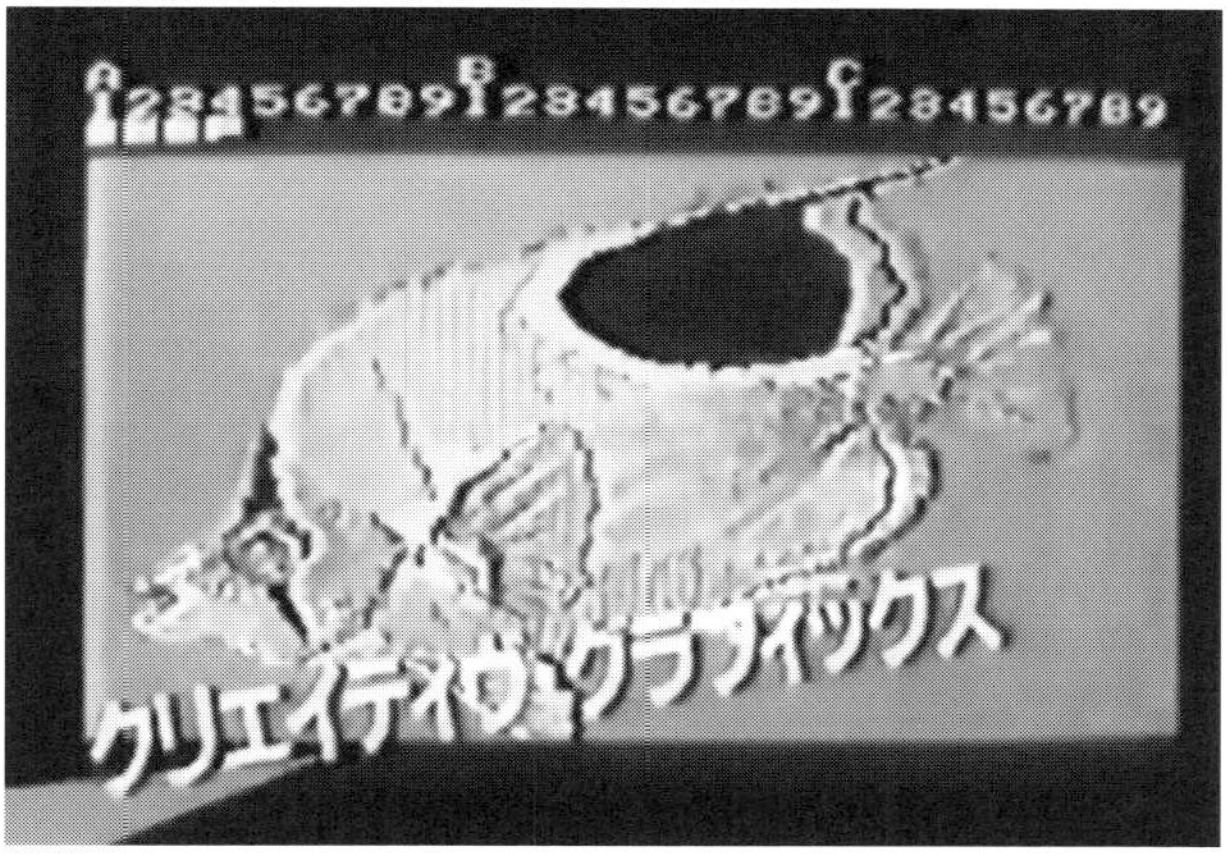

原作のあるキャラクターゲームを作るということ

ゲームを作る仕事に対する世間の目が8年で180度変わった

——お二人が『ドラゴンボール　神龍の謎』を作っていた頃は、ゲームを作るノウハウやそのための機材がいまほど洗練されていなかったと思います。そのあたりの工夫であるとか、苦労話などがあったらお聞かせください。当時の開発マシンはどんなものを使ってらっしゃいましたか？

中里　PC－9801……8801かな？　フロッピーが5インチの、ヘロヘロの。PC－8801だったかもしれないですね。

——1980年代の半ばくらいだと、記憶媒体は5インチのフロッピーディスクが主流でしたよね。

中里　当然、インターネットなんてないですし、データの受け渡しはDOS－Vでコピーするとか、そういう命令でしか扱えないですし、企画書を作成するにしてもツールやアプリなんてないからオール手書きでしたよね。

——あの頃は、仕様書さえも手書きしていましたね。

中里　手書きで、すんごいブ厚くなったコピーを配って。たとえばこれも（当時の仕様書を指差しながら）ツールがなかったんで方眼紙に色鉛筆で絵を描いて、こういう風に最後は出力してってていうような、そういう時代でした。

田中　真面目に描いてるじゃないすかこれ（笑）。

中里　誰にでも伝わるようにするには、これくらい描いておかないとね。

——ファミコン神拳の仕事で『ドラゴンボール　神龍の謎』の攻略本を作ったときに、この仕様書は拝見した覚えがあります。これをデータにするのは、プログラマーというか、誰かが仕様を見ながら数値化していった、みたいな感じなんですか？

中里　そうですね。最初はもっと不便で、自分が描いた方眼紙を見ながら、それを同じように複製するんですが、実際のドットって正方形じゃなかったんですよ。だから市販の方眼紙で絵を描いたものをデータ化すると、画面に表示させたときにタテヨコ比が変わって、つぶれて見えるんです。そこがいちばん難しかった。

——そうでした。ファミコンのドットは正方形ではありませんでしたね。

中里　それで、トーセさんが、ちゃんとファミコンの比率に合わせた方眼紙を作ってくれて。それ以降はかなりラクになりました。

田中　そういうことの積み重ねですよ。いまなら当たり前のこと

が、最初のうちは誰もわかんない。そのことに「これはおかしいよね？」って途中で気がついて、誰かが工夫して、少しずつ前へ進んでいった。

中里　背景は方眼紙に描いて、スプライトは上から貼ったトレーシングペーパーに描いて、この色を乗せて……みたいな、ようするに版下に指定紙をつけるようなことをしてましたね。自分は元々がグラフィックデザイナーだったからそういう作業にも違和感がなくて、普通の色指定と同じようなイメージでできたのは確かです。でも、バカにされましたけどね。

——バカにされた？

中里　自分は美大だったんで、同じように卒業した仲間はデザイン会社とか電通さんとかに行っていて、そいつらから「お前、何やってんだ？」って聞かれる。それで「ゲームの絵を描いてる」って答えると、「なんでお前がそんなヘボい絵描かなきゃいけないんだ」って（笑）。こっちは「ヘボかねえよ！」と思うんだけど、全然認められなかったです。

——興味ない人からすれば、ゲームなんて子供の遊ぶもんでしょ、みたいなイメージでしたからね。まさか、ゲームがこれほどの産業になるなんて、あの頃は考えもしませんでした。

田中　そこは、ぼくの世代とは違いますね。ぼくらの頃は、ゲームの仕事をしてることが羨ましがられました。なにしろ、ファミコンは大ヒット商品だったから。

——そうか……、中里さんと田中さんで8年の時間差があると、世間の受け止め方はそれほど違うんですね。田中さんのときには、もう華やかで子供たちが憧れる職業になっていた。

中里　自分のときは華がなかったからねー（笑）。

「1ドットがすごく大きい」という感覚

——田中さんがトーセに入社して、最初に手掛けたのは、何のゲームですか。

田中　これはバンダイではなくて、『ナムコクラシック』っていうゴルフゲームでした。当時は「前人未到の大容量」って、広告で謳ってたくらいの話題作ですよ。

——大ヒット作ですが、いまでは4メガじゃ誰も驚きません（笑）。

田中　ぼくがこの仕事に就いたときには、もうゲーム開発のツールはあったし、開発用の紙（仕様書のフォーマット）もありました。スタートしたときには、勉強のため背景の絵を分割したものを出力して、そこに1個ずつ番号を書いていくんですよ。何番のキャラクターをどこに使ってるか。それを自分で画面を追いかけて、打ち込んでいくようなことをしていました。

——それはそれで大変ではありませんか？

田中　そんなに苦労はしてなかったですよ。世の中はもうファミコンが大ブームになっていたので、会う友達みんなが羨ましがるし、いま何のゲームを作っているのかって、聞き出そうとするし

（笑）。

――それだけ注目されれば、やり甲斐も感じますよね。

田中　ただ、ぼくは学生時代にはドットでデザインをしたことがなくて、それまでは普通に筆や鉛筆で絵を描いていたのに、会社に入ったらいきなりドットで絵を描かされた。しかもキャラクターを描くっていうのは、最初はすごい難しくて……。

――キャラということは、当然のように動き（アニメーション）もありますよね。

田中　そう。最初はゴルフのティーショットを打っている人物を描くんですが、描いても描いてもうまくいかないんです。ゴルフクラブを構えているヒトの形を描いて、ティーショットを振り抜くまでの動きのパターンを描くんですけど、実際にモニタに表示させてみると全然合わなくて。

――アニメーションの難しさ。

田中　アニメーションもそうですし、ヒトの形、ようはドットをうまく消していって、最終的に必要な線だけを残す、っていうことができなかったんです。

――それまでの絵の描き方とは、まるで違うわけですね。

田中　1ドットがすごく大きいと思いました。

――あ、わかります！　1ドットが大きいという感覚。ドット絵を描いてると「この半分サイズのドットを置きたい！」って思いますよね。

田中　そうなんです。やっぱりドットをうまく使って、ギザギザしてるように見せずにキャラを表現するっていう方法がですね、当時はわからなかったんです。

――入社したときに、先輩がドット絵の基礎を教えてくれたりはしないんですか？

田中　それは教えてくれますよ。同じナムコチームだったので、こういう風に描くんだとか、こういうふうに影を入れるんだとか。

――ドット絵って、2色をタイル状に交互に配置することでその中間色に見せるとか、斜めの線はギザギザの間に中間色を置くことで滑らかに見せるとか、基本的なテクニックがありますよね。

田中　そういうことを先輩から教わったり、うしろから見て覚えたりしました。ドットで描かなきゃいけないっていうことと、この枠内で作んなきゃいけないっていうことと、あと、3色しか絵の具がないっていうこと。

――ファミコンだとそうなりますね。

田中　これはもう、いままで自分がやってきた絵の描き方とは全然違う世界です。最初にひとつのキャラクターが描けるようになるまで、すごい時間がかかりましたね。

キャラクターゲームは記号の再現が重要

――これはお二人に共通すると思うんですが、バンダイさんのお仕事だと『ドラゴンボール』であるとか『聖闘士星矢』であるとか、既存のマンガのキャラを再現しないといけないから、そこに色の制限まで加わるのは、かなり仕事のハードルを上げますよね。

中里　辛かったですねえ。どうしようもない。

――そのへんで何か覚えていることはありますか？「ここに苦労した」とか。

中里　そうですね……『ファミコンジャンプ』のときは、まだいいんですよ。最初から、極力キャラを大きく表示しようと決めて、どういうサイズでどの色数を使ってできるか、仕様を固める段階でそこの選択さえ間違わなければいいんですから。でも、それ以前はもっと小さいキャラが当たり前だったので、そのときはもうどうしようもない。

――ファミコンの初期の頃は、主人公キャラなんて16×16ドットがいいとこでしたね。その中で聖衣（クロス）を身に着けた「聖闘士」を描くっていうのは、まさに米粒にお経を書くようなもんです。

田中　使える色にも制約がありましたしね。このエリアとこのエリアは一緒の色（同一パレット）みたいな。そうすると、原作に準拠した特定の色を使わなければならない場面では、どうしても他のキャラにもその影響が及ぶし、そうすると背景に使える色はこれ、スプライトに使える色はこれ、なんて毎回毎回こうした用紙に書いて、覚えていかないとならない。

――まるでパズルですね。

中里　だから記号ですよね。どこに特徴を持たせるか。これは何とかだってイメージさせるか。

――なるほど、悟空だったらあの髪型さえ再現できれば〝らしく〟見えるだろうと。

田中　そういうことです。

中里　『シティハンター』の冴羽獠とか難しかったなー。

――ああ、そうですね。冴羽獠は外見的にはただのヒトですもんね。『ファミコンジャンプ』のキャライラストくらいのサイズ（48×48ドット）なら再現もできるでしょうけれど。

中里　頭身が高いと、そのぶん顔が小さくなって、どうしようもないんですよ。

田中　あとは、どういうふうに使い回しをするか、ですね。やっぱりロムの容量があるんで、描きたい放題描くわけにもいかないです。限られた容量の中で、どれだけいろんな表現をしていくのか、っていうのを追求します。

中里　自分は『スーパーマリオブラザーズ』を、けっこう参考にさせてもらいました。あの雲と草とか……。

――あれは、雲も草も、じつは同じフォルムで、色だけを変えていますね。

中里　すごく上手に容量を節約してるんです。そういう工夫のオンパレードじゃないですか。

田中　『ファミコンジャンプ』でも、この街のグラフィックなんかは、使い回しの嵐ですね。マップのパーツをいかに流用するかで、容量を節約しつつ雰囲気を作っていく。

——ビルも、四角いものならパーツの流用も簡単なんでしょうけれど、雰囲気作りのためにあえて丸いビルを描いていて、開発者の苦労が伝わってきます（笑）。

田中　窓を外したり、それをつなげて変化をつけたりして。

——オリジナルのゲームと、原作付きのゲームで、何か違いはありますか？

田中　キャラものは、原作コミックはあるしテレビアニメもありますから、ある程度以上のキャラの再現性がないと、ユーザーさんが許してくれないじゃないですか。だから、そこのクオリティを維持するために、まず容量を食われちゃうんですよ。そうすると、それ以外の背景とか、敵キャラとかは、使い回しができるようにデザインして、容量の節約をはかることになります。

——そこはキャラゲームの宿命ですね。

中里　ゲーム全体の容量が増えても、ひとつの画面表示に使える量はそう変わらないので、潤沢には使えないですよね。あと横並びで（スプライトが）消えてしまうのは、消えないように工夫をしなきゃいけないとか。

田中　ある程度、スプライトが重ならないようにやってくしかなかったですよね。

——この『ドラゴンボール　大魔王復活』でのカードバトルの文字とかも、描くのが大変そうですね。明朝体で表現しないといけない。

中里　ＲＸ-78の仕事でワープロソフトを作ったときに明朝体フォントのデザインをやっていたので、あまり抵抗なくできましたよ。

——ということは、このカードのグラフィックを描かれたのは、中里さん？

中里　このときのグラフィックは、背景以外ほとんど自分が描いてますね。

取材時の中里さんと田中さん。後ろに映っているのは『ドラゴンボール 大魔王復活』地名看板のドット絵デザインの開発画面

『ファミコンジャンプ』開発秘話

どの原作を採用するかの取捨選択が重要だった

――お二人は、ジャンプゲームをいろいろ作ってこられたわけですが、「週刊少年ジャンプ」に対する特別な思い入れ、みたいなものはありますか。

田中　ぼくの学生時代には、週刊のマンガ雑誌って「ジャンプ」「マガジン」「サンデー」と、他にもいくつか出ていて、ぼくらが読むためのものという感じでした。自分ですべては買えないから、友達と「きみはジャンプの人」とか言って分担して、回し読みですね。そうでないと話題についていけませんでしたから。

中里　自分はもう少し時代が古いので、「少年マガジン」でしょうか。『巨人の星』とかが全盛期だった時代。

――中里さんの年齢ですと、「少年ジャンプ」が全盛期を迎えたときには、もう大人になっていましたよね。

中里　そうなんです。ぼくの若い頃は、まだ「ジャンプ」が創刊されていなかったか、あったとしてもまだ二番手か三番手の頃です。『巨人の星』とか『マグマ大使』とか『タイガーマスク』とか、ぼくはそのへんのマンガで育ってるので、「ジャンプ」を読むようになったのは、この仕事を始めてからです。

――田中さんは、どんなマンガがお好きでしたか？

田中　ぼくは『テニスボーイ』が好きだったんですよー。

――小谷憲一先生の！（原作は寺島優先生）ええと、これはホーム社の取材ですが、無理に「ジャンプ」作品をヨイショしなくてかまわないんですよ（笑）。

田中　いやいや、うちの親父がスポーツマンガ好きで、『ドカベン』とかいろいろと買っていて、その中に『テニスボーイ』もあって。それで、ぼくは中学のときテニス部に入っちゃったんですよ（笑）。

――またストレートに影響を受けましたね！

田中　まわりにも同じやつがいて、みんなミーハーだなあと思いながら。

――では、『ファミコンジャンプ』の仕事をしていたときに、このキャラクターが描けてうれしかった、みたいことはありましたか？

中里　自分はヒゲゴジラですね。

――わはは、永井豪先生の『ハレンチ学園』！

中里　あれは、当時の男の子がみんな通る道というか。毎週いちばんの楽しみでしたから。

田中　ぼくは、やっぱり『ドラゴンボール』も『北斗の拳』もすでに大好きで読んでいて、『ファミコンジャンプ』にはそれらが全部入ってるのがよかったですね。プロジェクトの最初から最後まで関わったのは『ファミコンジャンプ』が始めてだったんですよ。最初に集英社さんのタイトルを手掛けたのは『聖闘士星矢』の1作目でしたが、そのときはデバッグをするくらいで、そのあとも一部だけデザインを手伝うとかだったんですね。だから『ファミコンジャンプ』で全面的に携わることができたのはとても嬉しかったです。

――『ファミコンジャンプ』は、何人くらいでグラフィックを描いていたのでしょう？

田中　いちばん最初は4人ですよ。中里さんも入れたら。

――思ったより少ない気がします。

田中　ぼくは京都のトーセにいて、このゲームを作るってなったときにプログラマーと東京へ出向っていう形で来たんですよ。それで、D＆Dの方たちと一緒にチームを編成して開発をスタートさせました。最終的にはさらに4人増えて、グラフィックだけで9人くらいになってます。

――その中で、お二人が中心になって作業を進めていった、という感じですか？

田中　メインは中里さんですね。企画からデザインから指示から全部やられていたので。我々（トーセ）はどっちかというとデザインと、それからアイデア出し。いちばん最初の4人っていうのは、どういうゲームにするかということよりも、どういうキャラを入れていくかっていうところに時間をかけました。

――たしかに『ファミコンジャンプ』だと、どのキャラ（原作）を採用するかの取捨選択は重要です。

田中　それで、開発スタッフみんなでマンガを読む、ってことが多かったんですよ。

中里　ジャンプコミックスを全部そろえて、「企画会議」と称して、みんなで黙々とマンガを読むだけという（笑）。

田中　それで、原作のコミックを見ては、ドット絵をちょろっと描いて「これはどうだ？」なんてことを何ヶ月かやってました。それこそ、主人公のキャラクターをどういうふうにしようかっていうのは、すごく悩んだところです。

主人公は読者。読者をどうキャラにするかという難問

――そうだ、主人公はオリジナルのキャラクターでしたね。

田中　最初にこの話をもらったときに、橋本さんから「『ジャンプ』を読んでるユーザーは少年たちです。だから、少年を主人公にしましょう」と言われたんです。じゃあ、具体的にどういう主人公にするのがいいか、っていうのは全然なくてですね、最初に中里さんたちが描いてきたやつは、悟空の冠をはめてないような感じのものとか、いろんなパターンがありましたね。

——最初からすぐにあの主人公が出てきたわけではないんですね。

田中　それを決めるのに、すごい時間がかかったのは覚えてます。何かしらの冒険をしているわけだから、それを感じさせるような服装にしようとか、あと、主人公にどんな武器をもたせるか？というのがあって、『マジンガーZ』が「少年ジャンプ」に連載されていたのは知っていたから、ロケットパンチをつけちゃおうよ、って話したり。たぶん、いちばん時間がかかったのは主人公ですね。

中里　そうでしたねえ。

田中　この世界観の中で、主人公になるべきは読者です。でも、じゃあ読者ってどうやって描けばいいんだろう？　って。

——それは悩ましい問題ですね（笑）。では、『ファミコンジャンプ』は最初にバンダイの橋本さんが企画を立てて、それをトーセに持ってきて、中心となって作っていたのは……トーセ？

田中　最終的にはそうなんですけど、スタートしたのはD＆Dさんのほうです。

中里　最初に企画とデザインをうちで練ってから、プログラムとデザインの編集枠をトーセさんに移していった、という感じでしょうか。

——その辺の関係がよくわからなかったんです。バンダイの下請けにD＆Dとトーセがあって、その両社の関係は対等な感じだったんですか。

中里　そうですね、似てるけど、役割は微妙に違うっていう。

田中　けっこう長いことその関係でやってましたね。だいたいD＆Dさんが企画をまとめて、それがトーセのほうに来て、デザイナーを集めて、D＆Dさんのほうにもデザイナーがいて。

ゲームはマルチメディア展開のうちのひとつだった

——では、お二人はドット絵を描くだけではなくて、企画の仕事もそれなりに関わってこられたんですね。

田中　そうですね、はい。

——『ファミコンジャンプ』に限らず、他のお仕事でもそうですか？

田中　ぼくは、どちらかというとメインはデザイナーなんですよ。でも、アイディア出しのときには入っていくこともありました。

——それは「みんなも企画に参加しよう！」という会社の方針だったりするんですか？

田中　そういう側面もあります。明確にルールのような形になっているわけではないですが。

——他社からもジャンプ作品のゲーム化があったと思うんですが、何があったかな……『魁!! 男塾』、『北斗の拳』とか、そういうのを当時ご覧になりましたか？　つまり他社が作ったジャンプゲームを見て、自分ならこうしたいな、とか。

田中　自分がこうしたいっていうのはとくに……。

──あるいは他社の製品から学んだこと、とか。

中里　うーん、そうですねえ。自分はセガさんから出た『北斗の拳』を買って遊んだ覚えがあります。ちょっとグラフィックが豪華だったんですよ。そこはデザイナー目線で「いいな」と思って、羨ましかったですね。

──あれは「セガ・マークIII」でしたかね。ハードウェアが違えば表現力も違ってくるので、仕方ないとは思います。

田中　ぼくが覚えてるのは、コブラチーム（橋本名人が独立して作った会社）の『ジョジョの奇妙な冒険』ですね。テレビアニメになっていない作品をゲームにするというのが、ぼくには新鮮だったんです。だいたいバンダイで作るゲームはアニメ化されていて、他にもキャラクター商品なんかがあるのが当たり前でしたから。

──ゲームはマルチメディア展開のうちのひとつだった、ということですね。

田中　でも、『ジョジョの奇妙な冒険』はアニメ化を経ずに、いきなり原作を使ってゲームが作られたので、それが心に引っ掛かったんだろうと思います。そのとき、ぼくはすでにバンダイに移籍していたので、そういう目線で見ていました。

中里　他のゲームからの影響ということで言うと、『ドラゴンボール　大魔王復活』を作ったときは任天堂の『新・鬼ヶ島』を参考にしましたね。

──それは、どういうところをですか？

中里　単純にアドベンチャーっていうところですよ。最初の企画のときに、こういうカードでマンガのコマ割りのようなイメージのバトルをするのがいちばんいいだろう、というのがコンセプトにあったので、それでバンダイさんにプレゼンしました。そのとき、他のアドベンチャー部分が自分では明確になっていなくて、もやっとしたままだったんですけど、いいとこだけを推してプレゼンはOKをもらって、さて、そのあとどうしようかというときに、ちょうどディスクシステムの『新・鬼ヶ島』が出たんで、それを見て、ああ、アドベンチャーゲームはこういう理不尽な感じでもいけるんだって（笑）、そのまま参考にした覚えがあります。

技術の進歩がドット絵をさらにおもしろくした

描いたドット絵が目の前のパソコンで動くよろこび

――ゲームのグラフィックというのは、ほぼ例外なくアニメーションしますね。お二人は、この仕事に就く前から、アニメーション（動画表現）に対する興味はおありでしたか？

田中　ぼくはどちらかというと美術系だったので、動くものにはまったく興味なかったんですよ。アニメは見るものであって、やろうとは思わなかった。自分はあくまでも「美術」で。

――動きのない「絵画」ということですね。

田中　それが、この業界に入ってから動きのあるものを手掛けるようになって、しかもそれをドット絵でやることに、すごい苦労しました。

――先ほどおっしゃっていた『ナムコクラシック』のティーショットですね。そこから仕事を続けていく中で、アニメの技法を学んでいかれたわけですか。

田中　学びましたね。最初の『ドラゴンボール　神龍の謎』を見たときに、そんなにおもしろいとは、ぼくは思わなかったんですよ。でも、新人の仕事として動作チェックをしているうちに夢中になって、最後までちゃんと遊べましたし、チェックどころじゃなくなっていくんですね。だから止まったら（プログラムがフリーズしたら）怒るんですよ。普通にユーザーとして（笑）。

中里　自分は、アニメには興味があったんです。小学校のとき、教科書のすみっこにパラパラマンガを描いたりしていてたので、絵を動かしたいっていう欲望はありましたね。

――じゃあ、ゲームの世界にきて、絵が動かせるようになって、より一層の興味が湧いた？

中里　嬉しかったんですよ。ツールをいじって「ああ～、動く～！」っていうのが非常に感動的で。『聖闘士星矢　黄金伝説』を作ったときも、バンダイから発売されていた「星矢」のアクションフィギュアを全部買ってきて、ビデオでコマ撮りしながらドット絵を描いてました。

田中　当時のファミコン用に使っていたグラフィックツールがですね、画面の真ん中あたりにウィンドウがあって、ゴルフの場合は上半身と下半身で別々にアニメーションをチェックすることができたんですね。そのとき自分で描いたものを映して、動きをじーっと見るんですけど、そんな作業は初めての経験なんで、「ああ～、おれの描いた絵が動いてる～！」って感動したのはよく覚えてます。ドットで絵を描いて、アニメーションさせて、修正を加えて、またアニメーションさせて、そういう作業を繰り返しながらひとつの作品ができあがっていく。そういう過程がおもしろかったんですよねえ。

――修正したものが、目の前のパソコンですぐに確認できることの良さは、ドット絵を書いている皆さんおっしゃいますね。

田中　それをプログラマーに渡して、ロムに焼いてもらってチェックしたら、「……違う！」ってなることもあるんですけどね（笑）。

――わたしたちライターが、何度も原稿チェックしたはずなのに、本に印刷されてから間違いに気づくようなものかもしれません（笑）。

田中　こんなはずじゃなかったのにって。実際は、こうやってバラバラで分けてチェックして、何が入ってるかっていうのをメモして、プログラマーさんに渡してもらって、作ってもらって、もう1回チェックして修正する。そういうことを、ずーっと繰り返すんです。

キャラに影をつけるための地味だけど大切な工夫

――普通に紙やカンバスに絵を描くのと、コンピュータでドット絵を描くのでは、脳の使うところが違うような気がするんですが、そういう感覚ってありますか？

田中　まず、いろいろな制約がありますよね。限られたサイズの中に、どうやって収めるか。それに色数も制限されてしまう。この仕事を始めて勉強になったのは、「抜き」という言葉。3色しか使えないんですけど、抜きでもう1色使えるんだよと。

――ああ、ドットを置かなければ（抜けば）黒として増えるという。キャラクターの輪郭なんかはそうやって描くそうですね。

田中　だから実際には4色あるんだと、先輩が教えてくれて。「あ、そっかあー！」って。最初は方眼紙の枠の中にこういう形で絵を描いて、そのあとパソコン上のツールに移して、ちょっと動かしながら修正して、最終的にロングで見て、もう1回修正して……っていう。そういうことを延々とやってました。

中里　「反転」とか「回転」というのは、いまでは当たり前のことですが、パソコンで絵を描くようになって初めて覚えました。紙に絵を描いてると、そういうのはないですから。「ああそうか、円を描くときは4分の1だけ描きゃいいのか」と。キャラも半分描けば基本のフォルムはできちゃうんだな、と。そこはちょっとショックでした。まあ、最近のキャラは個性を出すために、みんな非対称になっていたりしますけど。

――背景ならともかく、「少年ジャンプ」のキャラは、複雑な外見のものが多いんじゃないですか。

中里　そうなんですよー。それに、背景でも左右対称にすると影がつけられないので、それが開発中はネックでしたね。

――左右対称にこだわりすぎると、味気ない景色になってしまいますし、その中でどう変化をつけるかっていうことですね。それもドット絵ならではの苦労だと思います。

中里　できるだけ、光が当たっている方向は意識するようにしていました。だいたいみんな左側が明るくて、右側を暗くする、みたいな。

田中　あと、キャラの下に影を作るっていう方法も教えてもらいました。

——それは、どういうふうにやるんですか？

田中　それまでは影ってつけられなかったんですけど、キャラのずらし方によっては反転で使えるんです。いま持っているキャラクターの中で、ちょっとずらしてあげると、そこの部分は飛び出るので、反転してもちゃんと影のように見せることができるんだよ、と。先輩たちが教えてくれました。

中里　ようは、キャラをこう、ずらすんですよね。こっちは色つけて、こっちは黒だけのキャラにしてやると、影のように表現できる。

田中　そうすると、ここまでがひとつの1キャラ分で、ここだけは別キャラになるので、これを反転して、影として使う。とくに昔のゲームって、必ずここの下のここに丸をつけてやるんですけど、それを反転することによって……。

——??？（二人がかりで説明していただくが、いまいちよく理解できていないインタビュアー）。

田中　ともかく、すべてのキャラに影をつけていこうと。

——そこには地味〜な工夫の積み重ねがあるんですねえ〜（適当にまとめた）。

中里　いかに工夫して少ない色数を多く見せるか。どうやってキャラがたくさんあるように見せるか。ドットで絵を描くというのは、そんなことばかりですよ。

SFCになり背景がアニメと同じクオリティになった

——お二人それぞれでタイミングは違うかもしれませんが、途中からファミコンがスーパーファミコンに変わりましたよね。そのときはどう思われましたか？　グラフィック制作の作業もまた変わっていったと思うんですが。

田中　何より色数が増えたのがよかった。

中里　それまで12色の色鉛筆で描いてたものが、急に24色とか60色とかの色鉛筆を手に入れたようなもんですから。そういうよろこびはありましたよね。

——ジャンプゲームなんかもそうですけど、キャラものっていうのは、あの頃けっこう批判もあったと思います。原作の人気に頼っているという言われ方などされて。ただ、あの頃はファミコンの性能の限界もありましたから、既存のキャラを再現するだけでも大変だったのではないですか？

中里　そうですねえ、難しかったです。

——ユーザーは、開発側の事情は関係なしに言いたいことを言いますよね。いや、それに関しては、わたしもファミコン神拳の頃に他社さんのゲームに辛辣な評価を下していたので、ユーザーを責めるどころか自分も同罪なのですが。

田中　いちど鳥嶋さん（少年ジャンプ編集。「ファミコン神拳」などでテレビゲームをジャンプ誌上に大々的に取り上げた。現・白泉社代表取締役社長）に「ここの黒い線が太い」って言われたことがあります。

——わはは、あの方らしい。1ドットより細くはできないから、しょうがないですよね。

田中　だから、まったく反論せずに「すいませんでした」って謝りました（笑）。ユーザーさんから来たハガキでは、「キャラが似てない」とか「色が違う」とかよく書かれていましたが、みんなどこが違うかをちゃんとイラストに描いてくれるんですよ。具体的に「この辺が違う」とか。それはありがたいことでもありながら、キャラを反転してる都合上どうしようもないところだったりもして、辛いところでした。

——それが、スーパーファミコンに変わって、ようやく描きたいものが描けるようになっていった？

田中　スーパーファミコンになっていちばんよかったのは、背景がアニメの世界と同じような絵のクオリティに持っていけたことです。ファミコンのときは、やっぱり容量が少なくて使い回しをするしかなかったので、どこへ行っても丸い形とか四角い形しかなかったのが、スーパーファミコンでは背景を原作のイメージにぐっと近づけられたんです。

中里　スーパーファミコンになったことで、ゲームの作り方も変わっていったんだと思います。自分はスクウェアに移籍して、『ファイナルファンタジー』シリーズを手掛けることになるんですが、もうキャラの描き方が全然違う。Ｍａｃで下絵を好きなようにフルカラーで描いて、それを画像変換ソフトでぎゅーっと落とし込んでいって、最終的に16×16ドットくらいのキャラにしていくんです。

——あのグラフィックって、そうやって描かれていたんですか！

中里　だから、普通に考えたらそこにそんな色は入らないでしょ？　って色も入ってくるんですね。機械が変換するもんだから。近くで見ると違和感があるんだけど、離れて見ると、ちゃんとした絵になってる。まあ印刷の原理と一緒ですね。その手法を知ったときは、ちょっとしたカルチャーショックを受けました。こういう時代なのかー、と。

——その手法は、原作ありのキャラクターゲームでは使えないですね。

中里　そうなんです。でも、オリジナル作品なら、そういうダイナミックなことができます。

——作業時間もかなり短縮できそうです。

中里　全然早いですよ。

転職して絵から離れた二人のドット絵への想い

何度かの出向を経て正式にバンダイへ（田中さん）

——中里さんがスクウェアに移籍されたお話が出ましたが、お二人がそれぞれトーセとD＆Dから別の会社へ移籍することになった経緯を、教えてください。

田中　ぼくの場合は、トーセがD＆Dさんと『ファミコンジャンプ』を作るということで、半年ほど東京のバンダイに来ました。その後、また京都へ戻ったんですが、それから2年後にまたバンダイへ出向になりました。おもにアニメ系のゲーム開発をやっていた人間に来てほしいんだ、と。具体的にこのタイトルをやってくれってことではなく、その分野の開発経験者として、ということですね。

——その頃は、東京も居心地が良くなっていたのではないですか。

田中　橋本さんもそうですし、バンダイには一緒に仕事してきた方々もいましたからね。出向は2年間という制約があったので、その2年の中で、トーセが請け負うゲームをバンダイ内部にいて担当するという形でやっていました。

——籍はトーセに置きながら。

田中　そうです。月に1回、全体会議があるときだけ京都に戻って、現状の報告をしてました。

——そこから正式にバンダイへ移籍されたのは、なぜでしょう？　話せる範囲でけっこうですが（笑）。

田中　まあ、2年間バンダイで仕事をするうちに、いろいろと状況が変わっていったんです。最初はデザイナーが足りなければそっちでもやれって言われて、ぼくもデザイン作業をすることはあったんですが、やっぱりファミコンからスーパーファミコンになってきたときに、ぼくがツールを使ってグラフィックを描くことは少なくなり、プロデュース業が中心になっていくんですね。そういうタイミングで、たまたま移籍のお話もいただきまして、トーセの当時の上司から「行ったほうがいいんじゃないの」って言われて「はい、わかりました」と。

——円満に移籍することになった、と。では、お仕事としてドット絵を描くことはもうないんですか？

田中　ないですねえ。いまは管理系が仕事ですので、プロジェクト全体の確認とか、売り上げ数字のほうを見ています。あまりインタビューでは喋れないことを（笑）。

コブラチーム設立からスクウェアへ（中里さん）

——中里さんはいかがでしょう?

中里　自分は、スーパーファミコンの『ドラゴンボールZ　超サイヤ人伝説』を作ったところで、D＆Dを辞めたんですね。D＆Dを辞めて、橋本名人と一緒にコブラチームを作りました。

——あ、コブラチームが橋本名人の会社なのは知っていましたが、中里さんも立ち上げに参加されていたんですね。

中里　それから、わりとすぐ……1年か2年で今度はスクウェアの坂口（博信）さんから「一緒にやんない?」って言われて、そちらへ行ったという感じです。ちょうど『ファイナルファンタジーVI』が終わった頃でしょうか。

——中里さんは、先ほどいただいた名刺の肩書では「シニアゲームデザイナー」となっていますが、実際の業務としては、どんなことをされているんでしょう?

中里　自分は、スクウェアに移籍したとき、坂口さんに「どっちをやります?」って聞かれたんですよ。それまではデザイナーとプランナーと両方やっていたんで、どっちかにしません?って。ようするに、スクウェアがそういう職種体系なんですね。デザイナー、プランナー、プログラマーって。

——明確に分かれている。

中里　それで、そのときはプランナーを選びました。いまは肩書上「ゲームデザイナー」という呼び方になっていますが、やっている仕事としてはプランナーです。

——では、グラフィックはもう描いてらっしゃらない?

中里　ええとね、『VII』の頃はコッソリやってましたね（笑）。いや……『X』までは、やっていたかな。

——それはどの部分の絵を?

中里　『VII』とか『X』の頃って、企画がATEL（エーテル）という簡易言語を使って、自分で全部スクリプトを組むんですね。それで、デザイナーにグラフィックを発注して、素材さえ揃えばほとんど一人でミニゲームくらい作れてしまいます。そうしたときに、UI（操作系）の表示物をいちいちデザイナーに発注するのは面倒なので、自分で勝手に描いて、組み込んだあとに「こうなっちゃったから」って言って（笑）。

——元々がデザイナーですから、そのへんはお得意でしょう。でも、基本はプランナー?

中里　そうですね。企画書段階では、ちょっとデザイン的なこともやってましたけれど、実際のゲームの中のグラフィックスには、もう直接は手を出さなくなりました。

企画を表現する手段のひとつとしてのドット絵

――仕事で絵を描かなくなったことに、未練はないですか？

中里　ええとね、描いてみたいという想いはいまもあるんですが、それはデザインがしたいわけじゃなくて、ゲームが作りたんですよ。一人で全部作りたい。そういう野望というか、希望はあります。

――それを企画書にして会社に提案することはしないんですか。

中里　いまのチームのトップともそういう話をしたことはあります。でも、「自分にもやりたいことはあるが、若いスタッフにそういう場所を与えなきゃならんからな」って言われると、たしかにその通りだとも思うし、なかなか簡単にはいかないです。

――ベテランになってくると、若い人たちを育てるのも大切な仕事ですからね。

中里　いずれ引退してからね、時間のあるときに自分でやりゃいいかな、とは思ってます。

――田中さんは、絵を描くことから離れて、どうですか。

田中　うちの会社は、年に1回、全員が企画を出さなきゃいけないっていうのがありまして、やっぱりそれを書いてるときは、グラフィックもやりたくなりますね。いまの仕事に不満があるわけではないんですが、ドット絵を描いていた頃のことを思い出すと、やっぱり楽しかった。

――この頃（当時の開発資料を見ながら）の仕事は、やはり懐かしいですか。

田中　この前、これらのドット絵をちょっと打ってみたんですよ。そうしたら、昔は1キャラ描くのにそんなに時間がかからなかったのに、いまは1時間近くもかかりました。色を変えてこうとか、手元を見なくてもキーを押せたりしたのが、いまは1個ずつ見なきゃできなくなってる。

中里　あの頃はマウスとかなかったもんね。

田中　なかったですね。マウスがなくても、キー操作だけで素早くドットが打てたんです。

――いまのゲームはグラフィックが滑らかで美しくなりました。それはもちろん素晴らしいことなんですが、その一方で、このガタガタだった頃のドット絵がいいのだ！　みたいな格別の思い入れがあったりはしますか？

中里　思い入れ……かあ。

――いま、この時代にあえて8ビットっぽい感じのデザインを楽しむ風潮があるじゃないですか。

中里　ああ、ありますね。

――あえて悪い言い方をすれば、ドット絵というのは過去のものだ、とか。

中里　過去のものとは言いませんが、自分は企画とグラフィックと両方やっていたので、ゲームを作るうえでそれが必要なら、ドット絵でもいいと思ってるんですよ。だから、フル3Dにしたことで容量に負荷がかかり、キャラを減らすようなことになるなら、解像度を落として思う存分いろんなことができたほうがいい場合もあるでしょう。

――作りたいものの表現方法のひとつ、ということですね。

中里　そうですね、はい。目的に合致していれば、全然それでいいと思います。

田中　ぼくも、やっぱり企画対象の表現として合っているかどうか、だと思います。ただ、当時バンダイとナムコが合併したときに、携帯向けアプリを作ってるチームが近くにいまして、その作業を見せてもらったら、ぼくらが苦労してドット絵を描いていた頃とは違って、色もキャラ数も使い放題だったんですよ。それで、つい「ここを反転させればもっと節約できるんじゃないの？」なんて言ってしまって、「田中さん、そんな必要ないですよ」って笑われましたけどね。

――おじいちゃん、何言ってんの？　って感じで（笑）。

田中　あと、たまたまＹｏｕＴｕｂｅを見ていたら、網戸に色をつけていってマリオの動きを再現している人がいたんです。

――網戸って、家の戸に張ってある網戸？

田中　そうです。それでぼくも真似をして、家の網戸でやったら家族に怒られましたが（笑）、でも、それがすごくおもしろかったんですよ。

PAGE

ファミコンジャンプ登場予定キャラクター一覧

（敬称略 アイウエオ順）

（株）バンダイ 玩具模型事業部 玩具第３部

Ｎｏ	作者名	作品名	キャラクター名	表示サイズ	役
１	秋本 治	こちら葛飾区亀有公園前派出所	両津	ＵＰ　２×２	魂のバットについて知っている。
			中川	２×２	車のチューンナップについて話す。
２	荒木飛呂彦	ジョジョの奇妙な冒険	ジョジョ	ＵＰＢ２×２	４ｔｈエリアでの勇者。波紋法を使う。
			エリナジョセスター	２×２	ジョジョのいる場所を教えてくれる。
			サンタナ	ＵＰＢ２×２	ナチスシェルターでのボス。
			ディオ	Ｂ　２×２	敵キャラ
			石仮面の男	Ｂ　２×２	敵キャラ
			カーズ	Ｂ	最終決戦で悪の１６人衆のひとり。
			スピードワゴン	２×２	石仮面の謎についてしっている。
３	池沢さとし	サーキットの狼	風吹裕矢	ＵＰ	彼のレースに勝つとエイジャの赤石を得る。
			早瀬佐近	ＵＰ	
４	えんどコイチ	ついでにとんちんかん	抜作先生	Ｂ　２×２	１ｓｔエリアでの勇者。ギャグの使い手。
			毒鬼刑部	Ｂ　２×２	ザコ敵
			甘子	ＵＰ　２×２	怪盗とんちんかんの謎を知る１人。
５	貝塚ひろし	父の魂	南条城太郎	２×２	魂のバットを作ってくれる人。
６	桂正和	ウイングマン	広野ケン太	ＵＰ	シューテイングゲームでドリームノートを取り戻す。
			美紅	ＵＰ　２×２	広野ケン太とドリームノートの事について知っている。
			アオイ	ＵＰ　２×２	
７	川崎のぼる	イサム	イサム	ＵＰＢ２×２	４ｔｈエリア過去、古代文字を知る勇者。
８	作：牛次郎	包丁人味平	塩味味平	ＵＰ	必殺白糸バラシを教えてくれる。
	画：ビッグ錠				
９	車田正美	聖闘士星矢	星矢	ＵＰＢ２×２	勇者１６人衆の１人。
			紫龍	ＵＰ　２×２	星矢のいるところを教えてくれる。
			瞬	ＵＰ　２×２	星矢のいる星の子学園へ入る為のヒント
			城戸さおり	ＵＰ　２×２	老師の事を知っている。
			デスマスク	Ｂ　２×２	サンクチュアリーのゴールドセイント。彼らとの戦いを突
			シュラ	Ｂ　２×２	破し教皇サガに会わねばならない。
			カミュ	Ｂ　２×２	
			アフロディーテ	Ｂ　２×２	
			アルゴル	Ｂ　２×２	シルバークロス。
			サガ	ＵＰＢ２×２	サンクチュアリーでのボス。
			一般兵士	Ｂ　２×２	ザコ兵士。行くてをさえぎる兵士。
		リングにかけろ	高嶺竜二	ＵＰＢ２×２	４ｔｈエリア過去、カイザーナックルに関する勇者。
			高嶺菊	ＵＰ　２×２	竜二に特訓をしこむ。
			ゼウス	ＵＰ　２×２	カイザーナックを持つ。
１０	こせきこうじ	県立海空高校野球部員	山下たろー	ＵＰ　２×２	５ｔｈエリア、スポーツエリアでの野球勇者。１６人衆の１人
		山下たろーくん	北野	Ｂ　２×２	野球選手の１人。
			吉田	Ｂ　２×２	〃
			池田	Ｂ　２×２	〃
			ポセイドン	ＵＰＢ２×２	最終決戦悪の１６人衆の１人。海底都市のボス。
１１	佐藤正	燃えるお兄さん	ケンイチ	ＵＰ　２×２	学園都市。一般キャラ情報。
			国宝雪絵	ＵＰ　２×２	〃
	[illegible]	ハイスクール奇面組	一堂零	２×２	過去学園都市の一般キャラ。
			河川唯	ＵＰ　２×２	〃
１２	高橋陽一	キャプテン翼	大空翼	ＵＰＢ２×２	５ｔｈエリア、スポールエリアでのサッカーの勇者。
			日向小次郎	Ｂ　２×２	サッカー選手、ライバル。
			シュナイダー	Ｂ　２×２	〃
			ヘルナンデス	ＵＰＢ２×２	最終決戦、悪の１６人衆の１人。
			早苗	ＵＰ　２×２	スポーツエリア、一般キャラ情報をもっている。
１３	ちばあきお	プレイボール	谷口タカオ	ＵＰ　２×２	スポーツエリア、過去一般キャラ情報。
１４	ちば拓	キックオフ	永井太陽	ＵＰ　２×２	しょっちゅう見つめあう。
			川村由美	ＵＰ　２×２	友情のボールの持主。
１５	次原隆二	メカドック	風見潤	２×２	車のチューンナップをしてくれる。
１６	寺沢武一	コブラ	コブラ	ＵＰＢ２×２	４ｔｈエリア過去、多くの謎を握る勇者。
			クリスタルボーイ	ＵＰＢ	コブラのライバル。
			クリスタルボーイ手下	Ｂ　２×２	一般兵士。
			サラマンダー	ＵＰＢ２×２	最終決戦。悪の１６人衆の１人。
１７	作：遠藤史朗	アストロ球団	宇野球一	ＵＰＢ２×２	最終決戦。１６人衆の１人。
	画：中島徳博		宇野球四郎	ＵＰＢ	〃
１８	徳弘正也	シェイプアップ	乱子	ＵＰ　２×２	宗一郎の事を知っている。
			宗一郎	ＵＰ　２×２	エッチなビデオをくれる。
１９	とりいかずよし	トイレット博士	スミナ先生	２×２	抜作先生にＭＫバッジをくれる。
２０	鳥山明	ドラゴンボール	孫悟空	ＵＰＢ２×２	２ｎｄエリアでの勇者。亀仙拳法の使い手。
			ヤムチャ	ＵＰ	ケンシロウ出現の謎を知る人。

『ファミコンジャンプ 英雄伝説』の登場キャラクター一覧資料

橋本さんにジャンプゲームのことを聞く

インタビューにも登場した橋本さんに、ファミコンブームから『ファミコンジャンプ』までのことを伺いました。

橋本真司

スクウェア・エニックス第3ビジネス・ディビジョンディビジョンエグゼクティブとして『キングダム ハーツ』シリーズなどを手がける。

テレビゲームがドットの集まりで構成されていた頃、ゲームソフトの販売促進のためにデモンストレーションプレイをしてみせる存在として〝ファミコン名人〟と呼ばれる人たちがいた。ここにご登場いただくバンダイの橋本名人もまた、明朗快活なキャラクターで人気を集め、テレビ番組やゲーム雑誌、販促イベントにと八面六臂の活躍を見せていた。

橋本名人は、バンダイの顔としての役割だけでなく、社内でもかなり早い時期からゲームの開発に携わっていた。匠の七「少年ジャンプゲーム」編で取り上げた『ファミコンジャンプ』シリーズも、橋本名人のプロデュースによるものだ。ここでは、田中庸介氏、中里尚義氏とはまた違った側面から、あの頃の少年ジャンプゲームのあり方を橋本名人に語っていただいた。

大学4年の早い時期にはバンダイから内定を

――橋本さんは大学在学中、徳間書店でアルバイトをされていたそうですけど、それはどういった仕事内容でしたか？

橋本　大学の先輩が「バイトを紹介するよ」と言ってきて、そのとき3つの選択肢がありました。ひとつは講談社。それから朝日ソノラマと、徳間書店。ぼくはSF研究会でアニメとか、特撮とか、そういうものが好きだったんで、『アニメージュ』のある徳間書店を選んだら、すぐに「アルバイトしにおいで」と決まりました。

――それは『アニメージュ』の編集部ということですか？

橋本　第二編集局だったと思います。そこは『アニメージュ』と『テレビランド』、それに『ロマンアルバム』や『リュウ』なんかも作ってました。

――当時の人気雑誌やMOOKばかりですね。

橋本　それがスタートですね。

――そういうアルバイトを経て、就職先にはバンダイ（当時）を選ばれました。それは第一志望だったのですか？

橋本　はい。徳間書店さんで4年間バイトしていたおかげで、アニメの最新情報にも詳しくなっていましたからね。それと、ちょうどその頃、バンダイ模型は『宇宙戦艦ヤマト』の次のシリーズを何にするか決めかねていたところだったんですが、わたしは徳間書店での仕事を通じて、放映終了直後の『機動戦士ガンダム』

がとても視聴者の反応が良かったことを知っていました。そのことをバンダイさんに伝えて、その結果作られた『機動戦士ガンダム』のプラモデルがヒットしまして、こんどはコマーシャル制作の発注を受けたりして……。

――それは就職する前の、まだ学生バイトの段階で、ですよね？

橋本　そうです。徳間書店でバイトしながらも、バンダイの仕事もいろいろやっていたので、そのご縁で大学４年生の早い時期にはもう内定をいただきました。

――それはすごい！　バンダイに就職して、最初の配属は営業部だったそうですが？

橋本　ガンプラのお手伝いをしていたから、てっきりプラモデルホビー事業部に配属されるものだと思ってたんですが、別のテレビゲーム営業へ配属になりました。それで、当時の上司に「ホビーじゃなくてよろしいんですか？」って聞いたら、「何事もいきなり開発はないから、まずは営業を勉強しなさい」と。

――まあ、そうかもしれませんね。その頃って、もうテレビゲームはありましたか？

橋本　はい。当時のバンダイには「インテレビジョン」というゲーム機とか、「光速船」とか、そういうのがあったんですよ。

――あっ、「光速船」は懐かしいです！

橋本「光速船」はわたしは一営業担当だったんですよ。入社早々、全国の玩具流通さんの五分の一くらいはわたしが回りました。

合わせて前年１９８２年から、アメリカのマテル社の「インテレビジョン」というゲーム機もバンダイが日本の販売代理店というかたちで発売したら、これがまた売れたんです。そうするとう会社としても「これからはテレビゲームの時代だ！」「力を入れていくぞー！」という感じになって。

――そうか、まだ「ファミコン」は世に登場してなかったんですね。

橋本　それで、わたしが入社したのは１９８３年の４月からなんですけど、前年から販売している「インテレビジョン」の営業と新ハード「光速船」の導入を担当しました。そうしたら、同年の8月には任天堂さんからファミコンがデビューします。つまり、ぼくの社会人生活とファミコンは、同じ年に始まっているんですね。

――ファミコンのヒットを受けて、その後は各社からゲーム機の発売が加速していきます。

橋本　83年の夏休みから冬休みにかけて、各おもちゃ会社から出版社から、みんなテレビゲームをやってたんで10種類くらい並んでましたよね。でも、その年のクリスマスにはもう優劣がつきまして。

――ファミコンがトップに躍り出ました。

橋本　会社としては「3年は光速船を売っていくぞ！」と言っていたんですが、３ヶ月後には「橋本は異動ね」って（笑）。それで営業部から開発部へと異動になりまして、『ゲーム＆デジタル』（任天堂の『ゲーム＆ウォッチ』に類するもの）の開発や、MSX用ソフトの開発をしていました。

会社員橋本真司とは別人格の橋本名人

──「ファミコン神拳」をやっていたときは、橋本さんには随分お世話になりました。あの頃、わたしは橋本さんのことを営業部、もしくは宣伝部の人だと思っていたんですよ。だって「橋本名人」として広報の役割りをされていたから。

橋本　バンダイとしては、最初の頃はファミコンはあくまでもライバルだったんですよ。ところが、あるとき役員に呼ばれて「トップシークレットだけど、これからうちもファミコンソフトをやるぞ」って言われて。

──市場的にもう無視はできないと。

橋本　それで、社内に3人の特殊部隊ができまして、その中ではわたしなんて一兵卒のヒラなんですよ。実際の開発は、先輩方が『キン肉マンマッスルタッグマッチ』とか『オバケのQ太郎ワンワンパニック』とかを作っていきました。そうすると、開発以外の仕事は全部わたしがやるしかない。でも、時代が時代だったので、わたし一人でやれる程度の宣伝しかしていないのに、『キン肉マン』が一瞬で売り切れたりしてしまうんです。

──すごい時代でした。

橋本　とにかく、ビジネスの規模が大きくなっていくにつれ、当然のごとくプロモーションが重要になってきます。『キン肉マン』なら集英社さん、『オバケのQ太郎』なら小学館さん、『ゲゲゲの鬼太郎』は講談社さんというように、それぞれの出版社の版権担当の方と話をする人間が必要なんですが、それが全部わたしの役目になっちゃった。

──おそらく、ハドソンも同じような流れで高橋名人が誕生したんでしょうね。

橋本　高橋名人や毛利名人が世間に知られるようになったこともあって、バンダイでもプロモーション担当が必要だから、「橋本、行け！」ということになって（笑）。まあ、業務命令ですよ。

──最初に名人をやれって言われたとき、どう思いました？

橋本　好きも嫌いもないです。仕事だから選択肢がないんです。それに自分だって宣伝はしたいわけですよ。あの頃はとにかくメディアの数が多かったので、それぞれへの対応がとても大変でした。でも、情報の発信の仕方によってタイトルの販売数が左右されるので、仕事としてはおもしろかったですよね。

──赤いメガネとか嫌じゃなかったですか？

橋本　正直言えば、最初は恥ずかしかったですよ。だけど、いま振り返ってみると、あのメガネがあったおかげで、サラリーマンの橋本真司とは別人格として仕事ができたんです。ちょっと大袈裟な言い方をすれば〝スーパーマン〟みたいなものです。

──わかります。いまでも覚えているんですが、『聖闘士星矢 黄金伝説 完結編』の攻略本の取材で、橋本さんとキム皇とわたし（カルロス）で車田正美先生の仕事場へお邪魔したことがあるじゃないですか。

橋本　ありましたねえ。

――そのとき橋本さんはスーツ姿で現場に来られて、持ってきたボストンバッグから名人の衣装を取り出して着替え始めたんですよ。

橋本　まあ、あの格好で電車に乗っていくわけにはいかないですからね（笑）。

――それで、鏡に向かって緑のスタジャンをはおり、蝶ネクタイをしめて、赤いメガネをかけた。その瞬間に〝会社員〟から〝名人〟の顔にスカッと切り替わったんです。

橋本　そんなところを見てたんだ！

――「うわー、いい瞬間を目撃した！」と感動しましたね。

橋本　俗に言うメディアミックスというのは、インターネットがない時代のもので、アニメ、マンガ、ゲームをクロスオーバーさせていくことは普通にやってました。「ファミコン神拳」や「ファミマガ」などでどれだけページを割いてもらうかはとても重要なことでしたし、攻略本を作っていただけるのも、ソフトの人気を後押ししてくれました。

――名人活動では全国各地に出かけて行ったと思うのですが、地方ロケやイベントで楽しかった思い出、辛かった思い出はありますか？

橋本　出張はだいたい一人で行くことが多かったんですけど、地方のテレビ局の人がその土地のおいしいものを食べに連れていってくれたり、ときには広告代理店さんも一緒に行くことがあって、食べ歩きするのは楽しかったですね。

辛かったのは、ゲームを実演するためのテレビモニターなどをセッティングしなきゃいけないんですが、アシスタントがいないんですよ。

――そうか、名人としてのタレント仕事だけじゃなく、広報マンとしての業務も自分でやらなきゃならないわけですね。

橋本　そう、テレビ局がすべて用意しておいてくれる場合はソフトひとつ持って行けばいいのですが、そうでない場合はファミコンも用意していかなければならない。さすがにモニターまでは持っていけないので、それだけは用意しておいてもらって。

――そうですね、あの頃は薄型の液晶モニターなんてなかったですし。

橋本　ブラウン管の時代でしたからね。あとは、３年間テレビ番組にレギュラーで出ていたものだから、毎月、第三土日がなかったのも辛かったです。第三土曜日がリハーサルで、第三日曜日が収録で。

――そうか、サラリーマンとしてそれは辛いところですね。

橋本　それでもテレビに出て、反響もあって、ソフトも売れたんで、いい時代でしたよ。いまなら数十万本も売れれば「ヒットした」と言われますが、あの頃は１００万本売らないと怒られましたからね（笑）。

アポなしでゲーム開発の様子を見にきたマシリト

――当時、ジャンプ編集部にも出入りしていた橋本さんから見て、「ファミコン神拳」の存在をどう思われましたか？

橋本　キャラクタービジネスをしている立場からすれば、三大出版社さん（小学館、集英社、講談社）というのはもう天上人のような存在でしたから、まず、そこに出入りできることが幸せでした。

――それでも「ファミコン神拳」は手厳しい評価をくだす企画で、なかでもキャラクターゲームには辛辣な意見をぶつけることが多かったと思います。そのあたりはいかがですか？

橋本　ああ……（笑）。それはまあ、いわゆるキャラゲーとかクソゲーとか言われるなかで、どうやったらいいゲームになるかは自分たちも手探りの状態でやっていて、もちろん予算とか技術的な制約もありましたし、原作の世界観とか、漫画家の先生方のご意向もあるでしょう。そういう意味で言うと、毎週毎週ジャンプ編集部にお伺いして、編集者の皆さんから意見を聞かせていただけるのは、ありがたいことだったんですよ。

先輩社員からも「お前ら能力ないんだから、外様のIPキャラクタービジネスを勉強しに伺って来い！」と、教訓のように言われていました。だから各社さんに足を運んで「いま旬のキャラクタービジネスは何か？」というのを常に気にしていましたね。

――鳥嶋（和彦）さんともそういう話をしましたか？

橋本　もうほぼ毎週お会いしては、いつもそんな話ばかりしていました。あのね、最初、鳥嶋さんはアポなしでバンダイに来られたんですよ。

――ははは、あの人らしい。

橋本　ちょうど『キン肉マン マッスルタッグマッチ』の開発をしているときに、事前連絡なしで鳥嶋さんと、堀井雄二さんと、それからキャラメル・ママ（ジャンプの仕事を手広くやっている編集プロダクション）の人たちが来られたんです。それで受付から呼ばれたので降りていったら、鳥嶋さんが「我々は集英社の少年ジャンプで、『キン肉マン』も我々のキャラクターだから、我々には（開発の途中経過を）見る権利がある」って言われまして。これは一生忘れられないですよ。

――うわー、言いそう！（笑）

橋本　そのときはまだわたしも平社員だったので、部長に「版権元さんが直接来られてるんですけど、どうしましょうか？」と報告して。そうしたら「こちらもプレゼンする材料が整ってないので、今日は一旦お引き取りいただいて、後日ちゃんとご覧いただけるようにします、とお伝えしなさい」と言われて。丁重にお断りしてお帰りいただいたんです。

――いやあ、冷や汗もんですね。

橋本　そのときに驚いたのは、当時の我々からすると鳥嶋さんというのは直接会えるような方ではなかったんですよ。

――そういうもんですか？

橋本　まず、原作を持っている集英社は一次著作者ですけど、それをアニメ化する東映動画（現・東映アニメーション）とかは二次著作者。バンダイは、その東映動画から商品化の権利をいただいている立場なので、言ってみれば三次著作者です。だから、当時の我々が「『キン肉マン』のゲームはこれでよろしいでしょうか？」なんて話をするべき相手は、本来なら東映動画なんですよ。

――そうか。なるほど。

橋本　もっと正確に言えば、本当の一次著作は『キン肉マン』ならゆでたまご先生ですね。その次が集英社で、その次が東映動画。その次にバンダイなどのオモチャ会社がある。もっと言うとその次に協力会社があったりするわけですけど、そうしたヒエラルキーからすると、鳥嶋さんは会えるはずのない方でした。

――先ほど「天上人のような存在」と仰ったのはそういうわけだったんですね。しかし、なんでアポなしで行っちゃうかなあ（笑）。

橋本　ははは、ゲームを作らせてもらっている立場としては、それでも全然かまわないんですよ。最初はびっくりしましたけどね。

いい話としては、鳥嶋さんにはたくさんのチャンスをいただけて、それが後の『ファミコンジャンプ』の2作ですとか、『クロノトリガー』（※）といった作品につながったのだと思います。そういう仕事ができるだけでも幸せでしたね。

※橋本氏は1991年にバンダイから独立してコブラチームを設立。その後、スクウェアへ移籍し、『クロノトリガー』のプロデュースを担当する。

オールスターズは『ファミコンジャンプ』から始まった

――ではここで、『ファミコンジャンプ』が誕生した経緯をお聞かせください。

橋本　毎週のようにジャンプ編集部に行ってるでしょう？　そうすると、鳥嶋さんとお昼ごはんを一緒に食べる機会も多くなって、いろんな話をするわけですよ。ちょうどジャンプが20周年で節目の年が来る、と。その節目の年に「何か新しいことを提案してくれよ」と言われまして。それでいくつか提案したことのひとつが『ファミコンジャンプ』だったんですね。

――その時点で、すでにジャンプキャラクターが勢揃いするゲームというアイデアは固まっていたんですか？

橋本　そう、「オールスターで冒険するんですよ」と。それまでいろんな作家の先生とお仕事させていただいていて、なんというか集大成みたいなものを1回やりたかったんですよね。

ただ、『ファミコンジャンプ』の1作目は、本数こそたくさん売れたんですが、自分の力不足もあって高い評価はいただけず、それで『ファミコンジャンプ2』では、堀井さんと中村光一さんのお力を借りて、もっとレベルの高いものを作ることができました。

――あの2作をまとめ上げるのは難事業だったでしょう？

橋本　同業他社の方々からもそう言われましたが、単一のロイヤリティだけでは成立しないビジネスのスキームをひとつのパッケージの中に収める。それを、当時20代そこそこのわたしがよくまとめきれたなあと思います。

――ホントですよ！　普通なら胃に穴が開きます。

橋本　バンダイのタイトルの中でも、あの『ファミコンジャンプ』は非常に特殊なものでした。でも、それがあったことで後に社内でファミコンジャンプ方式を参考にする動きになりました。わたし自身もその体験があったからこそ、『クロノトリガー』のプロデュースができたのだと思います。

――そうか、『ファミコンジャンプ』はゲームとしてはあまり評価されなかったけど、それがあったことでオールスターズゲームというスタイルが生まれ、もっと言えばマーヴェルコミックの『アベンジャーズ』や、DCコミックの『ジャスティス・リーグ』なんかも、ルーツは『ファミコンジャンプ』だったのだ！　と考えたら、ちょっと愉快ですね（笑）。

話を少しもどしますが、『ファミコンジャンプ』では原作のキャラクターをドット絵にしていったわけですが、それぞれ漫画家の先生方にチェックしてもらったりしたのでしょうか？

橋本　ドット絵の技術的な部分は協力会社のほうがお詳しいと思いますが、先生方の監修に関しては、自分で制作過程を「見たい！」と言う先生と、「任せる！」と言う先生とバラバラでしたよ。

――そうでしたか。ゲームに興味ない先生もおられるでしょうからね。

橋本　いちばん苦労したのは、『コブラ』の寺沢武一先生（笑）。

――ああー。寺沢先生はご自身がかなり早い時期からデジタルで絵を描くことに取り組んでおられたから、人一倍こだわりがあったんじゃないでしょうか。

橋本　あくまでもゲーム上の話なんですが、少年ジャンプの20周年という歴史で俯瞰したときに、創刊当時のキャラクターと、20年目の最新のキャラクターが行き来をするタイムトラベルものだったわけですよ。そうすると、『コブラ』は初期の頃の作品だったので、過去のワールドに配置したのですが、そこをかなり注意されました。

――そうかー、寺沢先生からすれば『コブラ』はまだまだ現役のキャラですもんね。おっしゃることはもっともです。でも、ゲームの都合上そこはねえ（笑）。

橋本　幸い、集英社さんからは許諾をいただけていたので、鳥嶋さんと一緒に先生のところにお伺いして、なんとか理解していただくことができました。

『キングダム ハーツ』もまたオールスターズ

——橋本さんは、現在はスクウェア・エニックスでお仕事をされているわけですが、そこで……まあ、ないとは思うんですが、橋本名人的な役割りをされることはないですか？

橋本　このあいだ一回だけ、うちのタイトルの宣伝で高橋名人の番組に呼ばれまして、高橋名人と毛利名人と橋本名人という３人が20年ぶりくらいに共演しましたよ。

——そんなことがあったんですか。失礼ながらそれは知りませんでした。でも、それは昔のちょっと懐かしいことを例外的にやったということですよね。

橋本　そうです。なにしろ来年はわたしも還暦なんでね、もう自分がそういうふうに前へ出るようなことはないですよ（笑）。

——現在はどんなお仕事をされているんですか？

橋本　名刺にあるように、第３ＢＤ（ビジネス・ディビジョン）と、執行役員というのはけっこう大きいんですけど、まあ『キングダム ハーツ』というディズニーさんのＩＰをお借りして、オールスターズゲームをやってます。

——あ、そうか！　言われてみれば『キングダム ハーツ』もオールスターズものでした！

橋本　そういう意味では、わたしのやってることは昔からずっと変わらないですね（笑）。

●本文デザイン使用イラスト

ブックデザイン	GETTARADICCA
構成	さあにん@山本直人
口絵・本文写真	市村 岬（小野 浩 編）
	鎌田重昭［株式会社プロダクション・ベイジュ］（渋谷員子 編）
	木内章浩（☆よしみる編・橋本真司 編）
	山本悠作（ユウラボ 編）
	鈴木昭寿（インディーズゼロ 編・杉森 建 編・少年ジャンプゲーム編）
協力	小川 正［株式会社オーラシア］
	鈴木敏弘［株式会社オーラシア］
取材協力	ナツゲーミュージアム
	株式会社スクウェア・エニックス
	コートダジュール志木店
	株式会社MEGAROAD
	株式会社バンダイナムコエンターテインメント
	株式会社インディーズゼロ
	株式会社ゲームフリーク
	株式会社トーセ

ゲームドット絵の匠 ピクセルアートのプロフェッショナルたち

2018年8月29日　第1刷発行

著者　とみさわ昭仁《あきひと》＋ファミ熱《ねつ》!! プロジェクト

発行者　遅塚久美子

発行所　株式会社ホーム社
〒101-0051　東京都千代田区神田神保町3-29　共同ビル
電話　編集部　03-5211-2966

発行元　株式会社集英社
〒101-8050　東京都千代田区一ツ橋2-5-10
電話　販売部　03-3230-6393（書店専用）
読者係　03-3230-6080

印刷所　凸版印刷株式会社

製本所　凸版印刷株式会社

定価はカバーに表示してあります。

造本には十分注意しておりますが、乱丁・落丁（本のページ順序の間違いや抜け落ち）の場合はお取り替え致します。購入された書店名を明記して集英社読者係宛にお送りください。送料は集英社負担でお取り替え致します。但し、古書店で購入したものについてはお取り替えできません。

ISBN978-4-8342-5321-4　C0076

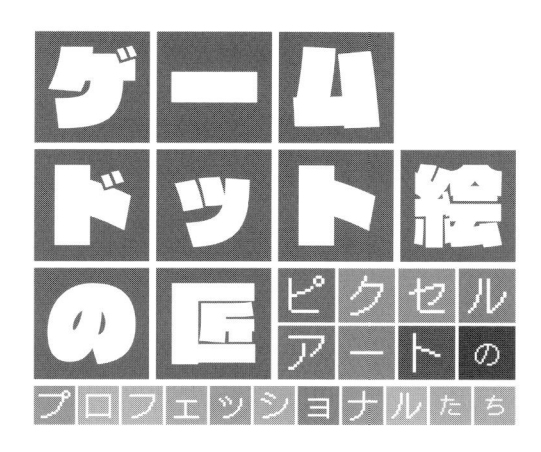